"十四五"职业教育国家规划教材

高等职业教育农业农村部"十三五"规划教材

池塘养鱼 （第二版）

毛洪顺　赵子明　主编

U0283105

中国农业出版社

北京

内 容 简 介

本教材是国家精品课程、精品资源共享课程池塘养鱼的配套教材，以养鱼生产过程为主线，根据工作过程所涉及的主要技术点和水产养殖企业发展的需要，以完成鱼类养殖职业岗位实际工作任务所需要的知识、能力、素质的要求，选取教学内容，编写该教材。

全书分为鱼场建设，养殖池塘准备，养殖鱼类选择，"家鱼"人工繁殖，鲤、鲫、团头鲂人工繁殖，鱼苗培育，鱼种饲养，食用鱼养殖，综合养鱼，蓄养运输和鱼类越冬等11个项目。内容丰富，技术全面，具有一定的理论性和较强的可操作性，适用面广。既可作为高职高专水产专业学生教材，也可作为水产养殖技术培训教材和水产养殖从业人员的参考用书。

第二版编审人员

主　　编　毛洪顺　赵子明

副 主 编　杨　春

编　　者（以姓氏笔画为序）

马瑞宁　王煜恒　毛洪顺

叶建生　李　泳　杨　春

赵子明　程　静　翟秀梅

审　　稿　潘连德　房英春

行业指导　张旭彬

企业指导　赵玉宝

第一版编审人员

主　　编　毛洪顺　赵子明

副 主 编　杨　春

编　　者（以姓氏笔画为序）

　　　　　马瑞宁　王煜恒　毛洪顺

　　　　　叶建生　李　泳　杨　春

　　　　　赵子明　程　静　翟秀梅

审　　稿　潘连德　房英春

行业指导　张旭彬

企业指导　赵玉宝

第二版前言

池塘养鱼是我国淡水渔业的主体，在水产养殖生产中发挥着非常重要的作用，是高等职业教育水产养殖技术专业的专业核心课程，具有很强的实践应用性。

本教材第一版是"十二五"职业教育国家规划教材，第二版在第一版基础上修订而成，在保持第一版项目化、任务驱动形式的基础上，对原有内容进行了优化。增加了视频、微课等资源，通过扫描二维码的形式可以随时观看与相关知识点对应的数字资源，进一步丰富了教材内容和形式。

本教材由黑龙江生物科技职业学院毛洪顺和江苏农牧科技职业学院赵子明主编，编写人员分工如下：马瑞宁（广西农业职业技术学院）编写项目九；王煜恒（江苏农林职业技术学院）编写项目八；毛洪顺编写绪论、项目十一和项目七的任务一；叶建生（江苏农牧科技职业学院）编写项目四；李泳（南阳农业职业学院）编写项目七的任务二、三、四和项目十的任务二；杨春（江西生物科技职业学院）编写项目六；赵子明编写项目二；程静（上海农林职业技术学院）编写项目一和项目三；翟秀梅（黑龙江生物科技职业学院）编写项目五、项目十的任务一。全书由毛洪顺、翟秀梅统稿。

本教材由上海海洋大学潘连德教授和沈阳大学房英春教授共同审定。黑龙江省水产技术推广总站研究员张旭彬和北京冠龙水产技术开发有限公司高级工程师赵玉宝从行业生产实际出发，对教材提出了许多宝贵意见，在此表示衷心感谢！

由于编者水平所限，教材中不足之处在所难免，恳请广大师生和读者批评指正，以便及时修订！

编　者

2019 年 4 月

---

* 本课程已被评为 2010 年国家级精品课程，并入选国家级精品资源共享课立项项目，相关课程资源可以从 http://www.icourses.cn/coursestatic/course_7047.html 查阅或下载。

第一版前言

池塘养鱼是我国淡水渔业的主体，在水产养殖生产中占有非常重要的地位。我国现有池塘水面 140 余万公顷，约占全国淡水总面积（2 000 多万公顷）的 7%。池塘面积小，环境条件易控制，利于精养和科学管理，鱼产量很高。据多年的统计数据表明，池塘养鱼的产量占全国淡水渔业总产量的 74%～85%，我国池塘养殖业无论在面积上，还是单产上都居世界第一位。

池塘养鱼是水产养殖技术专业的专业技术核心课程，实践应用性强，通过本课程的学习，使学生掌握行业前沿的专业知识，培养扎实熟练的专业技能和树立良好的职业态度，实现培养"态度好、知识新、技能强"实用型人才的目标；使学生具备从事鱼类养殖生产的技能，成为鱼类养殖高技能人才。

本教材编写人员分工是：毛洪顺（黑龙江生物科技职业学院）编写绪论、项目十一和项目七的任务一；赵子明（江苏农牧科技职业学院）编写项目二；杨春（江西生物科技职业学院）编写项目六；程静（上海农林职业技术学院）编写项目一、三；叶建生（江苏农牧科技职业学院）编写项目四；翟秀梅（黑龙江生物科技职业学院）编写项目五、项目十的任务一；李泳（南阳农业职业学院）编写项目七的任务二、三、四和项目十的任务二；王煜恒（江苏农林职业技术学院）编写项目八；马瑞宁（广西农业职业技术学院）编写项目九；由毛洪顺、翟秀梅负责全书的统稿。本教材由上海海洋大学的潘连德教授和沈阳大学的房英春教授审定，北京宝盛堂生物技术有限公司的赵玉宝和黑龙江水产技术推广总站的张旭彬对教材的编写也提出了宝贵意见，在此深表谢意。

由于我们的水平有限，经验不足，书中错漏之处在所难免，诚恳希望各院校师生和广大读者批评指正。

编　者

2014 年 11 月

＊　本课程已被评为 2010 年国家级精品课程，并入选国家级精品资源共享课立项项目，相关课程资源可以从 http：//www.icourses.cn/coursestatic/course_7047.html 查阅或下载。

目 录

绪 论

一、池塘养鱼的概念、内容及意义

1. 池塘养鱼的概念 池塘一般是指面积在 $6.7hm^2$ 以内的小型水体，多指人工开挖或是在近水的洼地基础上改造而成的土池。在集约式工厂化鱼类养殖等生产中所采用的水泥池，或用玻璃钢、塑料等材料做成的能蓄水养鱼的水体往往也被称为池塘。池塘水体相对较小，池塘内的各种生态因子，包括养殖鱼类的种类和数量都便于人工控制。

池塘的用途十分广泛，可以用于水生蔬菜、水生观赏植物（如菱、茭白、水芹、蒲、荷等）的栽培；也可用于贝类、虾蟹类、鱼类、两栖类、水生爬行类甚至哺乳类的人工养殖。在我国，池塘养鱼是池塘利用最常见、最普遍的一种形式。因此，池塘往往又被称为鱼类的"生产车间"，在池塘中放养一定数量、一定品种的鱼类，经人工饲养可获得鱼产品。

所谓池塘养鱼，是指人们利用鱼类形态学、生理学、生态学、营养学、鱼病学等科学知识，在池塘这一生态系统中，采取一系列科学的、规范的技术措施，保证养殖鱼类在适合其生理、生态要求的环境中正常进行生长发育，从而获得无公害、无污染、安全、优质鱼产品的生产过程。

池塘养鱼是淡水鱼类养殖的一种类型，是淡水渔业的主要组成部分。

2. 池塘养鱼的生产过程 池塘养鱼的生产过程可分为鱼苗繁育、鱼种饲养和食用鱼饲养 3 个阶段。鱼苗繁育又包括亲鱼的选择、运输、培育、催情注射、人工授精、受精卵的人工孵化以及鱼苗培育等环节。这一阶段的主要任务是为鱼种饲养或生产食用鱼提供数量充足、健康、适合市场需要的鱼苗。鱼种饲养是鱼苗繁育与食用鱼饲养的过渡阶段，主要是为了满足食用鱼饲养生产中对不同种类和不同规格鱼类苗种需要，为食用鱼的生产提供规格齐全的优质鱼种。食用鱼饲养是池塘养鱼的最终阶段，这一阶段主要任务是生产出消费者需要的、安全、卫生、保健的食用鱼，也可为鱼苗繁育生产提供亲鱼资源。

3. 池塘养鱼的生产形式 池塘养鱼的生产形式因养殖鱼类的种类、养殖集约化程度以及池塘养殖与其他行业结合的情况不同而不同。从池塘所养殖鱼类的种类来分，池塘养鱼可分为单养与混养两种类型。所谓单养，是在同一池塘内仅饲养同一种相同规格的鱼类，我国一些精养池塘和大多数的集约化程度比较高的如流水养鱼、工厂化养鱼等多采用单养类型。而混养则是根据鱼类对水体空间和池塘内饵料的利用情况，针对不同鱼类之间的关系，在同一池塘内除了饲养一种主要的鱼类外，还同时养殖几种不同种类或同一种类不同规格的鱼类。我国大部分的精养池塘都采用多种鱼类混养的类型，以充分利用水体的空间与天然饵料资源。在实际生产中，混养还包括鱼类与其他水产品混合养殖的类型，如鱼类与虾、蟹、鳖、贝类等的混养。

从池塘养鱼的集约化程度来分，池塘养鱼可分为粗养、精养与工厂化养殖等类型。粗养是指只在池塘内放养少量的鱼类，不进行人工管理或较少进行人工管理，鱼的产量低下，经

济效益不明显的养殖类型。精养指的是在池塘内投入较多的人力与物力，按照一定的模式进行鱼类的放养并科学投饵与调节水质，进行较强的人工管理，从而获得较高的鱼产量的养殖类型。工厂化养殖是指对池塘内水体的温度、溶解氧以及其他相关因子进行全人工的调节控制，并进行水的循环，在全封闭条件下，对鱼类实行智能化的饲养管理，从而获得优质、高产的鱼产品的养殖类型。目前，在我国，随着科学技术的不断进步，土地资源的缺乏，池塘粗养类型已逐渐被淘汰。池塘精养与工厂化养殖技术得到普遍推广应用。

从池塘养鱼与其他行业综合经营情况来分，池塘养鱼又可分为鱼—畜、鱼—禽、鱼—农—牧、鱼—稻以及鱼类养殖与旅游业等综合经营的养殖类型。

随着生产技术的不断提高，池塘养鱼的生产形式也得到不断地充实和发展。池塘养鱼从一般的静水池塘养鱼，发展到微流水或流水养鱼，以及全封闭、循环水工厂化养鱼。池塘所养殖的对象也从一般的鲤科鱼类，发展到名特优鱼类，以至发展到鱼类与蚌、虾、蟹、蛙、鳖等其他水产品混养，为池塘养鱼的发展注入了新的活力，开辟了新的领域。

人们生活质量的提高，引起了鱼类养殖技术的重大变革。健康养殖、生态养殖是近几年大力提倡的全新的养殖方式。健康养殖是指通过采用投放无疫病苗种、投喂全价饲料及人为控制养殖环境条件等技术，使养殖鱼类保持最适宜生长和发育的状态，实现减少养殖病害发生、提高产品质量的一种养殖方式。而生态养殖是指根据不同养殖生物间共生互补原理，利用自然界物质循环系统，在一定的养殖空间和区域内，通过相应技术和管理措施，使不同生物在同一环境中共同生长，实现保持生态平衡，提高养殖效益的一种养殖方式。

健康养鱼、生态养鱼是当今池塘养鱼发展的主流。

4. 池塘养鱼的意义 我国内陆水域面积广阔，是世界上淡水水面最多的国家之一。淡水总面积 1 838 多万公顷，其中池塘面积达 148 万公顷。另外，全国还有水稻田 2 000 万公顷，难以被种植业利用的沼泽地 1 100 万公顷，靠近水系的低洼地和盐荒地 300 万公顷，均可以进行渔业开发。从地域分布来看，我国大部分池塘位于温带和亚热带，气候温和，水资源相对丰富，饵料充足，池塘的自然条件良好，适合养殖多种优质淡水鱼类。

池塘养鱼具有投资小、饵料转化率高、产量高、收益大等特点。发展池塘养鱼不仅能提供大量鲜活的富含动物蛋白质的水产品，改善人们膳食结构，提高健康水平，而且有利于调整农业产业结构，提高渔业在国民经济中的地位，同时也能出口创汇，增加农民收入。"都市渔业""休闲渔业"等新型渔业的发展，促进了池塘养鱼与农业、旅游业、商业以及其他行业的结合，大大推动了第二、第三产业的发展，增加了就业机会。

二、池塘养鱼的发展历史与现状

（一）我国池塘养鱼的发展历史

我国淡水养鱼发展已有 3 100 多年的历史。殷朝开始即有文献记载。公元前 460 年范蠡所著的《养鱼经》中就对鲤的养殖条件、苗种繁育、放养、起捕以及其他重要生产环节进行了总结。到了盛唐，人们已经对草鱼、青鱼、鲢、鳙进行池塘饲养，并能利用草鱼开辟荒田，从单一品种养殖发展到草鱼、青鱼、鲢、鳙的混养。宋代开始"四大家鱼"饲养技术已相当发达，饲养地区进一步扩大。明代"四大家鱼"的饲养技术已经发展到更完善的地步，明代黄省曾的《养鱼经》和徐光启的《农政全书》中总结了鱼池建造、鱼种搭配、放养密度、投饵、水质调节、鱼病治疗等养鱼技术，出现了"四定"（定质、定量、定时、定位）投饵和轮捕轮放等先进的养鱼经验。清代屈大均的《广东新语》、李调元的《南越笔记》分别对西江和南海九江等地的鱼苗生活习性和鱼苗捕捞进行了描述。

新中国成立以来，我国池塘养鱼的发展进入了一个新的历史阶段，大体经历了3个发展时期。

1. 恢复和逐渐发展时期　从新中国成立到1964年，是我国池塘养鱼恢复与逐渐发展时期。这一时期，在党中央的正确领导下，我国池塘养鱼无论是在养殖品种还是在养殖产量方面，都有了进一步提高。1949年我国水产品年产量为44.8万吨，1957年全国的水产品总产量达312万吨，淡水鱼产量占117万吨，其中的养殖产量达56万吨。但由于鱼苗生产依赖天然水体鱼苗的捕捞，鱼苗的种类、规格与数量远远不能满足淡水鱼类养殖业日益发展的需要，大大限制了我国渔业生产的迅速发展。

1958年，池塘养殖的鲢、鳙人工繁殖获得成功，此后草鱼、青鱼等人工繁殖相继成功，从根本上改变了过去长期以来依靠捕捞天然鱼苗的被动局面，使池塘养鱼能有计划地生产。同时，在池塘养鱼的综合技术方面，总结了"水""种""饵""密""混""轮""防""管"的"八字精养法"，为池塘养鱼生产提供了理论指导，从而进一步促进了池塘生产和池塘单位面积产量的提高。到了1964年，淡水鱼的总产量达到了创纪录的123万吨。

2. 不稳定发展时期　从1965年后直到1977年10多年间，人们忽视科学，使得水产资源受到破坏，养鱼水面淤积，工业污染加深，淡水养鱼生产遭受重创。到了1978年，我国的淡水水产品产量仅为105.8万吨，池塘养鱼发展受阻。

3. 快速稳定发展时期　改革开放以来，我国的池塘养鱼业得到了快速稳定的发展。以池塘承包为标志的水产企业制度的改革，给池塘养鱼生产带来了前所未有的活力。新品种、新技术不断得到应用与推广，名特优水产品养殖也在这期间得到充分发展。1989年起我国水产品总产量跃居世界首位，1990年，淡水水产品产量达到526万吨，1992年增加到624万吨，2002年我国水产品总产量为4 565.18万吨，占世界水产品总产量36%，其中，淡水养殖产量高达1 694.05万吨。据中国国家统计局资料显示，1999—2009年中国水产品产量年均增长率均超过3%，水产品产量保持持续增长，2009年中国水产品产量达到5 116万吨。2015年我国水产品总产量达6 699.65万吨。

（二）我国池塘养鱼的发展现状

目前，我国的池塘养鱼面积稳定在240万～300万公顷，池塘单位面积产量和经济效益不断提高，养鱼技术相对成熟；养殖品种齐全，养殖生产模式较为合理，同时不断有养殖新品种得到引进与推广；人工配合饲料的开发应用、很多名特优新品种人工繁殖技术的突破，养殖技术的进一步提高，为池塘养鱼的快速发展奠定了基础。实施了设施渔业、休闲渔业、生态渔业、可持续发展渔业、无公害渔业、绿色渔业、有机渔业等新型渔业，加快了现代渔业的发展步伐。

我国是水产品的生产和消费大国，入世以来我国水产品出口贸易基本保持了稳定的发展态势，2002年我国水产品出口额首次超过泰国，位居全球第一，出口量和出口额分别为208.5万吨、46.9亿美元。2000—2006年平均水产品出口总额占农产品出口总额的28.46%，位居大宗农产品出口首位。

我国水产品出口发展迅速，特别是 2004 年出口大幅增长，出口量和出口额分别达到 242.1 万吨、69.7 亿美元，同比增长 27%。2007 年，我国水产品进出口贸易继续保持稳步增长，但出口增长势头减缓。2007 年出口额达 97.3 亿美元，同比增长 4%。2009 年出口额 107 亿美元，同比增长 1%，贸易顺差 54.4 亿美元，比 2008 年同期增加 2.3 亿美元；水产品出口额继续位居大宗农产品出口首位，占农产品出口总额（395.9 亿美元）的 27%，较 2008 年提高 0.8%。2015 年，我国水产品出口额达 203.33 亿美元。

但是由于受到环境污染、消费观念、市场需求等方面因素的影响，我国的池塘养鱼在现阶段的发展中仍旧存在很多问题，具体说来，主要有以下几点：

1. 没有形成规模效益，抵御市场风险的能力较弱　长期以来，我国的池塘养殖业都处于分散经营、各自为政的局面，政府缺乏有效的引导，养殖户之间缺乏有效的联系和配合，不注重对市场信息的搜集和分析，很难准确把握市场上的变化趋势，一旦遭遇市场风险，往往缺乏必要的风险应对能力，这与我国的淡水养殖相对分散、没有形成规模效益有很大的关系。

2. 科学水平相对低下，劳动生产率相对较低　从整体上看，我国池塘养鱼对养殖机械和先进养殖技术的普及率相对较低，养殖与生产的方式相对落后，很多养殖用户以及企业对养殖业的经济投入和科技投入远远不够，使得淡水渔业养殖的现代化、自动化程度远远落后于西方发达国家，加上很多养殖人员的综合文化素质水平不高，限制了淡水渔业养殖生产效率的提升。

3. 生态破坏严重，养殖环境日益恶化　由于受到我国经济发展和水利工程建设等因素的影响，一方面使我国的很多河流和湖泊遭受了污染，养殖水域富营养化的问题比较严重；另一方面，使得我国的很多河流出现断流，湖泊的面积在不断萎缩。这不仅造成池塘养殖面积的减少，还会造成水产养殖病害的增加，严重时会造成巨大的经济损失，有时甚至还会对食品安全造成不利影响。

4. 深加工水平低，附加值不高　淡水渔业初级鱼产品的销售利润比较低，提高淡水渔业的深加工水平是延伸淡水渔业产业链、提高行业产品附加值的有效途径。但是，我国淡水鱼产品的加工技术不高，深加工水平还处于初步发展阶段，很多企业仍旧处于整个产业链的最低端，导致产品的附加值不高，不利于企业经济效益和市场竞争力的提升。

三、池塘养鱼的发展趋势

我国池塘养鱼的发展经历了从粗放粗养到精养再到全封闭、循环水工厂化养殖的过程。加入 WTO 后，我国水产业逐步融入到国际化竞争中来，池塘养鱼的发展迎来了新的机遇和挑战。为了适应新的形势，在国际竞争中立于不败之地，从总的趋势看，我国的池塘养鱼必将朝着集约化、产业化、智能化、信息化、标准化和优质化方向发展。

1. 池塘养鱼的集约化、产业化发展　要提高我国池塘养鱼在国际竞争中的地位，应对市场风险，池塘养鱼将逐渐改变分散的、小规模的家庭式生产模式，建立渔户承包、区域联片、专业合作、一体化经营的生产模式。选择一些区域优势明显，产品销路好，发展前景广阔的项目，进行品种更新，科技推广，形成规模经营，批量生产。同时，为了充分利用好土地资源，池塘养殖单位面积的放养量、产量必将提高，集约化程度必将进一步得到加强。

2. 池塘养鱼的智能化、信息化发展　凭经验进行池塘养鱼生产带有一定的盲目性，科技含量相对不足，显然已经不能适应现代渔业的发展需要。将国内外先进的养殖技术、新品种、新设备、新工艺充分应用到池塘养鱼生产中来，在对池塘各种因子进行质和量的科学分析评估的基础上进行鱼类的养殖生产，不断提高池塘养鱼的科技水平，这是池塘养鱼发展的必由之路。

随着计算机在池塘养殖生产中的不断应用，我国池塘养鱼的智能化程度得到了很大的提高。池塘理化因子的自动控制、鱼类饵料的自动投喂、鱼苗的自动计数、鱼产量的自动分析等，都是我国池塘养鱼向现代化迈进的有力证明。

现代池塘养殖生产要求在生产、品种结构调整、产品销售等各个环节，都要及时准确地掌握有关信息。如通过信息网络了解适应市场需求的池塘养殖品种，及时进行池塘养殖品种结构调整；及时了解养殖对象病害的测报预报结果，掌握病害传播扩散的动态与范围等。信息量的增加与信息的准确性、适时性的提高，大大减少池塘养殖生产的盲目性，更利于提高池塘养殖的质量和效益。

3. 池塘养鱼的标准化、优质化发展　池塘养鱼的标准化、优质化发展主要体现在对池塘养鱼的各项规程的制订与落实、对养殖水体的环境保护、养殖品种的选择推广和养殖模式的改进提高等方面。

池塘养鱼的优质化发展首先体现在对水体的环境保护上，从过去单纯追求产量增长转向产量和质量并重，提高池塘养鱼整体的素质和效益。大力发展综合渔业、生态渔业，使水产品在良好的池塘水体环境中生活，并按严格的操作规程进行生产，达到一定的食品质量与卫生标准，减少对环境的污染。

从养殖模式来看，大力发展生态健康的养殖方式，积极开发占地少、节能、节水、无污染的池塘养鱼类型。

从品种选择来看，选择营养丰富、保健、适销对路的优良品种，及时调整养殖结构，减少生产的盲目性。

从近几年我国池塘养鱼生产所饲养的品种来看，"家鱼"养殖仍保持稳定发展趋势，鲢、鳙、草鱼、鲤等市场需求量大，鲫市场稳定，青鱼、团头鲂养殖量有所下降。针对国内外市场对优质鱼类的需求，在水产工作者的努力下，一大批品质优良的鱼类养殖品种不断得到推广养殖，相应的苗种繁育、饲料开发以及养殖模式也得到了很好的研究。进行了"北方品种南移、海水品种淡养"的尝试，取得了一定的成效，特别是一些冷水性的优质鱼类品种，在南方不少地区得到大力推广，产生了较好的经济和社会效益。从国外引进的罗非鱼、加州鲈、杂交鲈、斑点叉尾鮰、淡水石斑鱼、匙吻鲟等一些优质鱼类在我国成功养殖，也为我国的优质鱼类生产带来了活力。

练习与思考

1. 池塘的一般定义是什么？
2. 池塘养鱼的概念是什么？
3. 池塘养鱼生产过程一般分几个阶段？
4. 池塘养鱼有哪些主要生产形式？
5. 什么是健康养殖？什么是生态养殖？

项目一　渔场建设

知识目标

掌握构建养殖池塘所应具备的客观条件；掌握池塘种类、池塘与池底形状类型、水深与水面、护坡与进排水设施等池塘构建要素。

技能目标

能够判断某些地区是否适宜构建养殖池塘；能够根据养殖种类、规模及生产任务规划并构建养殖池塘。

思政目标

在修建池塘时，要建立人与自然和谐共生的意识，合理科学利用水资源和土地。

任务一　场址选择

任务描述

介绍水产动物养殖场场址选择时所需考虑到的具体周围环境、水源、交通等客观条件，以便科学合理规划养殖基地、建造养殖池塘。

任务实施

（一）周围环境

（1）选择水质良好、水源充足、交通便利、供电方便的地方建造养殖池塘，以方便排灌水、鱼种和饲料运输等后期操作。

（2）充分考虑当地自然条件，结合当地地形、气候等因素建造养殖池塘，选择适宜养殖方式。

（二）水源与水质条件

（1）水源分为地面水源和地下水源，无论采用哪种，水源水量应充足，水质良好，水源水质应符合 GB 11607—1989 渔业水质标准且不受工业"三废"，医疗、农业、城镇生活污水等污染源影响。

（2）淡水池塘水质要求符合《无公害食品　淡水养殖用水水质》（NY 5051—2001）标准（表1-1），海水鱼类养殖的水质要求符合《无公害食品　海水养殖用水水质》（NY 5052—2001）标准（表1-2）。

表1-1　《无公害食品　淡水养殖用水水质》标准

（胡石柳，唐建勋，2010. 鱼类增养殖技术）

项目	标准值（mg/L）	项目	标准值（mg/L）
色、臭、味	不得使养殖水体带有异色、异臭、异味	马拉硫磷	≤0.005
总大肠菌群	≤5 000 个/L	乐果	≤0.1
汞	≤0.000 5	六六六（丙体）	≤0.002
镉	≤0.005	DDT	≤0.001
铅	≤0.05	石油类	≤0.05
铬	≤0.1	挥发性酚	≤0.005
铜	≤0.01	甲基对硫磷	≤0.000 5
锌	≤0.1	氰化物	≤1

表1-2　《无公害食品　海水养殖用水水质》标准

（胡石柳，唐建勋，2010. 鱼类增养殖技术）

项目	标准值（mg/L）	项目	标准值（mg/L）
色、臭、味	海水养殖水体不得有异色、异臭、异味	马拉硫磷	≤0.000 5
大肠菌群	≤5 000 个/L，供人生食的贝类养殖水质≤500 个/L	乐果	≤0.1
粪大肠菌群	≤2 000 个/L，供人生食的贝类养殖水质≤140 个/L	多氯联苯	≤0.000 02
汞	≤0.000 2	六六六	≤0.001
镉	≤0.005	DDT	≤0.005
铅	≤0.05	石油类	≤0.05
六价铬	≤0.01	挥发性酚	≤0.005
总铬	≤0.1	硒	≤0.02
砷	≤0.03	甲基对硫磷	≤0.000 5
铜	≤0.01	氰化物	≤0.005
锌	≤0.1		

（三）土质条件

（1）土壤是建造池塘的主要材料，土壤种类和性质对养殖场的建设成本和养殖效果影响很大。

（2）土质是土壤中含有沙粒、黏土粒及有机物质的量，其所含沙粒和有机物比例的不同，直接影响着池塘的保水性。池塘土壤要求保水力强，最好选择壤土，黏土次之，沙质土最差。

（3）沙土、粉土或含腐殖质较多的土壤保水力比较差，且做池埂时容易渗漏、坍塌，不

宜建塘。黏土保水性好，干时土质坚硬，但此类池塘干旱时堤埂易龟裂。壤土则介于沙土和黏土之间，吸水性强、含有一定的有机物，土内空气流通，且池塘内天然饵料最易繁殖，水质易肥。

（4）土壤质地分类方法见表1-3。

表1-3　土壤质地分类
（胡石柳，唐建勋，2010. 鱼类增养殖技术）

质地名称	沙土类		壤土类			黏土
	沙土	沙壤土	轻壤土	中壤土	重壤土	
物理性沙粒含量（%）	>90	80~90	70~80	55~70	40~55	<40
物理性黏粒含量（%）	<10	10~20	20~30	30~45	45~60	>60

注：沙粒指粒径大于0.01mm，黏粒指粒径小于0.01mm。

（四）其他

在考虑以上因素的同时还要考虑通信、当地生产资料供应是否方便等因素。

相关案例

案例：广东江门一水产养殖场现1万千克死鱼，疑因工厂废水池溢出毒水。2013年12日，羊城晚报记者接到爆料称，江门市蓬江区杜阮镇井根村委会一养殖户鱼塘出现了1万千克死鱼。鱼塘承包养殖户文先生告诉记者，怀疑是旁边工厂的废水池在雨后溢出毒水将鱼毒死。由于天气高温，老远就闻到一股恶臭味。文先生告诉记者："这些死鱼从11日上午10时许开始出现，当天凌晨下了大暴雨，我怀疑是雨水将位于鱼塘上方一家工厂里的废水池灌满后溢流出来污染了地势较低的两口鱼塘"。据了解，这次死鱼损失超过16万元。当地渔业、环保等部门在接到记者投诉后已介入调查并抽取了水样。调查人员还发现，鱼塘旁的排污口来自附近一工厂里的污水收集池，但厂方工作人员无法解释污水是否进行过有效处理和合法排放，也没法提供排污许可证。环保部门工作人员已责成厂方填写相关处理表格，待检验结果出来后处理和补办环评。

任务二　池塘建设

任务描述

介绍常见池塘种类、池塘形状、水面与水深、进排水等设施，以便更加合理、因地制宜建造养殖池塘。

任务实施

（一）池塘种类

按照养殖功能不同可分为亲鱼池、成鱼池、鱼种池、鱼苗池等。

（二）池塘与池底形状

1. 池塘形状　池塘形状主要取决于地形、品种等要求，其形状、朝向与养鱼产量有密切的关系，一般以长方形为主，东西长，南北宽，外围不应有高大的树木或建筑物，长宽比例一般为（2～4）：1。其优点是池埂遮阳小、水面日照长，有利于浮游植物光合作用，而且方便拉网操作，注水时易造成全池池水流转。

2. 池塘池底　池塘池底一般有 3 种类型：

①倾斜型。池底平坦，向出水口一侧倾斜，此类池塘干池排水、捕鱼均方便，但清淤不便。

②锅底型。池塘四周浅，逐渐向池塘中央加深，整个池塘似锅底，此类池塘干池排水、捕鱼均不方便。

③龟背型（图 1-1）。池塘中间高（俗称塘背），向四周倾斜，在与池塘斜坡接壤处最深，形成一条浅槽（俗称池槽），整个池塘底部呈龟背状，并向出水口一侧倾斜，此类池塘，排水、捕鱼、清淤均方便。

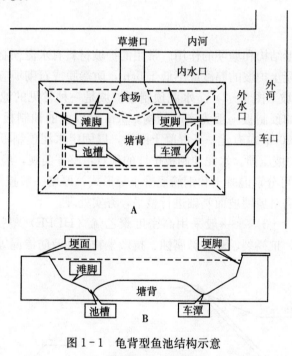

图 1-1　龟背型鱼池结构示意

A. 平面图　B. 剖面图

（王武，2000. 鱼类增养殖学）

（三）面积与水深

（1）池塘面积与水深主要取决于养殖模式、品种、池塘类型等，按照养殖功能不同，其面积和水深也不同，具体见表 1-4。

（2）渔谚有"宽水养大鱼"之说，其主要原因在于：面积较大的池塘水质易于稳定，鱼的活动空间也大，池水受风力作用较大，利于表层水溶氧量的增加并在上下层水混合时可补充下层水的溶氧量。但是，面积过大，施肥、投饵难以均匀，水质不易控制，且刮风面积大，易形成大浪冲坏池埂。

（3）池塘水深是指池底到水面的垂直距离，池深是指池底到池堤的垂直距离。一般成鱼池的水深在 2.5～3.0m，鱼种池在 2.0～2.5m，越冬池塘水深应达到 2.5m 以上，池埂一般要高出池中水面 0.5m 左右。

表 1-4　不同类型池塘面积与水深

类型	面积（m²）	池深（m）
鱼苗池	600～1 300	1.5～2.0
鱼种池	1 300～3 000	2.0～2.5
成鱼池	3 000～10 000	2.5～3.5
亲鱼池	2 000～4 000	2.5～3.5
越冬池	1 300～6 600	3.0～4.0

（四）护坡

护坡具有保护池形结构和塘埂的作用。常用的护坡材料有水泥预制板、混凝土、防渗膜等。水泥预制板、混凝土护坡的厚度应不低于 5cm，防渗膜或石砌坝应铺设到池底。

1. 水泥预制板护坡（图 1-2）　水泥预制板护坡是一种常见的池塘护坡方式，厚度一般为 5～15cm，较薄的预制板一般为实心结构，5cm 厚以上的预制板一般采用楼板方式制作。还需在池底下部 30cm 左右建一条混凝土圈梁，以固定水泥预制板，顶部要用混凝土砌一条宽 40cm 左右的护坡压顶。水泥预制板护坡的优点：整齐美观，经久耐用，施工简单。

2. 混凝土护坡　可分素混凝土和钢筋混凝土等形式，厚度一般控制在 5～8cm。特点是防裂性好，但建设时需对塘埂坡面基础进行整平，夯实处理。

3. 地膜护坡（图 1-3）　一般采用高密度聚乙烯（HDPE）塑胶地膜，具有抗拉伸、抗冲击、耐静水压高、抗撕裂、耐酸碱腐蚀、抗微生物侵蚀及防渗漏等特点，既可覆盖整个池底也可周边护坡。

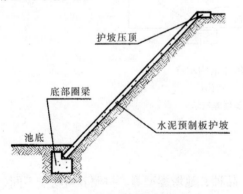

图 1-2　水泥预制板护坡

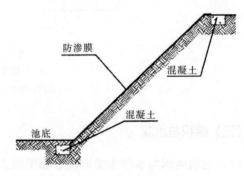

图 1-3　地膜护坡
（熊良伟，朱光来，2012. 池塘养鱼）

4. 砖石护坡　具有坚固、耐用的优点，但施工复杂，砌筑用的片石要求石质坚硬，片石间还需用水泥勾缝。

（五）进排水设施

1. 进水闸门、管道　池塘进水一般是通过分水闸门控制水流，通过输水管道进入池塘，分水闸门一般为凹槽插板的方式（图1-4），也可采用预埋PVC弯头拔管方式控制池塘进水（图1-5）。

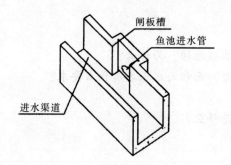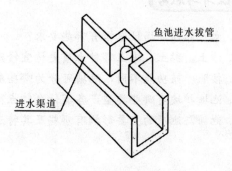

图1-4　插板式进水闸门　　　　　　　图1-5　拔管式进水闸门

池塘进水管道一般使用水泥预制管或PVC管，其长度需根据护坡情况和养殖池塘实际情况决定，进水管中心高度应以不超过池塘最高水位为好并且末端应安装口袋网，防止池塘鱼类进入水管或杂物进入池塘。

2. 排水井、闸门　一般采用拔管方式或闸板控制水流排放。排水井深度以到池塘底部为好，水泥砖砌结构，有拦网、闸板等凹槽（图1-6、图1-7），池塘排水通过排水井和排水管进入排水渠，然后汇集到排水总渠，排水总渠道末端应建设排水闸。

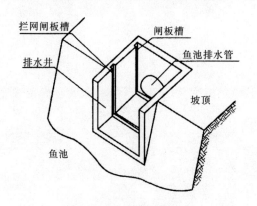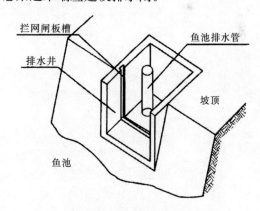

图1-6　插板式排水井　　　　　　　图1-7　拔管式排水井

黄颡鱼养殖

（1）亲鱼培育池塘条件。环境安静，交通便利，水源充足，水质适用，注排水便利，池底平坦，淤泥较少或硬底，水深2.5～3.5m，面积以2 000～4 000m² 为宜。

（2）培育鱼种的池塘要求。水源充足，水质良好，进排水方便，阳光充足，池塘面积以

1 300~3 000m² 为宜，池深度 2.0~2.5m，水深 1.5~2.0m，池形长方形。

（3）成鱼养殖池塘要求。水源充足，交通便利，水质良好，池塘面积以 3 000～10 000m² 为宜，成鱼饲养水深 2.5~3.5m，土质以壤土最好，东西走向长方形为好且周围不应有高大树木和房屋。其优点是：池埂遮阳小，水面日照长，有利于浮游植物光合作用。

练习与思考

1. 水产养殖场场址选择有哪些要求？

2. 沙土、黏土、壤土哪种土质更适宜修建养殖池塘？为什么？

3. 按照养殖功能不同，池塘可分为哪些类型？面积与水深各有什么要求？

4. 池塘护坡有哪些类型，各有什么特点？

5. 池塘与池底的主要形状有哪些及其特点是什么？

项目二　养殖池塘准备

知识目标

具备池塘清整的技能；具备养殖机械安装、使用和维护技能；能独立开展养殖池塘水质调控。

技能目标

掌握池塘清整的方法、常见养殖机械的使用方法、水质调控的方法。

思政目标

坚持绿水青山就是金山银山的理念，维护好生态系统的平衡，合理使用药物清塘，树立可持续发展理念，倡导使用生物方法调控水质，保护好环境。

任务一　池塘清整

多年用于养鱼的池塘，由于淤泥淤积过多，堤基受波浪冲击，一般都有不同程度的崩塌。根据池塘养鱼所要求的条件，必须进行整塘和清塘。所谓整塘，就是将池水排干，清除过多淤泥；将塘底推平，并将塘泥敷贴在池壁上，使其平滑贴实；填好漏洞和裂缝，清除池底和池边杂草；将多余的塘泥清上池堤，为青饲料的种植提供肥料。所谓清塘，就是在池塘内施用药物杀灭影响鱼苗生存、生长的各种生物，以保障鱼苗不受敌害、病害的侵袭。

任务描述

池塘清整是根据养殖生产季节和池塘养鱼所要求的条件，将池水排干，清除过多淤泥；将塘底推平，并将塘泥敷贴在池壁上，使其平滑贴实；填好漏洞和裂缝，清除池底和池边杂草；将多余的塘泥清上池堤，为青饲料的种植提供肥料。在生产上一定要克服"重清塘、轻整塘"的错误倾向。否则，池塘淤泥过多，致病菌和孢子大量潜伏，那么再好的清塘药物也无济于事。

任务实施

（一）整塘

当鱼种或成鱼出池后，排干池水，清除一定的底泥，用以修整堤埂滩脚或作为农田肥料，经多日（一般2周左右）阳光暴晒，可以达到加速土壤中有机物质转化和消灭病虫害的双重作用。同时也便于清除池边滩脚的杂草，破坏寄生虫和水生昆虫的产卵场。整塘的重要性还在于清除过多的淤泥，可以减少底泥的耗氧，有利于改善池塘环境，提高鱼产量。

（二）药物清塘

塘底富含有机物是很多鱼类致病菌和寄生虫的温床。所以药物消毒是除野和消灭病原的重要措施之一。现在生产上常用的清塘药物越来越多。目前常用的有生石灰、漂白粉、三氯异氰尿酸（漂白精）、二氯异氰尿酸钠（防消散）等，也有用氨水、二氧化氯和溴氰菊酯的。选用清塘药物应以清塘药物的作用原理、作用机制和清塘效果来确定。下面介绍几种使用效果较好的清塘药物。

1. 生石灰清塘　生石灰（CaO）清塘的作用是通过生石灰遇水后发生化学反应，产生氢氧化钙，并放出大量的热。氢氧化钙为强碱，其氢氧根离子在短时间内能使池水的 pH 提高到 11 以上，从而杀死敌害生物。

（1）清塘效果。

①能迅速而彻底地杀死野杂鱼、蛙卵、蝌蚪、蚂蟥、水生昆虫等动物，以及一些水生植物、鱼类寄生虫和病原菌等敌害生物。生石灰清塘对减少鱼病发生有良好的作用。

②由于碱的游离，可以中和淤泥中的各种有机酸，改变酸性环境，使池塘呈微碱性环境。一般用生石灰清塘，7～10d 浮游生物可达高峰，有利于鱼类生长。

③可提高池水的碱度和硬度，增加缓冲能力，提高水体质量。

④钙离子浓度增加，pH 升高，可使被淤泥胶粒吸附的铵、磷酸、钾等离子向水中释放，增加水的肥度，同时钙本身是浮游植物和水生动物不可缺少的营养元素，因此，用生石灰清塘还起了施肥的作用。

（2）清塘方法。生石灰清塘方法分为干法清塘和带水清塘。

干法清塘一般每 667m² 用生石灰 60～75kg，如果塘泥较厚应酌情增加用量。清塘的方法是先将池水排至 5～10cm 深，然后在池底四周挖数个小坑，将生石灰倒入坑内，加水熟化，待生石灰块全部熟化成粉状后，再加水溶成石灰浆向水中泼洒。泼洒要均匀，全部池底都要泼到。鱼池中央可用耐腐蚀的小木船装熟化好的石灰到池中泼洒。最好第二天再用带把的泥耙将池底推耙一遍，使石灰与底泥充分混合，以便改良池底淤泥的酸碱度，提高药物清塘的效果。

带水清塘一般水深 1m 每 667m² 用生石灰 125～150kg。清塘的方法是先将生石灰块加水全部熟化成粉状后，在船中加水搅成浆状，进行全池泼洒。

生石灰清塘药性消失需 7d。无需试水即可放鱼。

（3）注意事项。

①池塘消毒宜在晴天进行。阴雨天气温低，影响药效。一般水温升高 10℃ 药效可增加一倍。早春水温 3～5℃ 时要适当地增加用量 30%～40%。尤其是对底层鱼如泥鳅较多的鱼池，更应适当增加用量。

②生石灰的质量影响清塘效果，质量好的生石灰是块状、较轻、不含杂质、遇水后反应剧烈，体积膨大的明显。清塘不易使用建筑用袋装的生石灰，袋装的生石灰杂质含量高，有效成分的含量比块状的低。若只能使用袋状生石灰应适当增加用量。

③清塘用的生石灰最好随用随买，否则，放置时间久了，生石灰会吸收空气中的水分和二氧化碳生成碳酸钙而失效。若已购买了生石灰正巧天气不好，最好用塑料薄膜覆盖，并做好防潮工作。

④水中的钙、镁离子多，硬度大的水，影响清塘效果。这一点也应引起注意。

2. 漂白粉清塘 漂白粉清塘的效果与生石灰相近，其作用机制不同。漂白粉在遇水后，分解出碱性次氯酸，不稳定的次氯酸会立即分解放出氧原子。这些初生态氧有强烈的杀菌和杀死敌害生物的作用。

（1）用量与方法。漂白粉一般含有效氯 30% 左右。

清塘用量：每 667m² 水深 1m 用 13.5kg（即浓度 20g/m³）。如果将池水排至 5～10cm，每 667m² 用量为 5～10kg。

施用方法：将漂白粉加水溶解后，立即遍池泼洒。清塘后 3～5d 便可放鱼。因此，用于急于使用的鱼池更为适宜。

（2）作用效果。能杀死鱼类、蛙类、蝌蚪、螺、水生昆虫、寄生虫和病原体，效果同生石灰。肥水效果差一些，漂白粉没有改善水质的作用。用漂白粉后池塘不会形成浮游生物高峰。

（3）注意事项。

①漂白粉极易挥发和分解，放出初生态氧，并能与金属起作用。因此，应密封保存，放在阴凉干燥处，防止失效。

②漂白粉的药性，也与温度有关，所以在早春时分应增加用量。

③操作时要注意安全，漂白粉的腐蚀性强，不要沾染皮肤和衣物。泼洒时要在上风头，顺风泼洒。

④其他无机和有机含氯化合物（如漂白精、强氯精、防消散等）可参考药品说明书介绍的用量使用。

3. 氨水清塘 氨水呈强碱性，高浓度的氨能毒杀鱼类和水生昆虫等。清塘时，水深 10cm，每 667m² 池塘用氨水 50kg 以上，使用时可加几倍的塘泥与氨水搅拌均匀，然后全池泼洒。加塘泥是为了吸附氨，减少其挥发损失。清塘 1d 后向池塘注水，再过 5～6d 毒性消失，即可放鱼。氨水清塘后因水中铵离子增加，浮游植物可能会大量繁殖，消耗水中游离二氧化碳，使 pH 升高，从而又增加水中分子态氨的浓度，以致引起放养鱼类死亡，因此，清塘后最好再施一些有机肥料，促使浮游动物的繁殖，借以抑制浮游植物的过度繁殖，避免发生死鱼事故。

4. 敌敌畏清塘 敌敌畏是有机磷杀虫剂，对鱼类也有毒害作用。在用做清塘时，一般使用量为水深 5～10cm，每 667m² 用量 500～750mL。敌敌畏与其他农用杀虫剂一样，作用单一，只能杀灭敌害生物，对防治微生物引起的鱼病不起作用。敌敌畏清塘药性消失需 4～5d。

其他的清塘药物如：茶粕、巴豆、二氧化氯和一些专用的池塘消毒剂可参照有关书籍和药品说明书。

5. 生石灰和茶粕混合清塘 广西壮族自治区有些地区曾试用生石灰和茶粕的混合剂清塘。用量为每 667m² 水深 0.66m 用生石灰 50kg 和茶粕 30kg。用法是先将茶粕敲碎加水浸泡然后将浸泡好的茶粕连渣带水混入生石灰中，让石灰吸水溶化后，再均匀地遍洒全池。经过 7d，用鱼篓盛装 10 多尾鲢或鳙放入水中，过 7～8h 不死，即证明药性已过，可以开始放养。

应用这两种药物混合剂清塘的效果，从药物本身看，有取长补短、相得益彰的效果。

6. 生石灰与漂白粉混合清塘 平均水深 1.5m，每 667m² 的用量为漂白粉 6.5kg，生石灰 65～80kg，用法与漂白粉、生石灰清塘相同，放药后经 10d 左右即可放养。生石灰和漂白粉混合清塘的效果，比单独使用漂白粉为好。

几种养殖模式下清塘药物选择

1. 鱼苗池 鱼苗躲避敌害生物、争夺食物及生存资源的能力较差，应选择通杀型清塘剂，如生石灰、漂白粉、三氯异氰尿酸。值得注意的是如碱度较高的盐碱地池塘不宜使用生石灰，可以选择三氯异氰尿酸。

2. 常规鱼池塘 养殖青鱼、草鱼、鲢、鳙、鲤、鲫、鳊、鲂等常规品种的池塘清塘重点在于杀灭凶猛肉食性鱼类及野杂鱼，同时还需杀灭寄生虫及致病菌。可以选择生石灰、漂白粉、三氯异氰尿酸、鱼藤酮、溴氰菊酯等。有绦虫病史建议使用氯硝柳胺等药物以杀灭螺蛳。

3. 肉食性鱼类池塘 青鱼、鲤养殖塘应考虑保存螺蚌类，可选择鱼藤酮或者茶粕；养殖乌鳢、黄颡鱼、鲇等建议使用生石灰、漂白粉等通杀型清塘药。

4. 常规鱼和虾蟹混养池 可以考虑对虾蟹影响较小的茶粕、氯硝柳胺等。

5. 虾蟹塘 若是首次养殖需杀灭池塘中的一切不利生物因子，可选择通杀型清塘剂。如果需要保存池塘中的虾蟹类，可选择鱼藤酮。

上面仅是简单介绍了一些常见养殖模式下清塘药的选择，在实际生产中应根据要杀灭的对象，结合各类清塘药的杀灭范围来选择，当然也可以选择几种清塘药一起使用。

各种药剂清塘效果的比较

1. 清除敌害及防病的效果 清除野鱼的效力，以生石灰为最迅速而最彻底，茶粕、漂白粉次之。

杀灭寄生虫和致病菌的效力以漂白粉最强，生石灰次之，因此用生石灰、漂白粉清塘，可以减少鱼病的发生。茶粕对细菌有助繁殖的作用。

2. 对鱼类的增产的效果 为提高生石灰对鱼类增产的效果，在应用生石灰清塘时必须要注意以下问题：

（1）适合于并塘的，在 10℃ 左右。如并塘过早，水温高，鱼类游动活泼，耗氧率高，在密集囤养下容易缺氧。在进行操作时，其用量要减少，操作也要小心。

（2）天气晴朗，风和日暖的日子。

（3）已经停止投饵 6d 以上。

任务二　养殖机械安装使用

我国的池塘养殖机械的发展始于 20 世纪 70 年代，开挖池塘是设施化的第一步。随着养殖密度的提高，水体缺氧成了池塘养鱼高产的"拦路虎"。在中国水产科学研究院渔业机械仪器研究所的组织攻关下，池塘养殖的机械化装备，从无到有，不断发展。研制出的叶轮式增氧机，在广东和浙江等地 700hm² 以上的高产试验点，实现每 667m² 产量超过 500kg。直至今日，叶轮增氧机依然成为池塘养殖控制养殖环境必不可少的设备。70年代后期研制出水力挖塘机，解决了池塘大规模开挖的问题，使得池塘养殖产量大大提高，实现了水产养殖产量历史性突破。80年代中后期，由于颗粒饲料机、膨化饲料机的研发成功，颗粒饲料在养殖中得到普遍使用，为池塘养殖生产又带来了一次革命性的发展。90年代，投饲机的研制成功和推广应用，大大降低了劳动强度，提高了饲料的利用效率。由此形成的池塘设施养殖方式被养殖户普遍接收，成为我国养殖生产的主要方式，也为我国水产养殖业的稳定高产做出了巨大的贡献。

我国池塘养殖机械仍处于发展阶段，存在一些亟待解决的问题。池塘养殖作为我国水产养殖的主要生产方式，属于开放式、粗放型的生产系统，其设施化和机械化程度低、技术含量少、装备水平差。池塘养殖设施以"进水渠＋养殖池塘＋排水沟"模式为代表，成矩形，依地形而建，纳水养殖，用完后排入自然水域。池塘水深一般 1.5～2.0m，面积0.3～1.0hm²，大者几十公顷。主要配套设备为增氧机、水泵、投饲机等。淡水池塘以养殖鱼类为主，海水池塘以虾类为主。南方高位池海水养殖池塘及部分北方地区淡水养殖池塘，为防渗漏，整池铺设地膜。池塘养殖设施系统构造简易，造价低，应用普遍。养殖生态环境主要依赖自然水质以及池塘在光—藻—氧作用下的自净能力，增氧机是人工补氧、改善水质、并向高密度养殖对象供氧的唯一装置，投放生物制剂也是常用的手段，但系统水质调控能力较弱。总体上讲，池塘养殖机械发展还处于低级水平，养殖生产对自然环境的依赖度相当大，生产过程的人为控制度较小，机械化程度不高。

任务描述

目前主要的养殖生产设备，包括增氧、投饲、排灌、底泥改良、水质监测调控、起捕、动力运输等设备的使用。

常用增氧机械

任务实施

（一）增氧设备

增氧机可以改善水质，增加水中的溶氧量，使鱼生活环境适宜。在鱼的最适生长温度区间内，鱼的活动量大，新陈代谢旺盛，耗氧率高；此外，在这个温度区间，池水中的粪便、淤泥等有机质分解速度很快，也消耗大量的氧气，若缺氧便会因分解不完全而产生氨氮、硫化氢等有害物质，直接毒害鱼类。夏季雷雨天，水温高，大气压力低，水的溶氧量下降。同时有机质及鱼类的耗氧率皆升高，如无外界增氧措施，便极易造成"泛塘"。

增氧机不仅可以增加水中的溶氧量，而且可以曝除有害气体。叶轮式增氧机还能搅拌水体，促进表、底层水体交换。另外，高溶氧量时好氧腐败细菌活动强烈，有机质分解快而彻底，浮游植物所需的营养盐补充快，生长旺盛，池水中的有毒物——氨也能很快被硝化作用变成硝酸盐而被吸收，从而给滤食性鱼类提供了更丰富的浮游生物，达到池塘高产的目的。

1. 增氧机的种类　常用的增氧设备包括叶轮式增氧机、水车式增氧机、射流式增氧机、吸入式增氧机、涡流式增氧机、增氧泵、微孔曝气装置等。随着养殖需求和增氧机技术的不断提高，许多新型的增氧机不断出现，如涌喷式增氧机、喷雾式增氧机等。

（1）叶轮式增氧机。叶轮增氧机是通过电动机带动叶轮转动搅动水体，将空气和上层水

面的氧气溶于水体中的一种增氧设备。

叶轮增氧机具有增氧、搅水、曝气等综合作用，是采用最多的增氧设备。叶轮增氧机的推流方向是以增氧机为中心做圆周扩展运动的，比较适宜于短宽的鱼塘。叶轮增氧机的动力效率可达 $2kg/kW$ 以上，一般养鱼池塘可按每 $667m^2$ $0.5\sim1.0kW$ 配备增氧机。

（2）水车式增氧机。水车增氧机是利用两侧的叶片搅动水体表层的水，使之与空气增加接触而增加水体溶解氧的一种增氧设备。水车增氧机的叶轮运动轨迹垂直于水平面，推流方向沿长度和宽度作直流运动和扩散，比较适宜于狭长鱼塘使用和需要形成池塘水流时使用。

水车增氧机的最大特点是可以造成养殖池中的定向水流，便于满足特殊鱼类养殖需要和清理沉积物。其增氧动力效率可达 $1.5kg/kW$ 以上，每 $667m^2$ 可按 $0.7kW$ 的动力配备增氧机。

（3）射流式增氧机。射流式增氧机也称为射流自吸式增氧机，是一种利用射流增加水体交换和溶解氧的增氧设备。与其他增氧机相比，其具有结构简单、能形成水流和搅拌水体的特点。

射流式增氧机的增氧动力效率可达 $11.5kg/kW$ 以上，并能使水体平缓地增氧，不损伤鱼体，适合鱼苗池增氧使用。缺点是设备价格相对较高，使用成本也较高。

（4）吸入式增氧机。吸入式增氧机的工作原理是通过负压吸收空气，并把空气送入水中与水形成涡流混合，再把水向前推进进行增氧。

吸入式增氧机有较强的混合力，尤其对下层水的增氧能力比叶轮式增氧机强。比较适合于水体较深的池塘使用。

（5）涡流式增氧机。涡流式增氧机由电机、空气压送器、空心管、排气桨叶和漂浮装置组成。电机轴为一空心管轴，直接与空气压送器和排气桨叶相通，可将空气送入中下层水中形成气水混合体，高速旋转形成涡流使上下层水交换。

涡流式增氧机没有减速结构，自重小，无噪声，结构合理，增氧效率高。主要用于北方冰下水体增氧，增氧效率较高。

（6）增氧泵。增氧泵是利用交流电产生变换的磁极，推动带有固定磁极的杆振动，在固定磁极杆的末端带有橡胶碗，杆在振动的同时会将空气压缩并泵出，压缩空气通过导管末端的气泡石被分成无数的小气泡，这样就增大了和水的接触面积，增加氧气的溶解速度。

增氧泵具有轻便、易操作及单一的增氧功能，一般适合水深在 $0.7m$ 以下，面积在 $400m^2$ 以下的鱼苗培育池或温室养殖池中使用。

（7）微孔曝气装置。是一种利用压缩机和高分子微孔曝氧管相配合的曝气增氧装置。曝气管一般布设于池塘底部，压缩空气通过微孔逸出形成细密的气泡，增加了水体的气水交换界面，随着气泡的上升，可将水体下层水体中的粪便、碎屑、残饵以及硫化氢、氨等有毒气体带出水面。微孔曝气装置具有改善水体环境、溶解氧均匀、水体扰动较小的特点。其增氧动力效率可达 $1.815kg/kW$ 以上。

微孔曝气装置特别适用于虾、蟹等甲壳类品种的养殖。

还有许多其他类型的增氧机，如无油永磁直流增氧机、溶解氧自控增氧机等。总之选购增氧机时一要注意产品型号与质量，二要考虑增氧效率，三要根据生产需要，选用两种增氧机配合使用，达到事半功倍的效果。

2. 增氧机的安装方法　为了使水中溶氧量充分增加，根据鱼塘的水质，适当安装一定数量的增氧机，对保证鱼类在水中正常生长发育，提高单位水体鱼塘的产鱼量有重要作用。一般来说，每 2 000m² 水面需使用 3kW 增氧机 1 台，安装方法是：

（1）在方形鱼塘上安装数台增氧机时，应在等距的对角线上。

（2）增氧机可固定在两个浮桶或水泥桩上。但不要影响增氧机正常工作为宜。

（3）叶轮在水中的位置，要和"水线"对准。如无"水线"时，一般上端面要与水面平行，以防止产生过载而烧坏电机。叶轮片沉浸水中深度为 4cm，过深会使电机负荷增大而损坏电机。

（4）增氧机工作时，搅动池水浪花应均匀，不可左右摇晃。

（二）投饲设备

投饲设备是利用机械、电子、自动控制等原理制成的饲料投喂设备。投饲机具有提高投饲质量、节省时间、节省人力等特点，已成为水产养殖场重要的养殖设备。投饲机一般由 4 部分组成：料箱、下料装置、抛撒装置和控制器。下料装置一般有螺旋推进式、振动式、电磁铁下拉式、转盘定量式、抽屉式定量下料式等。目前应用较多的是自动定时定量投饲机。

投饲机饲料抛撒一般使用电机带动转盘，靠离心力把饲料抛撒出去，抛撒面积可达到 10～50m²。也有不使用动力的抛撒装置、空气动力抛撒装置、水输送抛撒装置、离心抛撒装置等。

1. 投饵机的安装　首先，安装投饵机要选择适合的位置，应面对鱼池的开阔面，这样投饵面宽；水位要深，以利鱼抢食。两池并列可共用 1 个投饵机，底盘做成活动的，转个向即可；调好投撒的远近距离及间隔时间即可。

其次，每周要确定 1 次池鱼的摄食量，这 1 周就可按此量放入投饵箱，按规定量投喂，最好不要随意增减。投饵量每周确定 1 次较为合适。

再次，要注意阴雨天停止投喂。另外，投饵机喂鱼时要观察鱼的吃食情况；每半月进行全池消毒时，要检查食台底部是否有饵料残渣。切忌料一倒就开机的做法。开机后不管鱼怎样，机器都一样的投饵，到了后面鱼不吃了，机器仍在投饵，料就沉底，不仅浪费而且坏水。

最后，要及时调整投饵机的数量。同一季养殖的不同养殖阶段，会因池鱼生长后导致摄食量加大。此时因及时观察池鱼摄食状态，若有必要，需及时添置投饵机。投饵机过少会导致池鱼吃食时堆积，容易受伤且易形成局部缺氧。

2. 投饵机的维护与保养

（1）每天到晚必须将饲料投喂干净，不要余料，以防饲料结块和老鼠咬断电线等问题的发生。

（2）当投饵机主电机旋转 3～5s 后，副电机开始工作带动送料盒振动下料，说明投饵机工作正常。如果主电机不工作，应立即切断电源，查明原因。检查出料口是否堵塞，出料口被饲料堵塞要及时清理，保证电机和甩料盘运转自如；电容是否损坏，如若损坏，及时更换，以防主电机损坏。

（3）每个月要清理 1 次下料口、接料口、送料振动盒以防粉尘饲料结块。每 6 个月进行 1 次清理保养，检查电线有无线头松动脱落和破损。若有，应加以拧紧或绝缘胶布包裹好。

（4）检查轴承，适当加油，保证运转自如。键销是否脱落和电机轴上的止头螺丝是否松动，应拧紧或更换，保证主、副电机工作正常。

(5) 电容是帮助电机启动的主要元器件，判别电容好坏的方法是：将电容的两根线头分别插入电源插座，将两根线头取出，进行接触，如出现火花，说明电容放电，可正常使用。

(6) 进入停食期后，投饲机停用，用户应将投饲机清理干净，切断电源，禁止在塘口露天存放。可采取保护措施覆盖或移至库房存放。

（三）排灌机械

排灌机械主要有水泵、水车等设备。水泵是养殖场主要的排灌设备，水产养殖场使用的水泵种类主要有：轴流泵、离心泵、潜水泵、管道泵等。

水泵在水产养殖上不仅用于池塘的进排水、防洪排涝、水力输送等，在调节水位、水温、水体交换和增氧方面也有很大的作用。

养殖用水泵的型号、规格很多，选用时必须根据使用条件进行选择。轴流泵流量大，适合于扬程较低、输水量较大情况下使用。离心泵扬程较高，比较适合输水距离较远情况下使用。潜水泵安装使用方便，在输水量不是很大的情况下使用较为普遍。

（四）底质改良设备

底质改良设备是一类用于池塘底部沉积物处理的机械设备，分为排水作业和不排水作业两大类型。排水作业机械主要有立式泥浆泵、水力挖塘机组、圆盘耙、碎土机、犁等；不排水作业机械主要有水下清淤机等。

池塘底质是池塘生态系统中的物质仓库，池塘底质的理化反应直接影响到养殖池塘的水质和养殖鱼类的生长，一般应根据池塘沉积情况采用适当的设备进行底质处理。

1. 立式泥浆泵　立式泥浆泵是一种利用单吸离心泵直接抽吸池底淤泥的清淤设备，主要用于疏浚池塘或挖方输土，还可用于浆状饲料、粪肥的汲送，具有搬运、安装方便，防堵塞效果好的特点。

2. 水力挖塘机组　水力挖塘机组是模拟自然界水流冲刷原理，借水力连续完成挖土、输土等工序的清淤设备。一般由泥浆泵、高压水枪、配电系统等组成。

水力挖塘机组具有构造结构简单、性能可靠、效率高、成本低、适应性强的特点。在池塘底泥清除、鱼池改造方面使用较多。

（五）水质检测设备

水产养殖场一般应配备必要的水质检测设备，主要用于池塘水质的日常检测。水质检测设备有便携式水质检测设备以及在线检测控制设备等。

1. 便携式水质检测设备　具有轻巧方便、便于携带的特点。适于野外使用，可以连续分析测定池塘的一些水质理化指标，如溶氧量、酸碱度、氧化还原电位、温度等。水产养殖场一般应配置便携式水质监测仪器，以便及时掌握池塘水质变化情况，为养殖生产决策提供依据。

2. 在线监控系统　池塘水质检测控制系统一般由电化学分析探头、数据采集模块、组态软件配合分布集中控制的输入输出模块，以及增氧机、投饲机等组成。多参数水质传感器可连续自动监测溶氧量、温度、盐度、pH、COD等参数。检测水样一般采用取样泵，通过管道传递给传感器检测，数据传输方式有无线或有线两种形式，水质数据通过集中控制的工控机进行信息分析和储存，信息显示采用液晶大屏幕显示检测点的水质实时数据情况。

反馈控制系统主要是通过编制程序把管理人员所需要的数据按要求输入到控制系统内，控制系统通过电路控制增氧或投饲。

（六）起捕设备

起捕设备是用于池塘鱼类捕捞的作业的设备，起捕设备具有节省劳动力、提高捕捞效率的特点。

池塘起捕设备主要有网围起捕设备、移动起捕设备、诱捕设备、电捕鱼设备、超声波捕鱼设备等。目前在池塘方面有所应用的主要是诱捕设备、移动起捕设备等。

（七）动力、运输设备

水产养殖场应配备必要的备用发电设备和交通运输工具。尤其在电力基础条件不好的地区，养殖场需要配备满足应急需要的发电设备，以应付电力短缺时的生产生活应急需要。

水产养殖场需配备一定数量的拖拉机、运输车辆等，以满足生产需要。

（八）自动拌药机

当病害发生时，投喂药饵是对鱼病进行治疗的重要方法之一。面积较大的养殖池塘需要投喂的饵料较多，此时拌药饵可用自动拌药机。其基本原理和搅拌机相似，通过电动机带动厢体内的转子转动，从而让饲料形成翻滚的状态，此时将药物溶解于水后均匀泼洒饲料上，便可在转子的带动下搅拌均匀。

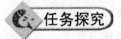

增氧机安全操作方法

为了使增氧机正常运转作业，要注意做好安全操作方法。

（1）安装时要切断电源。电缆线在池中不可当做绳子拉。应用锁夹固定在机架上，不得垂入水中，其余部分按电工有关规定引到岸上电源处。

（2）增氧机入池开动后扭力很大，要加以固定。旋转时，产生的浪花很大，切不可乘坐浮物到增氧机近前观察。

（3）增氧机工作时若发出"嗡嗡"声，应检查线路，有无缺相运行，如有应立即切断电源，接好保险丝后再重新开机。

（4）护罩是保护电源不受雨水淋湿的装置，应正确安装；接线盒易受水的浸湿，也要注意保护。

（5）增氧机启动时，要观察转向及运转情况，如有异常声响、转向反向、运转不平稳等，应立即停机，排除异常现象后再开机。

（6）增氧机的工作条件恶劣，用户应自行配备热继电器、温度继电器、热敏电阻保护器及电子保护装置等。

（7）平时应注意叶轮上是否有缠绕物或附着物，如有应及时清除。每年要检查1次浮体，以免因浮体磨损降低浮力，致使负荷增大而烧坏电机。

（8）增氧机下水时，整体应保持水平移入水中，防止减速器通气孔溢油。同时，严禁电机与水接触，以免因水浸而烧坏电机。

（9）增氧机应有专人负责，责任人员应增强安全意识，对增氧机的运行及维修保养，要做好记录。

增氧机节能措施

选择最佳开机时间，能高效、优质、低耗、增产增效，促进渔业的发展。根据经验，按下面几个时间开机，可从开机 6～10h 减少到 3～5h，节约用电 60% 左右，而且能保证鱼类正常耗氧。

1. 黎明前开机　此时气压较低，鱼类及各种动植物已经经过一夜耗氧，开机 1～2h 即可使水池水中溶氧量恢复到正常水平。

2. 12：00～14：30 开机　此时是全天光照最佳时间，开机 1～2h，除了能向水中补充氧气外，还能促进池水交换，并利用浮游植物的光合作用，增加池水溶氧量，储存大量氧气以保障夜间需要。

3. 阴雨天气半夜开机　阴雨天气光照不佳，浮游植物光合作用不强，产生氧气能力弱。至半夜时，由池塘自身产生的氧气消耗较多，此时可以打开增氧机，及时增氧。

4. 缺氧时开动增氧机　虽然增氧机产生的氧气不是池塘溶解氧的主要来源，但是在池塘缺氧时，却可发挥"救命"的作用。当池鱼缺氧"浮头"时，开动增氧机，可暂时缓解缺氧现象，赢得解救时间。

5. 傍晚不开增氧机　傍晚光照减弱，光合作用几乎停止。此时池塘转入集中耗氧时期，若开动增氧机，会导致池塘底部缺氧的水体经搅动上浮，降低池塘表层水体溶氧量，同时有机质上浮，耗氧物质增多，氧气迅速消耗。

掌握正确的使用方法，除了采取上述选择最佳开机时间的措施外，还要因地、因季节、因天气变化灵活使用。如鱼类生产季节，晴天中午开机 0.5～1.0h，即可起搅水、改良水质作用。若阴雨天，白天不开夜里开，可防止与解决"浮头"的问题。

任务三　池塘水质培养

任务描述

鱼终身生活在水中，水是鱼生长和生活的基础。所以渔民历来有"养好一池鱼，先要管好一池水"的谚语。从事池塘养殖生产的人员重点应在水质培养和管理上，是池塘准备的重要组成部分，从而达到稳产高产的目的。

任务实施

（一）水质管理的主要指标

1. 透明度　水的透明度直接与水中悬浮物的多少密切相关，与浮游生物的生物量关系密切但不成正比关系。所以水的透明度不能代表水质的肥瘦情况。透明度虽不能全面反映水质的质量，但它与水中的生物种类和数量关系密切，测定方法容易，所以仍可作为养鱼水质判断的重要参考标准。

2. 水色　水色和浮游植物的关系密切，通常呈现红褐色、褐绿色、褐青色（墨绿色）、茶色、绿色（淡绿色、翠绿色、黄绿色）的水较好，而呈蓝色、浓绿色、灰色、泥黄色、发白、发黑、发臭的水则是劣水。

3. 溶解氧

（1）作用。溶解氧是鱼类生存的基本条件，也是目前限制池塘产鱼量的首要因素。常见鱼对溶解氧的需要量为 $3\sim5mg/L$，低于此值对鱼的生长不利，甚至"浮头"。鱼类对溶解氧的要求和温度有关，温度越高耗氧量越大。

（2）鱼池中溶解氧的来源和消耗。溶解氧的主要来源是浮游植物的光合作用，占90％。其次是空气扩散7％，换水占3％。

消耗：浮游生物占48％，池底淤泥占36％，鱼类呼吸占15％。

（3）变化特点。在池塘中上层水体的溶解氧较高，而底层一般缺氧。在一天中，溶解氧最高是在 $14:00\sim15:00$，可高达 $10\sim12mg/L$。以后逐渐降低，到凌晨日出前达到最低，这就是鱼类"浮头"一般都发生在晚上的缘故。

（4）改善池塘溶解氧的措施。

①合理混养滤食性鱼类，保持水质清爽。

②尽量清除池底淤泥，减少细菌耗氧。

③晴天中午开增氧机将多余的氧储存在池底，供晚上使用。

4. pH　也就是酸碱度，鱼类一般适于生活在弱碱性水体中，pH 最适为 $7.0\sim8.5$。低于7影响鱼的生长，且病菌容易繁衍；高于8.5则对鱼鳃有腐蚀作用。池塘水质由于有机质污染比较严重，其 pH 呈下降趋势，因此每隔一段时间应用生石灰调节1次，有杀菌和澄清水质、增加硬度的作用。

5. 氨氮　水体中对鱼产生危害的主要是氨氮和亚硝酸盐，我国水质标准氨氮小于 $0.5mg/L$，亚硝酸小于 $0.2mg/L$。

水体氨氮由两部分组成：NH_4^+ 和 NH_3，其中 NH_3 对鱼类有毒性，NH_4^+ 无毒。两者在氨氮中所占百分比主要受 pH、温度、盐度等因素决定。

pH 升高，NH_3 比率增加，氨氮毒性增加；pH 下降，NH_3 比率降低，氨氮毒性下降。当 pH 小于7时，几乎都以 NH_4^+ 形式存在；当 pH 大于11时，几乎都以 NH_3 形式存在。

（二）培养水质的措施

1. 适时换水或加注新水　增加溶解氧，改变鱼的生活环境。

2. 每月全池泼洒生石灰，提高池水二氧化碳平衡能力，预防鱼病　浮游植物进行光合作用需要二氧化碳，二氧化碳不足会影响浮游植物生长。在鱼池中由于夜间水生生物的呼吸作用，二氧化碳大量积聚，至早晨使 pH 降到一天中最低点，白天由于光合作用，水中的二氧化碳被消耗，水的 pH 也随之升高，施放生石灰，以明显的增加池水的碱度、硬度，调节池水中的二氧化碳含量和缓冲水的 pH 变化。生石灰的施用量视具体情况而定，一般为每 $667m^2$ $10\sim20kg$。对于盐碱地的鱼池，因碱度高又不缺钙，使用生石灰会使磷酸急剧沉淀，

严重影响浮游植物的生长繁殖而造成低产。对于硬度偏高，又缺少有机物质，可以多施有机肥料，以间接补充二氧化碳，提高缓冲能力。

3. 控制大型浮游动物 当水中大型浮游动物过多时，会使池水变清，消耗溶解氧，可放鳙鱼种控制或用敌百虫杀灭。

4. 使用增氧机等机械增加池水溶解氧 根据增氧机的三大功能（增氧、搅水、曝气）和池水溶解氧的变化规律，合理利用增氧机能调节溶解氧，减少"浮头"，改善水质，提高产量。

（1）在鱼类生长季节，晴天坚持中午开机 2h，可减轻或减少"浮头"发生，能搅动水体，打破温度、pH 等跃层，还清"氧债"，有利于加速底泥中有机物分解、循环，防止亚硝酸盐和硫化氢等有毒物质的形成和增加，提高水体自净能力。

（2）阴雨天，浮游植物造氧能力低，白天不开机，否则会加速"浮头"发生，这种天气夜里往往会发生"浮头"，夜里应早开机防止"浮头"。

（3）有"浮头"预兆夜间要早开机预防"浮头"，不管哪种原因造成的"浮头"，开机后不能停机，要一直开到天亮日出。

（4）大生长季节黎明时可适当开机发挥增氧机的曝气功能，把夜间积聚的有害气体逸出水面。

总之，管好水、用好水（在夏季要将池水尽可能保持在最高水位，以扩大鱼的生活空间）是养鱼成功与否的关键。

（三）危险的水色及解决方案

1. 蓝绿色、老绿色水 水中蓝绿藻或微囊藻大量繁殖，水质浓浊，透明度在 10cm 左右，能清楚地看见水体中有颗粒状结团的藻类，晚上和早上沉于水底，太阳出来就上升至水体上层。这种情况在土塘养殖过程中经常出现，养殖对象在这种水体中还可以持续存活一段时间，一旦天气的骤变，水质会急剧恶化，造成蓝绿藻等大量死亡，死亡后的蓝绿藻等被分解产生有毒物质，很可能造成养殖对象大规模的死亡。

解决方案：

（1）首先晚上泼洒水溶性维生素 C 每 667m² 250g 以提高该养殖对象的抗应激能力。

（2）第 2 天上午太阳出来后，蓝绿藻或微囊藻已上升到水面的中上层，使用强氯精溶水后集中泼洒。一般在 1h 后，上层的蓝绿藻或微囊藻就失去活性变白。并停开增氧机。

（3）15：00 左右再使用 1 次强氯精，17：00 打开全部增氧机。

（4）晚上施放"粒粒氧"防止消毒后造成藻类死亡后引起的缺氧。

（5）第 3 天可用调水产品生物制剂保持水质的长期稳定，以防止有害藻类的再次复发。

2. 绛红色、黑褐色水 一般在高位池海水盐度高的区域出现。由水中大量的原生动物或赤潮生物的大量繁殖造成的，主要含鞭毛藻、裸甲藻等，这种水色主要是前期水色太浓。长期投喂劣质饲料，造成水体中的有机质过多，为原生动物的繁殖提供了条件，随着大量有益藻类的死亡失去优势种群，有害藻类能分泌出来某些毒素造成养殖对象的长期慢性中毒直至死亡。这种水质浓、浊、死，增氧机打起来的水花呈黑红色，水黏滑，并有腥臭味。

解决方案：

（1）如有中间排污系统就加大排污能力，每天至少排出总水体量的 20% 以上，并补充新鲜的水源，使整个水体逐渐恢复活性。

（2）使用底质改良剂，抑制藻类繁殖和解毒，一般使用后第 2 天水体的透明度会提高

20～30cm。

（3）晚上可使用泼洒维生素 C、氨基酸和葡萄糖缓解养殖对象的中毒症状，增强其抗病力，提高因换水造成应激的抵抗能力。

（4）根据具体情况可使用强氯精、溴氯海因等。可以除去水体中的腥臭味，氧化一部分有机质，预防细菌病出现，为下步恢复正常的水色做好准备。

（5）连续几天的大量换水后可以用活菌等生物制剂培养良好的水色。

3. 泥浊水 一般土塘因放养密度过高，中后期出现整个水体的混浊，增氧机周围出现大量的泥浆，特别是使用涡轮增氧机的最明显。此水体中一般含有丰富的藻类，主要以硅藻、绿藻为主。由于养殖对象的密度过高，水体中泥浆的沉降作用，使水体中的藻类很难大量繁殖形成优良的藻相水色。在养殖中后期，亚硝酸盐普遍偏高、pH 偏低，调水难度大，养殖风险相当高。

解决方案：

（1）控制放养密度，根据水深和具体换水能力放养合理的养殖密度。

（2）一旦出现混浊的前兆（刚开始时只有增氧机周围有轻微的泥浊水，以后逐渐扩大），首先加大调水力度，可以使用具有絮凝状沉水作用的水质净化剂等，第 2 天，适当追肥和使用光合细菌等生物制剂，3～5d 后再使用 1 次。尽量避免使用生石灰调高 pH 来调水，否则可能会造成亚硝酸盐高的情况下中毒更严重。

（3）逐渐加深水位，水位的高低根据具体养殖对象而定。

（4）在高温季节谨防晚上和凌晨缺氧，可使用"粒粒氧"等增氧剂预防低氧。

（5）在后期亚硝酸盐偏高的情况下，尽量减少投饵量。

（6）很多养殖户使用氨基酸葡萄糖进行解救也有一定的效果。

（7）可以使用泼洒型维生素 C 加氧化铝、果酸等进行解毒，增加养殖对象抵抗力。

精养池塘水质的一般要求

精养池塘养殖密度较大，以投喂颗粒饲料为主。在鱼类主要生长季节，大量投饲、施肥，水质变得过肥乃至老化，也容易引起鱼类因缺氧而"浮头"、泛塘，必须做好水质管理工作。抓好水质管理就是要保持池水的"肥、活、嫩、爽"，这是我国池塘养鱼经验的总结。

"肥"是指"肥水"的意思。"肥水"的概念大多还是以浮游生物总量或以可消化的浮游植物的数量为标准。大都是指水色浓，浮游生物量高。水中浮游生物少、水色清淡，透明度就大；浮游生物多、水色浓，透明度就小。所以生产上还是以水的透明度来表示水的肥度。透明度是指用直径为 30cm 的黑白相间的圆盘沉入水中，肉眼观察黑白盘，直到看不清为止时的入水深度，即为池塘水的透明度。水池的透明度应为 20～30cm。这相当于水中的浮游植物总量为 20mg/L。对于高密度、投喂配合饲料的精养池塘，为创造主养鱼类适宜的生活环境，提高饲料的消化吸收率，建议池塘水质的透明度应保持在 35cm 以上。

"活"是指水色和透明度经常变化，同一池塘上午水色淡，中午、下午水色浓，即所谓"早青晚绿"。"活"是由于水中生物的变化所致。水质"活"的生物学含义是浮游生物繁殖快，池塘中的能量循环快，整个食物链的各个环节的运转正常，也意味着池塘正处于良性循

环中，这种水是好水。

"嫩"指水肥而不老，一般呈褐绿、草绿、红褐、茶褐色，水不太混浊，水面少油膜等杂质。所谓水"老"主要有两种，一种是水色发黄或发褐，另一种是水色发白。水色发黄或发褐，是由于藻类细胞老化的表现。从外观上看水色发黄、发褐。形成水质老化的主要原因是水中养分不足，遇到老水的处理方法是，合理施肥。"嫩"就是要求水质肥而不老，指水中藻类细胞未老化，并且蓝藻不多。大多数蓝藻（特别是那些极小的种类），白鲢食后不易消化。

"爽"指水清爽，水色不太浓，透明度不低于25cm。透明度过低的原因或是浮游生物极高，或是蓝藻占优势（蓝藻一般集中表层），或是泥沙和其他悬浮物过多。水中鱼类不能利用的悬浮物和藻类过多都是影响滤食的因素。在当前的养殖模式中，由于鱼类大量滤食，浮游生物不易保持很高浓度，过高的生物量常常是天然饵料未被充分利用，水中物质循环不良的缘故。在生长良好的池塘中浮游植物量一般均在100mg/L以内，超过100mg/L大致是鞭毛藻类塘"肥水"和"老水"的分界线。但蓝藻塘"肥水"浮游植物的生物量往往超过200mg/L。

知识拓展

1. 水色与养殖的关系　水色是指溶于水中的物质（包括天然的金属离子、污泥腐殖质、微生物、浮游生物、悬浮的残饵、有机质、黏土以及胶状物等）在阳光下呈现出来的颜色。培养水色包括培养单胞藻类和培养有益微生物优势种群两方面内容，但组成水色的物质中以浮游生物及底栖生物对水色的影响最大。

良好的水色标志着藻类、菌类、浮游动物三者的动态健康平衡，是健康养殖场的必要保证。良好水色有下列优点：

（1）可增加水中的溶解氧。

（2）可稳定水质，降低水中有毒物的含量。

（3）可当饵料生物，为养殖对象提供天然饵料。

（4）可减少水体的透明度，抑制丝藻的滋生，透明度的降低有利于养殖对象防御敌害，提供一个良好的生长环境。

（5）可稳定水温。

（6）可抑制病菌的繁殖。

2. 优良水色特征

（1）茶色、茶褐色水。这种水色的水质肥、活、浓。水中的藻类以硅藻为主，如三角褐指藻、等边金藻、新月菱形藻、角毛藻、圆筛藻等，这些藻类都是养殖对象苗期的优质饵料。生活在这种水色的养殖对象活力强，体色光洁，摄食消化吸收好，生长速度快，是养殖场各种经济水产动物的最佳水色，但此类水色持久性较差，一般保持10～15d就会逐渐转成黄绿色水。

（2）淡绿色、翠绿色水。这种水色的水质看上去嫩绿、清爽、透明度在30cm左右。肥度适中，水中的藻类以绿藻为主，如扁藻、小球藻、海藻、衣藻等。绿藻能吸收水中大量的氮肥，净化水质，是养殖各种经济动物较好的水色，且绿藻水相对较稳定，一般不会骤然变成其他水色。

（3）黄绿色水。此为硅藻和绿藻共生的水色，我们常说："硅藻水不稳定，绿藻水不丰富"，而黄绿水则兼备了硅藻水与绿藻水的优势，水色稳定，营养丰富，此种水色是难得的优质水色。

（4）浓绿色水。这种水色看上去很浓，透明度较低。一般老塘较易出现这种水色，水中的藻类以扁藻为主，且水中的浮游动物丰富。水质较肥，保持的时间较长，一般不会随着天气的变化而变化。

任务四　水质调控

任务描述

俗话说："养鱼先养水"，因为水是鱼类的基本生活环境，水质的好坏直接影响着鱼类的生存和生长。只有使水质始终保持在适合鱼类生长的良好状态，才能实现提高产量和经济效益的目的。

任务实施

（一）水质形成条件

1. 瘦水水质　在生产中，瘦水水质往往会被养殖经验不足的人误认为清水、好水而被忽视。此水体水色清淡，呈浅绿色或淡黄色，透明度常大于 30cm，水体清瘦，浮游植物稀少，水色日周期性变化不明显。一般在新开挖的、底质保水性能差或滨海低洼盐碱土质的池塘，较易形成瘦水水质。

2. 老水水质　老水水质水色以暗绿色或黑褐色为主，透明度高，浮游植物品种单一，细胞老化，池水溶氧条件极差，常常会使鱼类出现缺氧"浮头"现象。老水水质的形成一般有如下几种情况：

池塘水体长时间无水源补充与交换，光照条件长期不足，浮游植物种类单一。

施肥量不足，水体中缺少足量的氮磷营养元素或其他微量元素。水体积沉物质积累时间过长，食场周围残饵废物得不到及时清理和更新。

3. 肥水水质　肥水水质的水色浓而不浊，呈油绿色（包括蓝绿色、黄绿色和豆绿色）或褐色（包括黄褐色、红褐色和茶褐色），透明度适中（20～30cm），有明显的日周期性变化，浮游生物活跃、种类丰富，光合作用与溶解氧条件良好，水体系统内营养盐类供给、光能摄取固定和物质能量转换达到最佳循环状态，是养殖水体"肥、活、嫩、爽"的最理想状态。

4. 转水水质　转水水质是指肥水水质逐渐老化变为老水水质的阶段，俗称"水华"。水色呈浓绿色蓝绿色或酱红色，混浊度很大，周期性变化明显，在下风处常见一层层浓厚的云彩状水华，并有腥臭气味。转水水质多发生在夏秋高温季节。

（二）水质调控技术

1. 瘦水水质及老水水质的调节技术

（1）对于新开挖的池塘或新清淤的池塘，池体矿物质营养盐类较少，应在生产之初施以

基肥，并在生产中及时追肥，培肥水质。利用太阳光能和廉价肥源进行肥水生态养殖，既增加生物饵料，又增加产氧能力，创造优质高产的生产条件。

（2）对于底质保水性能差的池塘，要采取防渗防漏措施，增强池塘保水、保肥性能。

（3）对于滨海盐碱区域，尤其是水质属于氯化物碳酸盐型的池塘，应加强施肥。施用有机肥，可以降低水体碱度，利于改善土质和水质。施用化肥，可多施硫酸铵类，以有效调节营养盐类的平衡，利于快速提高水体肥力。

（4）对于老水水质的调节，应及时补充新水与更换水体，改善光照条件，加强施肥肥水。对于弱酸性老水水质，可以采取泼洒生石灰进行调节，将池水的 pH 调节到弱碱性（7.5～8.0）。

2. 肥水水质的调节技术　在养殖中后期，随着载鱼量的迅速增大，水体内氨氮等有机物质也相应积累过度，水体的营养盐类处于氮多磷寡的极不平衡状态，促使喜高温偏碱条件的蓝藻大量繁殖，同时抑制了黄藻、硅藻等优质藻类的生长，对养殖生产极为不利，此时必须及时进行科学调水，才有可能保证渔业生产的正常进行。科学的调水方法以补磷抑氮为原则，并要注意施肥方法，宜先磷后氮，少量多次，并间隔一定的时间。此外，科学饲喂也应引起高度重视。生产中，有时会发生鲤等耐低氧性较强的鱼类出现严重"浮头"，而鲢鳙等滤食性鱼类仅表现轻度"浮头"，这多是由于在傍晚时投喂时间偏晚、投饲过量，鱼类饲后又需要有足够的氧气进行消化等因素所造成的。

3. 转水水质的调节技术

（1）转水前期水质的调节。转水水质多发生在夏秋之交的高温季节，此时，应对转水水体及时调节，更新水质，加强机械增氧，使水体上下交换，消除水体成层及氧债现象，促进有机腐败物质的分解及完全硝化反应，使腐败水体在转恶前得到改善或更新，防患于未然。

（2）转水后期水质的调节。池塘水体在转水后，水体出现成层及氧债现象，应及时更新水质，施用速效肥料，促使浮游生物迅速恢复生长，形成新的稳定的藻相和菌相。

 任务探究

控制水质的措施

1. 施肥、注水控制肥度　控制水质的主要措施是施肥和及时加注新水，其过程是水质浓，加注新水；水质淡加肥，加肥后水质转浓，再加水，但施肥和注水量要灵活掌握，从鱼种放养后至 6 月中旬，透明度控制在 20～30cm；6 月下旬至 9 月的高温季节，应降低肥度，透明度控制在 30～40cm。

（1）施肥。冬季水温低、溶氧量高、耗氧少，此时施入大量基肥，经长时间的分解，不会产生氧的急剧减少，而当春季水温上升时，水质转浓，池水中饲料生物就会大量繁殖，有利于鱼类的生长，此时施肥应次少量多，施肥量约占全年的 40%。

春肥补：3～5 月份，浮游生物已大量繁殖，鱼类摄食明显增长，此时应补施肥料，次少量多，占总量的 25%～30%。

夏肥控：6～8 月份，正处于高温季节，是投饲量最大的时期，耗氧量大，一般高产池塘基本不施肥，如水质较淡，施肥量也要次多量最少，施肥量约占总量的 10%。

秋肥勤：9～10 月份正值秋高气爽，投饵量已逐步下降，此时要次多量少勤施肥，施肥

量占总量的 20%～25%。

（2）加水。加水是调节、改良水质最有效、最主要的措施之一，及时加注新水有 4 个作用。

①增加水深，增加鱼活动空间，相对降低密度。

②增加池水的透明度，光透入水中的深度增加，浮游植物光合作用增大，溶氧量增加。

③降低藻类（特别是蓝藻、绿藻）分泌的抗生素，有利于易消化的其他藻类生长。

④直接增加水中溶氧，解救或减轻鱼类"浮头"，并增进食欲。

具体加水方法是：

春水浅：春季放种时水深约 1m，水浅易肥，水温容易升高，也有利于今后加水。

夏勤加：每 10d 加 1 次新水，每次加水 10～15cm。

秋保水：9～10 月份，外河水位下降需加水保持水位。

冬水深：水位 2.5m 左右。

2. 增施石灰，提高池水二氧化碳的平衡能力 浮游植物进行光合作用需要二氧化碳，二氧化碳不足会影响浮游生物的生长，由于夜间水生生物的呼吸作用，二氧化碳大量积聚，早晨 pH 降到一日中的最低点；白天由于光合作用，水中二氧化碳被消耗，水的 pH 也随之升高。施放石灰或碳酸钙，可明显增加池水的碱度、硬度，调节池水中的二氧化碳含量和缓冲水的 pH 的变化。一般每 $667m^2$ 用量 15～20kg。

3. 控制大型浮游动物 水蚤、轮虫过多时，由于它们捕吃浮游植物，会使池水变清，产生缺氧"浮头"，可用 0.3～0.5g/m^3 晶体敌百虫全池泼洒杀灭。

4. 机械搅水 增加底层水溶解氧。

 **知识拓展**

识别鱼塘水质好坏的方法

如何识别鱼塘水质好坏，是广大养殖户关心的问题。识别水质好坏的重要依据是看水色。水色与所施肥料、浮游生物种群及其数量多少有关。

1. 水色的由来 鱼塘注水后，由于水中有溶解物质、悬浮颗粒及浮游生物的存在，产生了水的颜色，其中浮游生物的种类和数量是反映水色的主要原因。由于浮游植物体内含有不同的色素细胞，当其种类和数量各异时，池水就呈现不同的颜色，并且视其存活及世代交替时间的长短，决定着水色维持时间的长短。

2. 施肥与水色的关系 养鱼的水大都要施肥，尤其主养花白鲢的鱼塘。施化肥的池塘，其水色由开始时的黄褐色逐渐转为黄绿色，再转为嫩绿色，最后呈现蓝绿色。这是因为出现黄绿色时，浮游植物中的硅藻和绿藻比较多；之后当鞭毛藻占优势时，水色出现嫩绿；最后蓝绿藻占优势，水色蓝绿。施粪肥的，水色由黑褐转为黄褐，再变为茶褐，最后呈现红褐。同样道理，这是因为金黄藻及硅藻占优势，才出现黄褐色的缘故，当金黄藻衰退，隐藻、硅藻、甲藻占优势时，呈茶褐色，之后裸藻及原生动物出现，而硅藻锐减时，水色便变为红褐色。同样道理，施牛粪的鱼塘，水色为淡褐色；施猪粪的呈酱红色；施人粪的为深绿色；施鸡粪的为黄绿色。

3. 对养殖有利的水色 对养鱼有利的水色有两类：一类是绿色，包括黄绿、褐绿、油绿3种。另一类是褐色,包括黄褐、红褐、绿褐3种。这是因为这两类水体中的浮游生物数量多,鱼类容易吸收消化的也多。如果水色呈浅绿、暗绿或灰蓝色,只能反映浮游植物数量多,而不能说明其质量好,这种水一般列为瘦水,是养不好鱼的。如果水色呈乌黑、棕黑或铜绿色,甚至带有腥臭味,这是变坏的预兆,是老水或恶水,将会造成死鱼。如果出现"水华",则具有双重性。这种水反映水质肥,对鱼类可以提供容易消化吸收的浮游生物种类多,这是有利的一面;但这种水质难以长期维持,经验不足的养鱼户很难掌握其规律。当天气变化时,藻类因缺氧而发生大量死亡时,水质便会迅速恶化变黑,甚至发臭,出现泛塘死鱼。

4. 掌握水质优劣规律　观察水色的目的是为了识别其好坏。池塘养鱼的水质要求达到肥、活、爽才是最优水质,其中肥是关键。但肥而不活,肥而不爽,却不是优质水。因为浮游生物测定指数揭示,水体中多数是鱼类不易消化的藻类种群,是老水。肉眼观察,这种水色一天内无变化。而肥中带活、肥中有爽的水,具有变化规律:一是上下午有变化,表现为上午淡、下午浓,这符合藻类具趋光性活动的特点,即上午浮游植物少,下午多;二是上下风处有变化,即上风处水色淡,下风处水色浓。这种水易生成"水华",是优质水的标志,反之是瘦水或老水。

练习与思考

1. 简述池塘养殖过程中施生石灰对生产的作用。
2. 简述繁殖季节"四大家鱼"雌雄的鉴别方法。
3. 简述增氧机的科学使用方法。
4. 增氧机的工作原理是什么?在水产养殖过程中有哪些作用?
5. 简述常见不良水质的处理方法。
6. 简述常见水质调控技术。

养殖鱼类选择

知识目标

掌握养殖鱼类选择标准；掌握常见养殖鱼类的品种及其形态特征、生活习性、生长速度、繁殖习性等。

技能目标

能够根据当地风俗、气候、苗种来源、市场等客观情况选择适宜养殖鱼类。

思政目标

树立高质量发展的意识，科学合理选择养殖鱼类，培育符合满足人们对优质水产品的需求的品种，提高渔业的经济效益。水产养殖肩负着为人民提供优质水产品的重任，提升学生的责任意识。

任务一　养殖鱼类选择标准

任务描述

主要从生态习性、生长速度、抗病性、市场需求等方面介绍选择养殖鱼类标准。

任务实施

（一）良好的生产性能

1. 生长快　意味着在较短时间内达到目标规格。

2. 对环境适应性强　包括在水温、盐度、肥度、抗病力、耐低氧等指标方面具有较强的适应能力。

3. 苗种容易获得　只有能较易获得较多质量良好的苗种才能充分发挥养殖技术、充分发挥水体生产力，提高养殖效益，有益企业长期发展。

4. 食谱范围广，饲料容易获得　如杂食性的鲫、鲤等，动物性或植物性食物都可以摄食，因此饵料来源丰富，饲养相对容易。

（二）较高的经济效益

1. 经济效益　饲养出的鱼是否有市场是选择鱼种的首要依据。以市场为导向，经济效益为中心，并根据市场需要确定适宜的养殖对象及其规模。

2. 社会效益　当代社会随着人民生活水平的提高，人们对水产品品质的要求也越来

高，因此既要从广大群众利益出发，提供大量价廉、物美、肉质鲜美、营养价值高、群众喜欢食用的水产品，又要能做到产品鲜活、供应稳定。

相关案例

案例：罗非鱼养殖。罗非鱼肉味鲜美，肉质细嫩，无论红烧还是清蒸，味道俱佳，现已成为世界性的主要养殖鱼类。同时，罗非鱼是以植物为主的杂食性鱼类，具有耐低氧、生长快、雄性率高、疾病少、繁殖强的特点，在广东已全面推广养殖并且其养殖及加工出口也为广东地区的一些养殖户和相关企业带来了较好的经济收入。

任务二　常见养殖鱼类

任务描述

主要介绍"四大家鱼"、鲤、鲫、团头鲂、罗非鱼、斑点叉尾鮰、黄颡鱼、泥鳅、黄鳝、鳢等常见池塘养殖鱼类的形态特征、生态习性、生长速度、繁殖习性等生物学习性，以助于养殖生产管理，提高养殖效益。

任务实施

主要养殖鱼类

（一）鲤形目常见养殖鱼类

1. 青鱼（图3-1）

（1）形态特征。圆筒形，前腹部圆而无腹棱，鳃耙疏短，体被较大的六角形圆鳞。体呈青黑色，背部较深乌黑色，腹部较浅灰白色。雄鱼胸鳍鳍条较粗大而狭长，自然呈尖刀形，雌鱼胸鳍鳍条较细短，自然张开稍呈扇形，生殖季节雄鱼胸鳍鳍内侧及鳃盖上出现追星。

（2）生态习性。温水性淡水鱼，栖息于水体中下层，适宜生长温度15～32℃，最适生长温度24～28℃。主要觅食螺、蚬及蚌等，也吃虾类和水生昆虫。

（3）生长速度。池塘养殖的条件下，第一年可长到50～150g，第二年可长到500～750g，食用鱼规格为2～5kg，养殖周期2～4年。

图3-1　青　鱼

（4）繁殖习性。长江流域雌鱼通常4～5龄，体重15kg左右达到性成熟，雄鱼一般比雌鱼早一年性成熟。长江、珠江的产卵期一般为4～6月份，东北地区稍迟。最适产卵水温22～28℃，低于18℃不产卵。刚产出的卵淡青色，无黏性，受精后流水中呈半漂浮状态。

2. 草鱼（图3-2）

（1）形态特征。圆筒形，鳃耙疏短，齿侧扁

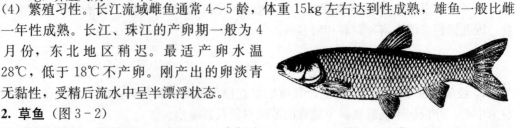

图3-2　草　鱼

呈梳状，两侧有锯齿，体被较大圆鳞，背部青灰色。

（2）生态习性。温水性淡水鱼，栖息于水体中下层，最适生长温度24～28℃，草食性。

（3）生长速度。食用鱼规格为1.0～1.5kg，养殖周期为2～4年，长江中1龄草鱼体重为0.78kg，2龄为3.6kg。

（4）繁殖习性。不同地区性成熟年龄稍有差异，珠江流域稍早长江流域，黑龙江流域晚于长江流域。其生殖期为4～7月份，5月份比较集中，水温在18℃左右时，可大规模产卵，但不能在静水中产卵，卵受精后顺水漂流。

3. 鲢（图3-3）

（1）形态特征。体长而侧扁，鳃耙细而致密，同侧鳃耙彼此相连呈海绵状，口腔后方具有螺旋形的鳃上器官，体被细小的圆鳞，体背部稍带青灰，雄鱼第一鳍条上明显生有一排骨质细小栉齿。

图3-3　鲢

（2）生态习性。温水性淡水鱼类，栖息于水体上层，滤食性，性情急躁好动。

（3）生长速度。长江中1龄重达0.49kg，2龄可达2.03kg，食用规格为0.5～1.0kg。

（4）繁殖习性。长江流域性成熟年龄4龄，珠江流域稍早。生殖期为5～6月份，雄鱼早于雌鱼性成熟，卵漂浮性。

4. 鳙（图3-4）

（1）形态特征。体长侧扁，头圆而大，约为体长的1/3，口腔上方具有螺旋形鳃上器官，鳃耙排列细密，体被细小的圆鳞，雄鱼第一鳍条上缘生有向后倾斜的锋口。

（2）生态习性。温水性淡水鱼类，栖息于水体上层，性情温和，行动迟缓，滤食性。

（3）生长速度。长江流域1龄体重可达0.27kg，2龄可达2.60kg，食用规格一般为0.5～1.0kg。

（4）繁殖习性。5、6月份为繁殖季节，产漂流性卵，长江流域性成熟年龄为5龄。

图3-4　鳙

5. 鲤（图3-5）

（1）形态特征。体高侧扁，口角有须，颌须为吻须的一倍长，鳃耙短，体被圆鳞，体色背部暗黑色，腹部浅灰色，体侧鳞片后缘具黑斑。

（2）生态习性。温水性淡水鱼类，栖息于水体底层，适应能力强，杂食性偏动物性，成鱼主要以各种底栖动物为食。

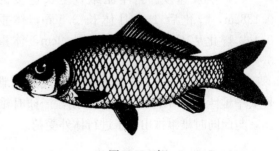

（3）生长速度。池塘养殖条件下，当年鱼可长到250～800g。

图3-5　鲤

（4）繁殖习性。一般2冬龄性成熟，3～5月份为繁殖季节，产黏性卵。

6. 鲫（图 3-6）

（1）形态特征。体高侧扁，鳃耙细长排列紧密，体被圆鳞，体色背部银灰色，腹部银白色。

（2）生态习性。杂食性，栖息于水体底层。

（3）生长速度。池塘养殖条件下 1 龄鲫体长可达 15～20cm。

（4）繁殖习性。产黏性卵，生殖期可达 3～7 个月，华东、华南地区 1 龄可达性成熟。

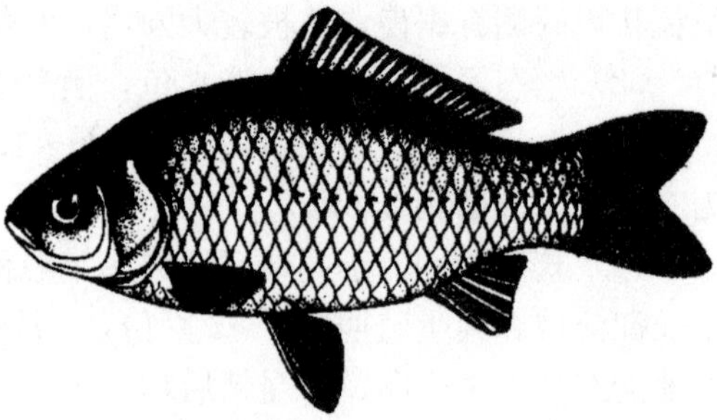

图 3-6　鲫

7. 团头鲂（图 3-7）

（1）形态特征。体高侧扁，头短小，口端位，鳃耙短，体被圆鳞，背部黑灰色，腹部白色。

（2）生态习性。温水性淡水中下层鱼类，喜欢栖息于生长有沉水植物的水区，草食性鱼类，幼鱼以桡角类及其他小型甲壳类为主要食物。

（3）生长速度。1 冬龄团头鲂体重可达 100～200g，2 冬龄体重可达 300～500g。

（4）繁殖习性。产黏性卵，繁殖期一般比鲤稍迟，早于"家鱼"，长江中下游地区多在 4～5 月中旬进行产卵，性成熟年龄一般为 2～3 龄。

图 3-7　团头鲂

8. 泥鳅（图 3-8）

（1）形态特征。体细长，头尖，眼小，口亚下位，唇发达，口须 5 对，背鳍与腹鳍相对，尾鳍圆形，体色灰黑，体表黏液较多。

（2）生态习性。温水性底层淡水鱼类，适宜水温 15～30℃，最适生长温度 25～27℃，鳃呼吸，肠道可作为辅助呼吸器官，杂食性。

（3）生长速度。当年泥鳅日生长速度为 0.188cm，孵化后 1 个月体长 3.5cm，体重 0.4g，孵化后 9 个月，体长可达 9cm，体重 5～6g。

图 3-8　泥　鳅

（4）繁殖习性。2 冬龄性成熟，成熟的雌性大于雄性，5～7 月份为其产卵期，产卵时雄鳅紧紧卷住雌鳅，压着雌鳅腹部使卵向外排出，与此同时雄鳅排出精子进行体外受精。

（二）鲈形目常见养殖鱼类

1. 罗非鱼（图 3-9）

（1）生态习性。热带广盐性杂食性鱼类，适温范围 20～35℃，生长最适温度 25～32℃，

16℃以下停止摄食，12～14℃开始卧底死亡，杂食性，食性广。

（2）生长速度。尼罗罗非鱼生长速度快，孵出40d，体重可达15～25g，8个月体重可达200～500g，雄鱼的生长比雌鱼快。

（3）繁殖习性。罗非鱼孵出2个月后，全长10cm以上就可性成熟，每隔3～4周可产卵1次，产卵前有挖窝习性。产沉性卵，雌鱼口腔孵化。

图3-9　罗非鱼

2. 大口黑鲈（图3-10）

（1）形态特征。体侧扁呈纺锤形，口大，口裂后缘超过眼后缘。体被细小栉鳞，体色为淡的金黄带黑色，鳃盖上有3条黑斑呈放射状排列。

（2）生态习性。温水性以肉食为主的杂食性鱼类，最适生长水温20～30℃，饲料缺乏时会相互残食。

（3）生长速度。生长快，仔鱼26日龄全长可达33.8mm，体重0.51g，我国南方当年鱼苗年底体重可达500～750g。

图3-10　大口黑鲈

（4）繁殖习性。繁殖期为3～6月，有挖窝筑巢产卵习性，卵沉在巢穴底孵化，雄鱼有护卵、护幼行为。

3. 大黄鱼（图3-11）　.

（1）形态特征。体延长，侧扁，背面和上侧面黄褐色，下侧和腹面金黄色。

（2）生态习性。广温、广盐杂食性鱼类，适宜水温8～32℃，最适水温18～25℃。

（3）生长速度。人工养殖18个月，体重可达300～500g。

图3-11　大黄鱼

（4）繁殖习性。浙江近海性成熟年龄雄鱼3龄，雌鱼3～4龄。大黄鱼在同一海区有两个生殖期，春季、秋季产卵盛期，且为分批产卵类型，一般分2～3次。

（三）鲇形目常见养殖鱼类

1. 斑点叉尾鮰（图3-12）

（1）形态特征。体型长，口亚端位，有触须4对，背部淡灰色，腹部白色，身体两侧有斑点，雄鱼具有生殖突。

（2）生态习性。肉食性，可被驯化为以植物性饲料为主，最适生长水温18～34℃。

（3）生长速度。雄鱼生长快于雌鱼，池塘养殖当年鱼体长可达19.5cm。

图3-12　斑点叉尾鮰

（4）繁殖习性。3～4龄性成熟，产卵季节为5～7月份，适宜产卵水温20～30℃，最适水温22～28℃，产黏性卵。

2. 黄颡鱼（图3-13）

（1）形态特征。头扁平，口裂大，须4对。背鳍和胸鳍具有骨质硬刺，体表无鳞，背部黑褐色至青黄色，腹部淡黄色。

（2）生态习性。温水性底层杂食性淡水鱼夜间觅食，可驯食人工配合饲料。

（3）生长速度。雄性个体生长快于雌性。

（4）繁殖习性。4～8月份中下旬为其繁殖季节，1龄性成熟，雄鱼具有筑巢保护鱼卵和鱼苗的习性。

（四）其他常见养殖鱼类

1. 黄鳝（图3-14）

（1）形态特征。圆筒状，蛇形，后段侧扁，头大眼小，无鳞，体呈黄褐色，腹部橙黄，全身布满棕色斑点。

图3-13 黄颡鱼

（2）生态习性。肉食性，底栖鱼类，喜穴居，昼伏夜出，皮肤可做辅助呼吸器官，耐低氧，最适生活水温16～28℃，当水温降到10℃时便进洞冬眠。

（3）生长速度。当年幼鱼只能长到20cm，2冬龄的雌鱼才达成熟期，体长至少为34cm。最大个体可达70cm，重1.5kg。

图3-14 黄鳝

（4）繁殖习性。4～8月份为繁殖季节，5～6月份为产卵盛期，产卵前，黄鳝先在洞穴附近吐出泡沫巢，然后将卵产在泡沫巢里。雌雄同体，雌性先成熟，具有性逆转现象。

2. 乌鳢（图3-15）

（1）形态特征。体长而肥胖，稍侧扁，背腹圆，口大，斜裂，具齿，鳃上腔有发达的鳃上器官。

（2）生态习性。肉食性凶猛鱼类，可摄食人工配合饲料，适宜生长温度15～30℃，可借助鳃上器官呼吸空气中的氧气，只需体表和鳃部保持一定的湿度便可在空气中生存较长时间。

图3-15 乌鳢

（3）生长速度。乌鳢生长较快，当年个体可达250g，第二年可达500～1 000g。

（4）繁殖习性。2～4龄性成熟，4～7月份产卵期，最适繁殖水温20～25℃。亲鱼有筑巢、护幼等生殖行为，产浮性卵。

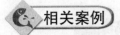

相关案例

案例：2012年，福建某养殖户的鱼塘出现这样的情况，5～10月份草鱼投喂颗粒饲料，吃食迅速，但是10月份之后草鱼食欲骤减，直至12月份不论天气好坏基本上不上浮吃料，岸边也没出现死鱼情况。

分析：出现这种情况，可以考虑从两个方面着手：

①水质，检测水质理化指标是否存在问题。

②饲料，可以考虑改投其他品牌的饲料。

练习与思考

1. 简述常见养殖鱼类的选择标准。
2. 列举6种常见养殖鱼类并简述其形态特征、生态习性、繁殖习性。

项目四 "家鱼"人工繁殖

知识目标

能开展亲鱼培育和熟练选择发育好的亲鱼，掌握亲鱼催产方法和鱼卵孵化方法。

技能目标

具备独立进行亲鱼雌雄鉴别的技能，会熟练配制催产剂和注射亲鱼，具备鱼卵孵化技能。

思政目标

树立科技是第一生产力的意识，坚持科技创新提高家鱼人工繁育技术水平，提高优质苗种的供给量，严把质量关。

任务一 亲鱼培育

任务描述

草鱼、青鱼，鲢、鳙是我国特产的经济鱼类，是我国水产养殖的"当家鱼"，俗称"四大家鱼"，也是世界性重要的养殖鱼类。亲鱼指已达到性成熟并能用于人工繁殖的种鱼。培育可供人工催产的优质亲鱼，是鱼类人工繁殖决定性的物质基础。整个亲鱼的培育过程都应围绕创造一切有利条件使亲鱼性腺向成熟方向发展。

任务实施

一、亲鱼的选择

1. 种质选择 "四大家鱼"在我国已有数千年的养殖历史。然而，这些重要的养殖对象还尚未形成人工选育的优质品系；从育种角度看，它们还处于野生、半野生状态，只能称为种，而不能称为品种。不少养殖场都面临着近亲交配、逆向选择以及由此而引起的经济性状（包括生长性能、抗病能力等）衰退和基因库萎缩等问题。因此，培育鲢、鳙、草鱼、青鱼的优良品种，建立我国水产养殖苗种的生产体系已刻不容缓。

主要养殖鱼类种质标准的建立，为实现良种生产的科学化、标准化、系列化和产业化创造了良好条件。因此，用来繁殖的"家鱼"亲鱼必须从原种基地引进原种后备亲鱼（或鱼种）。为保持大量的有效群体，引进的后备亲鱼必须要有较大的数量，一般每种、每批至少在200尾以上（鱼种在1 000尾以上），使遗传基因在群体内起到互补作用。在培养过程中，还必须按种质标准对后备亲鱼做进一步筛选，以获得稳定的具有优良性状的纯系。此外，养殖场必须坚持定期引进原种后备亲鱼（或鱼种），坚持杂交种不留做亲鱼，不繁育后代，以确保优良种质。

2. 性成熟年龄和体重 在同一水体中，年龄和体重在正常情况下存在正相关关系，即年龄越大，体重也越大；相反，年龄越小，体重也越小。但由于水域的地域气候、水质、饵料等因素的差异，同一种鱼在不同水域的生长速度就存在差异，达到性成熟的时间也不同，体重标准也不一致。例如，生长在湖泊水库环境中的青鱼、草鱼同生长在池塘环境的青鱼和草鱼相比，同龄鱼的生长存在较大差异。湖泊3～4龄的青鱼，体重可达5～12kg，卵巢发育为第Ⅱ期，而池塘3～4龄的青鱼，体重仅3～8kg，卵巢发育也为第Ⅱ期。从中可以看出，同种同龄鱼由于生长的环境不同，生长速度明显有差异，但性腺发育的速度却基本是一致的，证明性成熟年龄并不受体重的影响，而主要受年龄的制约。掌握这些规律，对挑选适龄、个体硕大、生长良好的亲鱼至关重要。

3. 体质选择 选择的亲鱼要求：在已达性成熟的年龄的前提下，体重越重越好。从育种角度看，第一次性成熟不能用做产卵亲鱼，但年龄又不宜过大。生产上可取最小成熟年龄加1至10作为最佳繁殖年龄。要求体质健壮，行动活泼，无病，无伤。

4. 雌雄鉴别 在亲鱼培育或人工催产时，必须掌握恰当的雌雄比例，因此要掌握雌雄鉴别的方法。"家鱼"雌雄鉴别的依据，主要从性腺发育的外观特征和副性征来判别。所谓副性征（第二性征）是指达到性成熟年龄的亲鱼体外表所显示的雌雄特征。副性征在雄鱼体表比较明显，带有季节性的变化。但有些副性征终生存在。有关草鱼、青鱼、鲢、鳙、鲮的雌雄鉴别方法见表4-1。

表4-1 草鱼、青鱼、鲢、鳙、鲮雌雄特征比较

亲鱼	雄鱼特征	雌鱼特征
鲢	1. 胸鳍前面几根鳍条的内侧，特别在第一鳍条上明显地生有一排骨质的细小栉齿，用手顺鳍条抚摸，有粗糙剌手感觉；这些栉齿生长后不会消失 2. 腹部较小，性成熟时轻压腹部有乳白色精液从生殖孔流出	1. 胸鳍光滑，但个别鱼的胸鳍中下部内侧有些栉齿 2. 性成熟时，腹部大而柔软，泄殖孔常稍突出，有时微带红润
鳙	1. 胸鳍在前几根鳍条上缘各生有向后倾斜的锋口，用手左右抚摸有割手感觉 2. 腹部较小，性成熟时轻压腹部有乳白色精液从生殖孔流出	1. 胸鳍光滑，无割手感觉 2. 性成熟时，腹部膨大柔软，泄殖孔常稍突出，有时稍带红润
草鱼	1. 胸鳍鳍条粗厚，特别是第Ⅰ至Ⅱ鳍条较长，自然张开呈尖刀形 2. 胸鳍较长，贴近鱼体时，可覆盖7个以上的大鳞片 3. 在生殖季节性腺发育良好时，胸鳍内侧及鳃盖上出现追星，用手抚摸有粗糙感觉 4. 性成熟时轻压精巢部位有精液从生殖孔流出	1. 胸鳍鳍条较薄，其中第Ⅰ至Ⅳ鳍条较长，自然张开略呈扇形 2. 胸鳍较短，贴近鱼体时，可覆盖6个大鳞片 3. 一般无追星，或在胸鳍上有少量追星 4. 性成熟时，胸鳍比雄鱼膨大而柔软，但比鲢鳙雌、雄鱼的胸鳍稍小
青鱼	基本同草鱼，在生殖季节性腺发育良好时除胸鳍内侧及鳃盖上出现追星外，头部也明显出现追星	胸鳍光滑无追星

（续）

亲鱼	雄鱼特征	雌鱼特征
鲮	在胸鳍的第 I 至 VI 根鳍条上有圆形白色追星，以第 I 根鳍条上分布最多，用手抚摸有粗糙感觉，头部也有追星，肉眼可见	胸鳍光滑无追星

二、亲鱼培育

只有培育出性腺发育良好的亲鱼，注射催情剂才能使其完成产卵、受精过程。因此，发育良好的性腺是内因，注射催情剂是外因。外因必须通过良好的内因才能起作用。亲鱼培育是鱼类人工繁殖的首要技术关键，不可忽视。

（一）亲鱼培育池的条件

1. 位置 要靠近水源，水质良好，注排水方便；环境开阔向阳；交通便利。亲鱼培育池、产卵池和孵化场所的位置应靠近。

2. 面积 以 2 000～3 500m² 的长方形为好，便于饲养和捕捞。过大，水质不易掌握，且由于鱼多，往往只能分批催产，多次拉网捕鱼会影响催产效果。

3. 水深 以 1.5～2.0m 为宜。

4. 底质 池底平坦，便于捕捞；并具良好的保水性；鲢、鳙池以壤土并稍带一些淤泥为佳；草鱼、青鱼池以沙壤土为好，鲮池以沙壤土稍有淤泥较好。

（二）亲鱼培育的一般要点

1. 产后及秋季培育（产后到 11 月中下旬） 生殖后无论是雌鱼或雄鱼，其体力都损耗很大。因此，生殖结束后，亲鱼经几天在清水水质中暂养后，应立即给予充足且较好的营养，使其体力迅速恢复。如能抓紧这个阶段的饲养管理，对性腺后阶段的发育甚为有利。越冬前使亲鱼有较多的脂肪贮存，这对性腺发育很有好处，故入冬前仍要抓紧培育。有些生产单位往往忽视产后和秋季培育，平时放松饲养管理，只在临产前一两个月抓一下，形成"产后松，产前紧"的现象，结果亲鱼成熟率低，催产效果不理想。

2. 冬季培育和越冬管理（11 月中下旬至翌年 2 月） 水温 5℃ 以上，鱼还摄食，应适量投喂饵料和肥料，以维持亲鱼体质健壮，不使落膘。

3. 春季和产前培育 亲鱼越冬后，体内积累的脂肪大部分转化到性腺，而这时水温已日渐上升，鱼类摄食逐渐旺盛，同时又是性腺迅速发育时期。此时期所需的食物，在数量和质量上都超过其他季节，故这是亲鱼培育至关重要的季节。

4. 亲鱼整理和放养 亲鱼产卵后，应抓紧亲鱼整理和放养工作，这有利于亲鱼的产后恢复和性腺发育。亲鱼池不宜套养鱼种。

（三）鲢、鳙亲鱼培育

1. 培育方式和放养密度 鲢、鳙亲鱼的培育可采取单养或混养。一般采取混养方式。

以鲢为主的放养方式可搭养少量的鳙或草鱼；以鳙为主的可搭养草鱼，一般不搭养鲢，因鲢抢食凶猛，与鳙混养对鳙的生长有一定影响。但鲢或鳙的亲鱼培育池均可混养不同种类的后备亲鱼。放养密度控制的原则是既能充分利用水体又能使亲鱼生长良好，性腺发育充分。一般的 $667m^2$ 放养重量以 $150\sim200kg$ 为宜。为抑制亲鱼池内小杂鱼、克氏螯虾的繁殖，可适当搭养少量凶猛鱼类，如鳜、大口黑鲈等。

主养鲢亲鱼的池塘，每 $667m^2$ 水面可放养 $16\sim20$ 尾（每尾体重 $10\sim15kg$），另搭养鳙亲鱼 $2\sim4$ 尾，草鱼亲鱼 $2\sim4$ 尾（每尾重 $10kg$ 左右）。

主养鳙亲鱼的池塘，每 $667m^2$ 可放养 $10\sim20$ 尾（每尾重 $10\sim15kg$）。另搭养草鱼亲鱼 $2\sim4$ 尾（每尾重 $10kg$ 左右）。

主养鱼放养的雌雄比例以 $1:1.5$ 为好。

2. 水质管理和施肥　看水施肥是养好鲢、鳙亲鱼的关键。整个鲢、鳙亲鱼饲养培育过程，就是保持和掌握水质肥度的过程。亲鱼放养前，应先施好基肥；放养后，应根据季节和池塘具体情况，施放追肥。其原则是"少施、勤施，看水施肥"。一般每月施有机肥 $750\sim1\,000kg$。在冬季或产前可适当补充些精饲料，鳙每年每尾投喂精饲料 $20kg$ 左右，鲢 $15kg$ 左右。现以长江流域的培育方法为代表，简述如下：

（1）产后培育。产后天气逐渐转热，水温不稳定，这时亲鱼的体质又没有复原，对缺氧的适应能力很差，极易发生泛池死亡事故。因此要专人加强管理，每天注意观察天气和池水水色的变化情况，看水施肥，做到少施、勤施、分散施，同时多加新水，勤加新水的方法。即采用"大水、小肥"的培育方式。

（2）秋、冬季培育。入冬前要加强施肥（每周 $500kg$ 左右），使水色较浓；入冬后，再少量补充施肥。如遇天气晴暖，可适当投喂精饲料。即采用"大水、大肥"的培育方式。

（3）春季强化培育。开春后，最好换去一部分池水，将池水控制在 $1m$ 左右，以利于提高培育池水温，易于肥水。适当增加施肥量，每天或 $2\sim3d$ 泼洒 1 次，并辅以投喂精饲料，使鲢、鳙亲鱼吃饱、吃好。即采用"小水、大肥"的培育方式。

（4）产前培育。临近产卵季节，鲢、鳙亲鱼性腺发育良好，对溶解氧的要求更高，一旦溶氧量下降，极易发生泛池事故。因此在催产前 $15\sim20d$，应少施或不施肥，并经常冲水，这对防止泛池和促进性腺发育有很好的效果。即采用从"大水、小肥"到"大水、不肥"的培育方式。

总之，应根据产后补偿体力消耗，秋冬季节积累脂肪和春季促进性腺大生长的特点，采取：产后看水少施肥，秋季正常施肥，冬季施足肥料，春季精料和肥料相结合并经常冲水的措施。

（四）草鱼、青鱼的亲鱼培育

1. 放养密度和雌、雄比例　主养草鱼亲鱼的池塘，每 $667m^2$ 放养 $7\sim10kg$ 的草鱼亲鱼 $15\sim18$ 尾；主养青鱼的亲鱼池，每 $667m^2$ 放养 $20kg$ 以上的青鱼 $8\sim10$ 尾。此外，还搭配鲢或鳙的后备亲鱼 $5\sim8$ 尾以及团头鲂的后备亲鱼 $20\sim30$ 尾，合计总重量 $200kg$ 左右。

雌、雄比例为 $1:1.5$，最低不少于 $1:1$。

2. 草鱼的培育　采用"青料为主、精料为辅相结合投喂，定期冲水"是培育好草鱼亲鱼行之有效的方法。无论是从生殖细胞生长发育、成熟的营养学原理还是生产实际的结果，

对草鱼亲鱼的培育，强调以青饲料为主是科学而有实际意义的，特别是在春季雌性草鱼亲鱼卵巢中的第Ⅲ时相卵母细胞卵黄开始形成到Ⅳ时相卵母细胞卵黄积累完毕时期，投喂青饲料尤为重要。因为青饲料中包含的各族维生素和矿物质成分，精饲料不能完全代替，恰好这些维生素和矿物质又是生殖细胞在成熟阶段所必需的。青饲料的种类主要有麦苗、莴苣叶、苦麦菜、黑麦草、各类蔬菜、水草和旱草。精饲料种类有大麦、小麦、麦芽、豆饼、菜饼、花生饼等。具体的培育方法是：

（1）产后培育。每天午后每尾亲鱼投喂精饲料 100g（干重）。青饲料每天上午 9：00～10：00 投放，到 16：00 吃净，数量以食足不过剩为原则。

（2）秋季和冬季培育。此段时间全部用精饲料，每天每尾 25g 左右，每隔 2～3d 投喂 1 次。

（3）春季强化培育。春季来临，换去 1/2 池水，加注新水，使池塘水位保持 1.5m 左右。3 月开始投喂麦芽、豆饼，每天每尾 50～100g。同时应尽早使用青饲料，青、精结合使用，以避免亲鱼摄食精料过多，长得过肥，影响产卵。一般青、精料的比例以 17：1 为好。同时，日投饵料量也应满足亲鱼的需要。在临近催产时，草鱼亲鱼性腺发育良好时，其摄食量明显减少，此时即可停食。

在整个草鱼亲鱼培育过程中，要注意经常冲水。冲水的数量和频率应根据季节、水质肥瘦和摄食情况合理掌握。一般冬季每周冲水 1 次；天气转暖后，每隔 3～5d 冲水 1 次，每次 3～5h；临产前 15d，最好隔天冲 1 次，催产前几天，最好天天冲水。经常冲水，保持池水清新是促使草鱼亲鱼性腺发育的重要技术措施之一。在秋季和春季应有专人管理，加强巡塘，防止泛池事故。

3. 青鱼亲鱼的培育　青鱼亲鱼培育应投喂活螺蚬和蚌肉为主，辅以少量豆饼或菜饼。要四季不断食。每尾青鱼每年需螺、蚬 500kg，菜饼 10kg 左右。其水质管理方法同草鱼。

（五）鲮亲鱼的培育

以施肥为主，精饲料为辅。主养鲮亲鱼的培育池每 667m² 可放养 1kg 左右的鲮亲鱼（雌雄混养）120～130 尾，另搭养鳙亲鱼和部分食用鳙、草鱼，每 667m² 放养量大约 130kg。鲮亲鱼培育池不可搭养鲢，因两者食性相同，搭养鲢，在一定程度上会影响鲮的生长发育。

鲮的培育类同于鲢、鳙亲鱼的培育方法，以施肥为主，培养浮游生物、附生藻类等。有机肥料的一部分可作为鲮的直接饵料被利用。施肥尽量采取少施、勤施。一般每天每 667m² 亲鱼池施放熟粪肥 50kg 左右，每尾亲鱼投喂豆饼或花生饼等 3.5～5.0kg。其水质管理同鲢、鳙亲鱼培育。

任务探究

环境因素对鱼类性腺发育成熟和产卵的影响

鱼类是变温动物，性腺发育成熟和繁殖习性等不仅受体内有关器官调控，还受外界环境如光照、温度、流水、产卵场、营养等多种因素影响。其中光照和温度是调节和影响性腺发育的主要因素，降水、水流和温度是影响产卵的重要因素。

1. 光照　光周期直接影响鱼类生殖周期，在温带地区，一次产卵类型的淡水养殖鱼类，一般在春节或春夏之交产卵，虹鳟和大麻哈鱼等冷水性鱼类则在秋冬产卵。这是由光周期决定的。光周期信息通过眼睛传递到脑，使脑的神经细胞分泌乙酸胆碱、5-羟色胺、儿茶酚胺等神经介质，这些介质传递给下丘脑，使其分泌使性腺激素释放激素（GnRH），使脑垂体分泌促性腺激素（GtH），导致性腺发育成熟、排卵、产卵。春季或春夏之交产卵鱼类，只要延长光照期，就可促进性腺发育，提早成熟，提前产卵。与此相反，秋季产卵鱼类，缩短光照期才能促进性腺发育和提前产卵。

2. 温度　分布于不同纬度的鱼类、其性成熟年龄差异较大，主要取决于生存温度。例如，分布于广西、广东、江苏、黑龙江的鲢，其性成熟年龄差异较大，分别为 2 年、2～3年、3～4 年、5～6 年，但性成熟期的总热量（℃）却相似，分别为 19 584℃、20 625℃、20 230℃、18 315℃，即 18 000～20 000℃。

性腺发育不同时期对水温的要求也有差异，当温度过低或过高时，性腺就停止发育或退化。水温 18～20℃ 或 29～30℃ 时，"四大家鱼"人工催产的成功率一般只有 50%～60%，18℃ 以下或 31℃ 以上，就很难达到催产的目的，最适宜的水温为 20～26℃。

人工调控水温可以改变鱼类的生殖周期和产卵季节。我国北方地区利用发电厂等工业余热提高水温，培育"四大家鱼"，可适当提早性腺成熟和提前产卵。如以每日水温上升 1℃的幅度，使池水温度在 1～2 月份、3 月份、4 月份和 5 月份分别为 5℃、10℃、20℃ 和23℃，可使"四大家鱼"提前产卵 30～50d。

3. 营养　营养物质是鱼类性腺发育和产卵后恢复身体的物质基础。鱼类维持生命的正常代谢、增长身体和性腺发育都需要从外界摄取营养物质，当营养物质能够满足需要时，身体的生长与性腺的发育就很正常，若营养物质不能满足需要时，性腺发育首先受影响，或停止发育，或退化。因为，营养物质首先用于维持生命的正常代谢，其次是用于生长，第三才用于性腺发育。以"四大家鱼"为例，亲鱼培育过程中春秋两季对营养的需求最强烈。春季至夏初，亲鱼的卵巢处于由Ⅲ期向Ⅳ期发展的时期，成熟系数（鲢）由 3%～5% 增加为15%～25%（增长 12%～20%），从外界摄食大量营养物质；秋季至冬初，亲鱼处于产后体质恢复期和卵巢由Ⅱ期向Ⅳ期发育的时期，同样需要摄取大量营养物质以满足恢复身体健康和性腺发育的需要（卵巢成熟系数由 0.5%～2.0% 增至 3%～5%）。如果亲鱼春季和秋季缺乏营养或营养不足，性腺就不会正常发育成熟和产卵。因此，春秋两季应加强亲鱼培育工作，首先是保证饲料充足和营养全面。

4. 溶氧量　鱼类的正常摄食和性腺发育除需要一定温度外，池水溶氧量充足也是重要条件。鱼类正常生长发育溶氧量在 4mg/L 以上，当低于 2mg/L 时，摄食不旺盛，性腺发育和成熟受到严重影响。因此，在亲鱼培养过程中不仅需要注意营养条件还应保持溶氧量充足。在鱼类人工繁殖工作中，也经常遇到由于培育后期溶氧量低，亲鱼怀卵量虽然很大，但卵母细胞成熟较差致使催产效率很低或失败的现象。

5. 水流　水流对溯河性鱼类（鲑、鳟等）和产漂流性卵鱼类的性腺成熟产卵极为重要。性腺发育处于早期（Ⅱ～Ⅲ）和中期（Ⅲ～Ⅳ），营养是重要条件而不需要水流，因此，"四大家鱼"的卵巢可以在湖泊、水库、池塘中发育到第Ⅳ期的中期，但性腺发育后期，由Ⅳ期中Ⅳ期末以至于向Ⅴ期发展，则要求有水流或流水刺激，因此，在天然条件下"家鱼"于繁殖期集群向江河中上游洄游，当山洪暴发，河水猛涨，流速骤然加大时，瞬间内大量产卵；

在人工培养条件下，培育后期应定期注水或微流水，以刺激卵巢正常成熟。实践证明产卵后期做流水刺激的亲鱼，催产率高达 95％ 以上；人工注射外源激素的亲鱼，在产卵池中待进入效应期后流水刺激使其尽快集中产卵也是这个道理。

6. 盐度 盐度不仅影响鱼类的生存与生长，而且对其性腺发育、成熟、排卵与产卵及其受精与胚胎发育都有明显影响。海淡水养殖鱼类繁殖的适宜盐度差异较大，海水养殖鱼类的性腺发育成熟与产卵的适宜盐度低限一般为 14～20，而淡水鱼类的高限为 1.4～3.0，如"四大家鱼"为 1.4，鲤为 3.0。

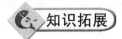 **知识拓展**

鱼类人工繁殖场的建设

（一）场址的选择

1. 地理因素 靠近鱼类主养区，苗种销路顺畅；最好能利用水位高低落差取水，以节省动力和防止断水事故，排水口不能被洪水淹没；场区地势较平坦，若需新挖塘需要考虑工程量；海水鱼繁殖场选址时，要避开葫芦形内湾，由于湾口小，水交换慢，在雨季时盐度变化很大，对育苗生产影响很大，周年盐度在 25 以上，不受江河等淡水径流的影响。

2. 自然条件 水源充足、方便，水质良好，无污染；光照充足；海水鱼繁殖场要尽量不受台风影响，海水潮差小，易于抽取水。

3. 基础设施 交通便利，电力、通信条件完备；治安状况良好；生活条件便利。

（二）繁殖场的规划与设计

1. 规划 因地制宜，根据场地形状、地势、可利用面积及生产要求，定出鱼池、道路、沟渠、涵管和房屋的位置，考虑不同品种间的兼容性，留有余地；要考虑充分利用有限的面积和自然高差，降低施工土方量，节约成本；不仅重视鱼池等生产设施的建设，也不能忽视取水、配电、充气、供热等配套设施的建设；力求简捷、方便、适用，既要保证工程质量，又不可贪大求洋。

2. 设计

（1）先确定鱼池或生产车间的水平位置和标高，再确定附属建筑的位置，绘出平面规划图。

（2）根据鱼池、生产车间和附属建筑的设计形状、大小和使用功能，分别绘制施工图。

（3）设计要求。育苗车间多为双跨、多跨单层结构，跨距一般 9～15m，砖混墙体，屋顶断面为三角形或拱形。屋顶为钢架、木架或钢木混合架。从屋顶的结构上可分为阳光型，和黑暗型两类。仔鱼不喜强光，一般用不透光材料做屋顶，若用透光材料，需要加设遮光布或网。采用透光材料做屋顶的温室车间，一般都设有遮光设置，室内光照度以晴天中午不超过 1 000lx 为宜。在北方，要考虑冬季保温问题，屋顶多用双面彩钢板夹 10cm 左右的苯板制成，墙体厚度为 50cm。

整个养殖场的进排水系统要分开，育苗车间用水经常需要处理，所以水处理系统可以靠近育苗车间，以缩短水路。现代化的繁殖场要建造废水处理设施，以减轻污染。

（三）繁殖场建设的主要内容

1. 鱼苗孵化区 包括产卵池、孵化环道、孵化池（桶）。

（1）产卵池。最常见、用得最多的产卵池一般为圆形。产卵池面积 50~100m²，一般为砖水泥结构。圆形产卵池直径 8~10m，池底由四周向中心倾斜，一般中心较四周低 10~15cm。池深 1.5~2.0m，池底中心设方形或圆形出卵口 1 个，上盖拦鱼栅，出卵由暗道引入集卵池。墙顶每隔 1.5m 设稍向内倾斜的挂网杆插孔 1 个。集卵池一般为长 2.5m，宽 2m 的长方形，其底一般较产卵池底低 25~30cm。在集卵池尾部设溢水口 1 个，底部设排水口 1 个，最好由阀门控制排水。集卵池墙一边设阶梯 3~4 级，每一级阶梯设排水洞 1 个，可采用阶梯式排水。集卵网与出卵暗管相连，放置在集卵池内，以收集鱼卵。进水管 1 个，直径 15~20cm，与池壁切线成 40°角左右，进水口距墙上缘 40~50cm。进水设有可调节水流量的阀门以便调节流速等，要求冲水形成的水流不能有死角，同时池壁要光滑，便于冲卵。

（2）孵化环道。分圆形和椭圆形两种，是一种大型孵化设施，适用于大规模生产使用，按环数又可分为单环型、双环型、三环型等几种。一般认为椭圆形环道比圆形好，因其减少了水流循环时的离心力，从而减少了环道的内壁死角。整个环道孵化系统由环道、过滤窗、进水管道、排水管道、集苗池组成。

①环道。每环的宽度一般为 80cm，深 1.0~1.2m，底部呈弧形。

②过滤窗。是为了防止卵和苗溢出及保持环道水位之用。过滤窗为长方形，装有 50 目过滤筛绢，窗向外倾斜，以便洗刷。过滤窗的总面积与放卵密度、流量、筛绢孔径大小等因素有关，一般应大于 0.06m²。常见的圆形环道用 50cm×30cm 过滤窗，内环 8 个，外环 14 个；椭圆形环道用 120cm×70cm 的过滤窗每环 4 个。

③进水管道。全部为埋在地下的暗管，半径 100~150mm，用瓷管或镀锌钢管。管道按各环走向每隔 1.5~2.0m 设一鸭嘴形的喷头，喷水管口为 25mm 左右，安装时离池底地面 5~10cm，向环道内壁切线方向喷水，使水环流，不形成死角。

④排水管道。排水管口比进水管道大一些，也是埋在地下的暗管。孵化水由过滤窗、溢水口。暗沟和跌水孔进入排水管。排水管同时与每环的出苗口相连，并直接通集苗池。

⑤集苗池。主要是排水和集苗的过水池，可挂设集苗网。

（3）孵化桶。适用于小批量的鱼卵孵化，一般由玻璃钢纤维制成。可容 200~400kg 水，每 100kg 水可孵 20 万粒卵。具有放卵密度大、孵化率高、使用方便等优点。

2. 亲鱼、苗种培育区 包括亲鱼培育池、大规格鱼种培育池、鱼苗培育池。

（1）亲鱼培育池。水源条件好，排灌方便；阳光充足，距产卵池不能太远；鱼池面积一般 2 000~3 333m²，水深 1.5~2.0m，长方形为好，池底平坦，以便管理和捕捞。

（2）鱼种培育池。面积 667~2 000m²，水深 1.2~1.8m，其他同亲鱼池。

（3）鱼苗培育池。分室内和室外两种类型，靠近孵化区。室内水泥池一般与鱼苗孵化区在一起，建在育苗车间中。面积 20~50m²，一般为长方形，池底稍向一角倾斜，设排污口。为节省空间，可设计 2 个为 1 组，组间设 0.8~1.0m 的通道，方便操作。相邻两排水池间设主通道，宽 1.5~2.0m，方便运输和人员通行。室外一般为土池，最好有水泥护坡。面积

$333\sim667m^2$，水深 $1.0\sim1.5m$。

3. 蓄水、处理区 包括泵站、蓄水池、沉淀池、进排水处理系统、加气增温系统。

目前生产中多采用静态沉淀池。沉淀池最好建在高位，一次提水，自流供应，其总容积应为育苗场最大日用水量的 $3\sim6$ 倍，严格防渗。

通常是修建潮差蓄水池，用水泵提水，筛绢过滤（$150\sim200$ 目）至育苗池；或潮差蓄水池泵入砂滤池过滤后经预温池（调温池）进入工育苗池。

过滤池的作用是除去海水中的悬浮颗粒和微小生物。过滤可有砂滤或压力滤器。砂滤池由好几层大小不同的沙和砾石组成，利用水的重力通过砂滤池。常用的沙砾颗粒大小为细沙 $1\sim2mm$，中沙 $2\sim5mm$，砾石 $5\sim15mm$。鱼苗场多采用无压砂滤池、压力过滤器、重力无阀过滤器、反冲式滤池。

充气设备主要是用罗茨鼓风机。一般水深在 $1.5m$ 以下，只要选风压 $0.30\sim0.35kg/cm^2$，风量要根据育苗水体和饵料培养水体选择合适的鼓风机。由于海水鱼苗种培育中所需充气量不那么大，所以如水体为 $1\,000m^3$（包括饵料培养）时，可选用风量为 $7\sim10m^3/min$、风压 $0.30\sim0.35kg/cm^2$。

大多数育苗池和卤虫冬卵的孵化池及饵料培养池均需要增温设施，另外亲鱼的越冬以及使之提早产卵、提早育苗（在晚秋或早冬育苗）等也都需要增温。目前增温方法大致有两种：一是用燃煤锅炉或热水炉增温；二是使用电加热器（电热线电热棒，远红外辐射加热板等）加温。用锅炉增温方法，是在池内架设加温盘管，管径一般为 $5.08\sim7.62cm$ 无缝钢管，外涂无毒防腐涂料或用塑料薄膜缠紧缠严。锅炉蒸气或热水通过盘管使池内水温上升。但育苗室内孵化池、仔稚鱼培育池最好不用盘管，以免造成清扫池底、吸污或苗种出池不便，但可在预热池设加盘管。用热水炉增温，用钛盘管或不锈钢管，小型育苗场适用。

4. 饵料培育区 包括饵料分离保种间、饵料培育间。

适时、适口和适量的开口饵料供应，可以直接影响到整个鱼苗培育的成败。如果没有天然轮虫供给，那么饵料培养所占水体往往要大于育苗水体。

活生物饵料培养室又分为海水单胞藻培养室（部分可在室外）和轮虫培养室（可兼作卤虫孵化室）。

（1）单胞藻培养池。培育轮虫的单胞藻有小球藻、微拟球藻、扁藻等。单胞藻培养池要求光照强，晴天达到 $10\,000lx$。因此屋顶需透光率强的玻璃或用透光率在 95% 的玻璃钢瓦覆顶，培养室四壁需宽大而明亮的窗户，同时配有人工光源。培养池、二级培养池可用玻璃钢水槽、聚碳酸酯水槽（较透明最好）、金属水槽、水泥池均可，面积为 $1.5\sim2.0m^2$，水深 $0.5m$ 左右，圆形、方形均可。三级培养池可用水泥池 $10\sim25m^2$（深 $1.0\sim1.5m$）或大型帆布水槽（直径 $5m$ 左右），或室外 $50\sim100m^2$ 水泥池。

（2）轮虫培养池。轮虫是鱼苗的开口饵料，种类很多，作为饵料的一般是褶皱臂尾轮虫。轮虫培养室屋顶一般用石棉瓦或透光率稍差的玻璃钢瓦，一般为 $1\sim6m^3$ 小型水池和 $20\sim50m^3$ 的大型水池。各单位可根据苗种生产方式、所需数量、培养时间等具体情况酌情确定培养轮虫池的容积大小。池深一般 $1\sim2m$ 均可，池形不限，水泥池、玻璃钢水槽、帆布水槽均可。

（3）卤虫孵化池。卤虫无节幼体的孵化，相对来说要容易得多，一般将购买的卤虫冬卵定量放入充气海水中即可孵化。为了提高卤虫的孵化率和便于操作，将孵化后的和未孵化的卤虫壳去除掉，以免带入鱼苗池中被鱼苗误食，卤虫孵化池多为圆形、锥底的水泥池、玻璃钢水槽或聚碳酸酯水槽，容积 0.5～2.0m³。

（4）大型浮游动物培养池。大型浮游动物是指作为鱼苗中后期培育饵料的桡足类、端足类和近年来由淡水驯化而来的蒙古裸腹溞等。由于大量培育这些浮游动物需要非常多的单细胞藻类，故一般不用水池培育，而是用池塘培育，面积 1/8～1/3hm²，池深 1m 左右。

5. 办公、实验区 包括水质分析及生物观察室。

各育苗场在建造育苗室和活生物饵料培养室的同时，还要在育苗室合适的地方或在活生物饵料培养室和育苗室之间建造"水质分析及生物检查室"，以对育苗水环境进行水质监测（盐度、pH、溶解氧、氨氮、硫化氢等）及对生物解剖观察。配备水质分析人员，以及解剖观察所需的生物显微镜、解剖镜和盐度、pH、溶解氧、氨氮、硫化氢测定仪器等设备。

6. 库房 分生产工具存放间和饲料存放间。

前者用来存放水泵、网具、各种管、桶等生产工具和设备；后者主要存放饲料、肥料等。库房应离生产区较近，且方便车辆出入，房间通风、避光，注意防潮、防虫、防鼠害等。

7. 其他设施 满足生产、生活的其他附属设施，如车库、围墙等。

任务二 亲鱼催产

家鱼人工繁殖

任务描述

作为我国主要养殖鱼类的"四大家鱼"（青鱼、草鱼、鲢、鳙），由于其演化中形成的适应于江河流水的繁殖习性，在池养静水条件下不能自然繁殖，因此需要通过创造适宜其繁殖的条件并结合催产剂的注射来实现，即需要进行人工催产繁殖。进行催产的亲鱼要求体质健壮、无病无伤、发育成熟。决定催产期的主要因素是水温，通常为 18～32℃，最适水温为22～28℃。因此"家鱼"的催产季节一般在 5～6 月份，水温稳定在 18～20℃时开始。催产顺序为草鱼、鲢、鳙、青鱼。

任务实施

一、催产前的准备

"家鱼"人工繁殖生产季节性很强，时间短而集中，因此，在催产前务必做好各方面的准备，才能不失时机地进行催产工作。

（一）产卵池

产卵池的设备包括产卵池、排灌设备、收卵设备（收卵网、网箱）等。产卵池一般与孵化场所建在一起，且靠近亲鱼培育池，有良好的水源，排灌方便。面积一般 60～100m²，可放 4～10组亲鱼（60～100kg）。形状可为椭圆形或圆形。

椭圆形产卵池池内往往有涡水，故收卵较慢，而圆形产卵池收卵快，效果好。目前大多数的养殖场均采用圆形产卵池。

圆形产卵池用三合土结构，或单砖砌成。直径 8～10m。池底由四周向中心倾斜，一般中心较四周低 10～15cm。池底中心设圆形或方形出卵口 1 个，上盖拦鱼栅。出卵口由暗管（直径 25cm 左右）与集卵池（长 2.5m、宽 2m）相连。集卵池底面比出卵口低 0.2m。出卵暗管伸出池壁 0.10～0.15m，便于集卵绠网的绑扎。集卵池末端的池墙设 3～5 级阶梯，每一阶梯设排水洞 1 个，上有水泥镶橡胶边缘压盖，以卧管式排水和控制水位。进水管道 1 个，直径 10～15cm，与池壁切线成 40°角左右，沿池壁注水，使池水流转。放亲鱼前，在池的顶端装好栏网，防止逃鱼。

（二）催产剂的种类、功能和保存

目前用于鱼类繁殖的催产剂主要有绒毛膜促性腺激素（HCG）、鱼类脑垂体（PG）、促黄体素释放激素类似物（LRH－A）等。

1. 绒毛膜促性腺激素（Hormone Chorionic Gonadotropin，简称 HCG）　HCG 是从 2～4 个月的孕妇尿中提取出来的一种糖蛋白激素，相对分子质量为 36 000。由于它是从人类尿液中提炼而成，因此它对温度的反应较敏感。由于它是相对分子质量大的蛋白质激素，因此反复使用，易产生抗药性。在物理化学和生物功能上类似于哺乳类的促黄体素（LH）和促滤泡素（FSH），生理功能上似乎更类似于 LH 的活性。HCG 直接作用于性腺，具有诱导排卵的作用；同时也具有促进性腺发育，促使雌、雄性激素产生的作用。

HCG 是一种白色粉状物，市面上销售的鱼（兽）用 HCG 一般都封装于安瓿瓶中，以国际单位（IU）计量。HCG 易吸潮而变质，因此要在低温干燥避光处保存，临近催产时取出备用。储量不宜过多，以当年用完为好，隔年产品影响催产效果。

2. 鱼类脑垂体（Pituitary Gland，简称 PG）　鱼类脑垂体内含多种激素，对鱼类催产最有效的成分是促性腺激素（GtH）。GtH 是一种相对分子质量较大的糖蛋白激素，相对分子质量 30 000左右。因此，如反复使用，也易产生抗药性。但它直接从鱼类中取得，因此对温度变化的敏感性较低。

GtH 含有两种激素（即 FSH 和 LH），它们直接作用于性腺，可以促使鱼类性腺发育；促进性腺成熟、排卵、产卵或排精；并控制性腺分泌性激素。

在采集鱼类脑垂体时，必须考虑以下因素：

①脑垂体中的 GtH 具种的特异性。

②脑垂体中 GtH 的含量，与鱼是否性成熟有关。

③脑垂体中 GtH 的含量和季节密切有关。

因此，摘取鲤、鲫脑垂体的时间通常选择在产卵前的冬季或春季为最好。

成熟雌雄鱼的脑垂体均可用于制作催产剂。脑垂体位于间脑下面的碟骨鞍里，用刀砍去头盖骨，把鱼脑翻过来，即可看到乳白色的脑垂体，用镊子撕破皮膜即可取出。取出的脑垂体应去除黏附在上的附着物，并浸泡在 20～30 倍体积的丙酮或乙醇中脱水脱脂，过夜后，更换同样体积的丙酮或无水乙醇，再经 24h 后取出，在阴凉通风处彻底吹干，密封干燥 4℃下保存。常用鲤的脑垂体制成催产剂。

3. 促黄体素释放激素类似物（Luteotropin Releasing Hormone－Analogue，简称LRH－A）　哺乳类的下丘脑能分泌一种作用于脑垂体的激素——促黄体素释放激素（LRH），相对分子质量约 1 182，其结构为焦谷—组—色—丝—酪—甘—亮—精—脯—甘酰胺 10 个氨基酸组成的多肽。目前已成功地人工合成了 LRH，应用于牛、羊、猪等哺乳动物均呈现出很高的生物活性，但对鱼类的催产效果并不理想，用量要高出一般哺乳动物几百倍。虽然有大量的资料表明哺乳类的 LRH 结构与鱼类的 LRH 有相似性，但毕竟有差异。哺乳动物结构的 LRH 对鱼类作用效率低的原因可能有以下两个方面。第一，鱼类下丘脑 LRH 的一级结构与哺乳动物存在差异；第二，LRH 的半衰期甚短，这是因为脑中存在破坏 LRH 的可溶性酶系。另外，当 LRH 随血液体内循环时，又会被内脏酶系水解进一步破坏。一旦 LRH 构型被破坏，就随即失去活性。由于 LRH 不能在体内久留，从而影响了催产效果。

为了提高 LRH 对鱼类的催产效果，1975 年我国科学工作者对哺乳类结构的 LRH 进行改型，将 LRH 第 6 位的甘氨酸残基和第 10 位的甘氨酰胺改变，分别以 D-丙氨酸和乙基酰胺取代，成为一个九肽的结构，改为 LRH-A。LRH 通过上述改型后，生物活性提高了数十倍以上，催产效果明显改善。

LRH-A 是一种人工合成的九肽激素，相对分子质量 1 167。由于它的相对分子质量小，反复使用，不会产生抗药性。并对温度的变化敏感性较低。由于它的靶器官是脑垂体，即作用于脑垂体，由脑垂体根据自身性腺的发育情况合成和释放适度的 GtH，然后作用于性腺。因此，不易造成难产等现象发生，不仅价格比 HCG 和 PG 便宜，操作简便，而且催产效果大大提高，亲鱼的死亡率也大大下降。

LRH-A 有以下功能：

①刺激脑垂体释放 LH 和 FSH。

②刺激脑垂体合成 LH 和 FSH。

③刺激排卵。

④低剂量的 LRH-A，能激发脑垂体合成和释放 GtH，促使性腺进一步发育成熟。

近年来，我国又在研制 LRH-A 的基础上，研制出 LRH-A$_2$ 和 LRH-A$_3$。实践证明，LRH-A$_2$ 对促进 FSH（卵泡生成激素）和 LH（促黄体生成激素）释放的活性分别高于 LRH-A 12 倍和 16 倍；LRH-A$_3$ 对促进 FSH 和 LH 释放的活性分别高于 LRH-A 21 倍和 13 倍。故 LRH-A$_2$ 的催产效果显著，而且其使用剂量可比 LRH-A 低 10 倍；LRH-A$_3$ 对促进亲鱼性腺成熟的作用比 LRH-A 好得多。

4. 地欧酮（DOM） 地欧酮是一种多巴胺抑制剂。研究表明，鱼类下丘脑除了存在促性腺激素释放激素（GnRH）外，还存在相对应的抑制分泌激素，即"促性腺激素释放激素的抑制激素"（GKIH）。它们对垂体 GtH 的释放和调节起了重要的作用。

目前的试验证明，多巴胺在硬骨鱼类中起着与 GKIH 同样的作用。它既能直接抑制垂体 GtH 细胞自动分泌，又能抑制下丘脑分泌 GnRH。采用地欧酮就可以抑制或消除促性腺激素释放激素抑制激素（GKIH）对下丘脑促性腺激素释放激素（GnRH）的影响，从而增强脑垂体 GtH 的分泌，促使性腺的发育成熟。生产上地欧酮不单独使用，主要与 LRH-A 混合使用，以进一步增加其活性。地欧酮运用于鱼类繁殖的时间不长，对其催产效果的稳定性和安全性还有待进一步研究和实践。

二、催产季节

在最适宜的季节进行催产，是"家鱼"人工繁殖取得成功的关键之一。因为雌鱼卵巢发

育到能够有效催产期后，它有一段"等待"的时期，这段时期就个体来说大约是半个月，若就鱼群来说大约为 1.5 个月。不到这一时期，雌鱼卵巢对催产剂敏感度不高，催产效果不佳；过了这一时期，雌鱼得不到产卵的适合条件，卵巢就逐渐退化，催产效果也不会好。雌鱼等待催产这一段时期，就是最适宜的催产季节，必须集中力量，不失时机地抓好催产工作。长江中、下游地区适宜催产的季节是 5 月上中旬至 6 月中旬。华南地区约提早 1 个月。鲮的催情产卵时期相对比较集中，每年 5 月上中旬进行，过了此时期卵巢即趋向退化。华北地区是 5 月底至 6 月底。东北地区是 6 月中旬至 7 月上旬。催产水温 18~30℃，而以 22~28℃最适宜（催产率、出苗率高）。生产上可采取以下判据来确定最适催产季节：

①根据当年的气候、水温回升情况。

②根据当地的物候。

③根据鱼的种类特点。

④根据亲鱼性腺发育情况。

三、亲鱼配组

1. 亲鱼捕捞和运送　保护亲鱼完好无伤是促使亲鱼顺利产卵受精的重要一环。因此，捕捞时必须不伤鱼体。最好用尼龙网，网目 2cm 左右，可避免亲鱼鳍条破裂。捕捞时网上要加盖网，盖网宽 1.5m 左右，以防鲢、草鱼跳出网外。拉网快慢要适中，动作要协调迅速，下水人员不宜过多，一般可由 2~3 人捉鱼和选鱼。捉鱼时一手轻托鱼体，一手托头部，顺水送入布夹内。布夹应略比鱼体宽长一些，提送时布夹后端要略为提高，防止鱼从布夹后面滑出。运鱼要轻快，防止亲鱼受伤或窒息致死。

性腺发育良好的草鱼亲鱼经 3d 以上连续的捕捞，会有性腺退化，催产效果极差的现象。故对草鱼亲鱼要尽可能减少捕捞次数，最好一池的草鱼亲鱼一次捕尽，全部催产。

2. 亲鱼的选择和配组　经人工培育的亲鱼并非都能用于人工繁殖生产，必须经过选择。选择首要条件是性腺发育良好，其次是无病无伤。生产上判断亲鱼性腺发育良好与否，主要依据经验从外观上来鉴别，对雌鱼也可直接挖卵观察。

（1）外形观察。雌亲鱼可根据腹部的轮廓、弹性和柔软程度来判断。腹部膨大、柔软略有弹性且生殖孔红润的亲鱼性腺发育良好。

性腺成熟好的雄鱼，用手轻挤生殖孔两侧，即有精液流出，入水即散。若流出的精液量少，入水后呈细线状不散，说明还未完全成熟；若精液量少且很稀，带黄色，说明精巢已退化。

（2）挖卵观察。利用挖卵器直接挖出卵粒观察其发育状况。该方法直观，也比外形观察可靠。挖卵器长约 20cm，直径 0.3~0.4cm，可用不锈钢、塑料或羽毛等制作而成。挖卵器头部开一长约 2cm 的槽，槽两边和前端锉成刀口状，便于切割卵巢。挖卵器表面要光滑，顶端钝圆形，以免取卵时损伤卵巢。

使用时，将挖卵器正确而缓缓地插入生殖孔内，然后向左或向右偏少许，稍稍用力插入卵巢 4cm 左右，将挖卵器旋转几下，轻轻抽出即可得到少量卵粒。挖出的卵粒可用肉眼直接观察或用透明液处理后观察。

直接观察：将卵粒放在玻璃片上，观察其大小、颜色及核的位置。若卵粒大小整齐，大卵占绝大部分，有光泽，较饱满或略扁塌，全部或大部分核偏位，表明性腺成熟较好。若卵粒大小不齐，相互集结成块状，卵不易脱落，表明尚未成熟；若卵粒过于扁塌或糊状，无光泽，表明亲鱼卵巢已退化。

药物处理后观察：主要用于观察卵核的偏位情况。将挖取的卵粒放在玻璃器皿或小瓷盘上，加入少许固定透明液，2～3min后，即可观察。透明液能使卵子的细胞质和卵黄先呈半透明状态，而不透明的核就很容易被区别。如果卵核偏向于卵膜边缘，称为"极化"，这是卵母细胞发育到第Ⅳ时相末的重要标志，说明已成熟，可以进行催产。过分成熟或退化卵，无核象，则催产效果差。透明液的配方有3种：

A. 85％酒精。

B. 95％酒精85份，福尔马林（40％甲醛）10份，冰醋酸5份。

C. 松节油透醇（松节醇）25份，75％酒精50份，冰醋酸25份。

不同成熟度的卵子的外观和核象位置比较见表4-2。

雌雄鱼配组，如果采用催产后由雌雄鱼自由交配产卵方式，雄鱼要稍多于雌鱼，一般采用1:1.5比较好；若雄鱼较少，雌雄比例也不应低于1:1。如果采用人工授精方式，雄鱼可少于雌鱼，1尾雄鱼的精液可供2～3尾同样大小的雌鱼受精。同时，应注意同一批催产的雌雄鱼，个体重量应大致相同，以保证繁殖动作的协调。

表4-2 不同成熟度的卵子外观和核象位置比较

观察项目	第Ⅳ期初的卵	第Ⅳ期末的卵	退化卵
形状	不饱满，粘连在一起	饱满，张力大，光泽强，分散	张力小，扁塌，卵膜皱，光泽弱
卵粒组成	小卵数较多，不整齐	卵粒大小整齐，大卵占卵巢体积大部分	大卵比例大，但不规则，不整齐
大卵直径	较小，直径1mm或不足1mm	直径在1.1mm以上	直径大，在1.1mm以上
卵核位置	全部核在正中	全部或大部分核偏位	无卵核，卵黄糊状
颜色	青灰色或白色	黄绿色或青灰色	深黄色

四、催产剂的注射

（一）催产剂的剂量和注射次数

准确掌握催产剂的注射种类和数量，既能促使亲鱼顺利产卵和排精，又能促使性腺发育较差的亲鱼在较短时间内发育成熟。剂量应根据亲鱼成熟情况、催产剂的质量等具体情况灵活掌握。一般在催产早期和晚期，剂量可适当偏高，中期可适当偏低；在温度较低或亲鱼成熟较差时，剂量可适当偏高，反之可适当降低。

催产剂有单一使用的，也有混合使用的。注射的剂量和混合比例以经济而有效地达到促使亲鱼顺利产卵和排精，又不损伤亲鱼为标准。

注射次数应根据亲鱼的种类、催产剂的种类、催产季节和亲鱼成熟程度等来决定。如一次注射可达到成熟排卵，就不宜分两次注射，以避免亲鱼受伤。成熟较差的亲鱼，可采用两次注射，尤以注射LRH-A为佳，以利于促进性腺进一步发育成熟，提高催产效果。如采用两次注射，第一次注射量只能是全量的10％左右，第一次注射量过高，很容易引起早产。

各种催产剂的剂量和注射次数如下：

1. 促黄体激素释放素类似物（LRH-A、LRH-A₂ 和 LRH-A₃） 对鲢、鳙、草鱼、青鱼、鲮等都有明显的催产效果。由于 LRH-A 作用于鱼类脑垂体，故对保护不产亲鱼有良好的作用。

鲢、鳙：单一使用 LRH-A 剂量为 10μg/kg*。但使用二次注射效果更好。具体方法有 3 种：

（1）第一次注射 LRH-A 或 LRH-A₃ 1～2μg/kg，放回原池或预产池经 1～3d 后进行第二次注射，注射量为 10μg/kg。此法可较好地起到催熟（核极化）的作用，催产率高而稳定。

（2）LRH-A 与 HCG（或脑垂体）混合使用，剂量为 LRH-A 10μg/kg＋HCG 800～1 000IU/kg（或脑垂体 0.5～1.0mg/kg）。第一次注射 LRH-A 1～2μg/kg，针距 12h；第二次注射 LRH-A 8～9μg/kg＋HCG 800～1 000IU（或脑垂体 0.5～1.0mg/kg）。

（3）第一次注射 LRH-A 5μg/kg＋DOM 0.5mg/kg，针距 8h，再注射 HCG 800IU/kg。

雄鱼均为末次注射，注射时剂量减半。

草鱼：对 LRH-A 反应灵敏，效应时间稳定；故一次注射 LRH-A 5～10μg/kg，效果很好，不需要采用二次注射。雄鱼剂量减半注射。

青鱼：由于其个体大，要求饵料条件较高，性腺发育成熟度往往较差。故一般采用二次或三次注射。

（1）二次注射。第一次注射采用 LRH-A₃ 1～3μg/kg，针距 24～48h；第二次注射 LRH-A 20μg/kg＋DOM 5mg/kg 或 LRH-A 7～9μg/kg＋脑垂体 1～2mg/kg。雄鱼如性腺发育欠佳，可用同一剂量。

（2）三次注射。在催产前 15d 左右每尾注射 LRH-A₃ 5μg（生产上称打预备针）；第二针注射 LRH-A 5μg/kg；12～20h 后注射第三针，剂量为 LRH-A 20μg/kg＋DOM 5mg/kg 或 LRH-A 10μg/kg＋脑垂体 1～2mg/kg。雄鱼在末次注射，注射雌鱼的 1/2 剂量。如果雄鱼成熟度较差，挤不出精液，可与雌鱼同样打预备针，剂量与雌鱼相同。

鲮：亲鱼为 LRH-A 30～50μg/kg，雄鱼减半。

2. 鱼类脑垂体（PG） 对鲢、鳙、草鱼、青鱼、鲮催产效果都很显著，其剂量为脑垂体干重 3～5mg/kg，相当于体重 0.5kg 左右的鲤脑垂体 3～5 个，或体重 1～2kg 的鲤脑垂体 1～2 个或鲫脑垂体 8～10 个（鲫体重约 0.15kg）。

3. 绒毛膜促性腺激素（HCG） 对鲢、鳙催产效果好，其剂量为 800～1 200IU/kg。在繁殖早期剂量可适当提高，繁殖盛期剂量应稍低。剂量过高既浪费药物，同时易产生 HCG 抗体，会影响以后的催产效果，对鱼有害无益。

在两广地区，产过卵的亲鱼经 40～70d 的良好培育，还可进行第二次繁殖。第二次催产以采用脑垂体抽提液或脑垂体与 LRH-A 混合剂效果较佳。

（二）注射液的配制

鱼类脑垂体、LRH-A 和 HCG，必须用注射用水（一般用 0.6% 氯化钠溶液，近似于

---

* 本书除特别说明外，所有药物及添加剂使用剂量均以动物体重计，即 10μg/kg 表示每千克体重 10μg。

鱼的生理盐水)溶解或制成悬浊液。注射剂量控制在每尾亲鱼注射 2～3mL 为度,亲鱼个体小,注射剂量还可适当减少。应当注意不宜过浓或过稀。过浓,注射液稍有浪费会造成剂量不足;过稀,大量的水分进入鱼体,对鱼不利。

配制 HCG 和 LRH-A 注射液时,将其直接溶解于生理盐水中即可。配制脑垂体注射液时,将脑垂体置于干燥的研钵中充分研碎,然后加入注射用水制成悬浊液备用。若进一步离心,弃去沉渣取上清液使用更好,可避免堵塞针头,并可减少异性蛋白所起的不良反应。注射器及配制用具使用前要煮沸消毒。

配制催产剂前应事先了解催产亲鱼的大致体重,然后以每尾雌鱼注射 3mL 左右为度,配制催产液。

(三)注射方法

家鱼注射分体腔注射和肌内注射两种。目前生产上多采用前法。注射时,使鱼夹中的鱼侧卧在水中,把鱼上半部托出水面,在胸鳍基部无鳞片的凹入部位,将针头朝向头部前上方与体轴成 45°～60°角刺入 1.5～2.0cm,然后把注射液徐徐注入鱼体。肌内注射部位是在侧线与背鳍间的背部肌肉。注射时,把针头向头部方向稍挑起鳞片刺入 2cm 左右,然后把注射液徐徐注入。注射完毕迅速拔除针头。把亲鱼放入产卵池中。在注射过程中,当针头刺入后,若亲鱼突然挣扎扭动,应迅速拔出针头,不要强行注射,以免针头弯曲,或划开肌肤造成出血发炎。可待鱼安定后再行注射。

催产时一般控制在早晨或上午产卵,有利于工作进行。为此,须根据水温和催产剂的种类等计算好效应时间,掌握适当的注射时间。

五、效应时间

所谓效应时间是指亲鱼注射催产剂之后(末次注射)到开始发情产卵所需要的时间。效应时间的长短与催产剂的种类、水温、注射次数、亲鱼种类、年龄、性腺成熟度以及水质条件等有密切关系。

注射脑垂体比注射 HCG 效应时间要短(短 1～2h)。注射 LRH-A 比注射脑垂体或 HCG 效应时间要长一些。因为 LRH-A 作用于靶器官——脑垂体,先导致脑垂体的发动,使其合成和释放促性腺激素再作用于性腺,待脑垂体促性腺激素分泌达到足够量时,才能使亲鱼发情产卵。而注射脑垂体或 HCG,它们能直接作用于性腺,因此,效应时间相应缩短。

水温与效应时间呈负相关。水温高,效应时间则短,水温低,效应时间则短。一般情况下,水温每差 1℃,从打针到发情产卵的时间要增加或减少 1～2h。用 LRH-A 催产,则增加或减少的时间要长一些(2～3h)。水温与效应时间的关系见表 4-3。

表 4-3 草鱼一次注射催产剂的效应时间

(赵子明,2004. 池塘养鱼)

水温(℃)	脑垂体	LRH-A
20～21	14～16h	19～22h
22～23	12～14h	17～20h

（续）

水温（℃）	脑垂体	LRH - A
24～25	10～12h	15～18h
26～27	9～10h	12～15h
28～29	8～9h	11～13h

　　鱼类是变温动物，水温的变化，尤其是突然降温（如暴雨或冷空气的突然袭击），不但会延长效应时间，甚至会导致亲鱼正常产卵活动的停止，在催情产卵的早期阶段，常会遇到这种情况。

　　一般两次注射比一次注射效应时间短。二次注射 LRH - A 随针距延长，效应时间有缩短的趋势。如果鲢两次注射 LRH - A 针距为 24h，效应时间大致可稳定在 10h 左右（表 4 - 4）。

表 4 - 4　鲢二次注射 LRH - A（针距 24h）的效应时间

（赵子明，2004. 池塘养鱼）

水温（℃）	20～21	22～23	24～25	26
第二针距产卵时间（h）	8～11	8～11	8～10	7～9.5

　　效应时间的长短也随鱼的种类而不同，草鱼和鲮的效应时间较短，鲢居中，鳙、青鱼略长。鲮两次注射 LRH - A 效应时间为 4～7h。青鱼两次或三次混合注射 LRH - A 和脑垂体，效应时间 10～15h。初次性成熟的个体，对 LRH - A 反应敏感，其效应时间比个体大、繁殖过多次的亲鱼要短。

　　性腺发育良好和生态条件适宜，亲鱼能正常发情产卵，效应时间也比较短一些；反之，亲鱼成熟差，产卵的生态条件不适宜，如水中缺氧、水质污染等，往往拖延发情产卵，延长效应时间。

　　总之，亲鱼发情产卵的效应时间受多种因素影响，其中主要因素是水温。因此，可根据当时的水温条件预测产卵时间，这对掌握人工授精的时间有一定的意义。

六、产　卵

　　1. 自然产卵、受精　经注射催产剂后，亲鱼受激素作用，产生生理反应，出现雄鱼追逐雌鱼的兴奋现象，这就是发情。发情达到高峰时，往往雄鱼头顶雌鱼腹部，使雌鱼侧卧水面，腹部和尾部激烈收缩运动，卵球即一拥而出，同时雄鱼紧贴雌鱼腹部而排精。有时可看到雌雄鱼扭在一起，产卵排精。一般亲鱼开始产卵后，每隔几分钟到几十分钟起群产卵一次，大约经过一段时间的产卵活动，才能完成产卵过程。整个产卵过程持续时间的长短，随鱼的种类、催产剂的种类和生态条件等而有差异。

　　让亲鱼在产卵池中自然产卵、受精时，必须注意产卵池的管理。要有专人值班，观察亲鱼动态，保持环境安静。一般在催产池中每 2～3h 换水一次，以防催产池因水体小而造成亲鱼缺氧；发情前 2h 左右开始连续冲水。发情约 30min 后，应不时检查收卵箱，观察是否有卵出现。鱼卵大量出现后，要及时捞卵，运送至孵化器中孵化。

2. 人工授精 所谓人工授精，就是通过人为的措施，使精子和卵子混合在一起，而完成受精作用的方法。人工授精的核心是如何保证卵子和精子的质量。

鱼卵的成熟程度会影响到鱼卵的受精和发育。适度成熟的卵受精后，才能发育正常。"家鱼"的卵从脱离滤泡至产出，在水温 28℃左右时，能正常受精的时间仅 1～2h。因此，在人工授精时，要根据鱼的种类、水温等条件，准确掌握采卵、授精时间，这是人工授精成败的关键。

离体鱼卵在原卵液中绝大部分在 10min 内不会失掉受精能力，过半数可维持 20min 以上，但遇水后 60～90s 即基本失去受精能力（表 4-5）。

表 4-5 鳙、草鱼成熟卵子在淡水中的时间与受精率的关系

（赵子明，2004. 池塘养鱼）

卵子入水后至开始受精时间（s）	干 法	30	45	60	90	120
鳙卵平均受精率（%）	60.5	30.4	23.7	11.5	6.4	
草鱼卵平均受精率（%）	90.3	28.6		5.0	0.6	0

注：鳙为 4 次平均值，草鱼为 3 次平均值。

离体精子在 0.3%～0.5%的生理盐水中，水温 24℃时，运动持续时间为 115～170s。但在水中 60s 后，即丧失受精能力。精子在水中具有较高受精率的时间只不过 20～30s（表 4-6）。

表 4-6 草鱼精子在水中的受精率

（赵子明，2004. 池塘养鱼）

实验次数	受精率（%）			
精子在水中搁置时间（s）	1	2	3	平均
30	85	87	80	84
60	30	20	27	25.6
90	0.5	1.2	0	0.7
120	0	0	0	0
精卵同时挤入（对照）	91.5	89	93.2	91.2

"家鱼"人工授精方法共有 3 种，即干法、半干法和湿法。

干法人工授精：当发现亲鱼发情进入产卵时刻（用流水产卵方法最好在集卵箱中发现刚产出的鱼卵时），立即捕捞亲鱼检查。若轻压雌鱼腹部卵子能自动流出，则一人用手压住生殖孔，将鱼提出水面，擦去鱼体水分，另一人将卵挤入擦干的脸盆中（每一脸盆约可放卵50 万粒）。用同样方法立即向脸盆内挤入雄鱼精液，用手或羽毛轻轻搅拌，1～2min，使精、卵充分混合。然后徐徐加入清水，再轻轻搅拌 1～2min。静置 1min 左右，倒去污水。如此重复用清水洗卵 2～3 次，即可移入孵化器中孵化。

半干法授精是将精液挤出或用吸管吸出，用 0.3%～0.5%生理盐水稀释，然后倒在卵上，按干法授精方法进行。

湿法人工授精，是将精卵挤在盛有清水的盆中，然后再按干法人工授精方法操作。

若有的雌鱼只能挤出部分卵子，尚有许多卵子不能挤出时（鳙常会碰到此种情况），可将雌鱼暂放一下，0.5h后再行检查，仍可产出部分或全部卵子。

在进行人工授精过程中，应避免精、卵受阳光直射。操作人员要配合协调。做到动作轻、快。否则，易造成亲鱼受伤，引起产后亲鱼的死亡。

3. 自然受精与人工授精的比较 这两种方法各有优缺点（表4-7）。在生产中应根据生产设备、生产习惯、水温等具体情况，因地制宜地采用。

表4-7 自然产卵与人工授精的比较

（赵子明，2004. 池塘养鱼）

	自 然 受 精	人 工 授 精
优点	①适应卵子成熟过程，受精率较高 ②对多尾亲鱼产卵时间不一致无影响 ③亲鱼少受伤	①设备简单，受条件限制较小 ②受精卵不混有敌害和杂物 ③便于进行杂交工作 ④在亲鱼受伤和水温偏高条件下可得到部分受精卵 ⑤在雄鱼少的情况下，可使卵子受精有保证
缺点	①设备较多，受条件限制也较大 ②受精卵混有敌害和杂物 ③很难进行杂交工作 ④在雄鱼少时，卵子受精无保证	①较难掌握适当的采卵时间，往往会因卵子过熟而受精差 ②多尾亲鱼在一起，由于排卵时间不一致，捕鱼采卵时常会影响其他亲鱼发情排卵 ③亲鱼受伤机会较多

4. 鱼卵质量的鉴别 卵球质量与亲鱼性腺发育好坏有着直接关系。用肉眼从它的外部形态上，可鉴别卵球质量的优劣（表4-8）。

表4-8 "家鱼"卵子质量的鉴别

（赵子明，2004. 池塘养鱼）

性 状	成 熟 卵 子	不熟或过熟卵子
颜色	鲜明	暗淡
吸水情况	吸水膨胀速度快	吸水膨胀速度慢，卵子吸水不足
弹性状况	卵球饱满，弹性强	卵球扁塌，弹性差
鱼卵在盘中静止时胚胎所在的位置	胚体（动物极）侧卧	胚体（动物极）朝上，植物极向下
胚胎的发育	卵裂整齐，分裂清晰，发育正常	卵裂不规则，发育不正常

通常情况下，亲鱼经催产打针后，发情时间正常，产卵集中；卵球大小一致，卵膜吸水速度快，产出后约30min即可膨大如球，卵膜坚韧度大，不易破裂；胚盘隆起后细胞分裂正常，分裂球大小均匀，边缘清楚。这类卵球质量好，受精率高。

如果亲鱼培育不好，卵巢发育较差，到后期或秋季才有可能成熟。这类亲鱼在初夏如注射高剂量的催产剂，有些鱼也可能产卵。往往产卵的时间持续较长，产出的卵大小不一，大的也比正常的卵小1/5~1/4，卵球吸水速度慢，卵膜柔软，膨胀度小，放在碟子上不能球立而扁塌。这种卵一般不能受精或受精很差。

另一种情况是在催产中由于某种原因（雌鱼受伤，或雄鱼追逐无力等）已游离于卵巢腔的卵球没有及时产出而趋于过熟。过熟的鱼卵吸水速度较慢，坚韧度也不一致。过熟程度较严重的卵，有的虽能进行细胞分裂，但会出现细胞大小不一，细胞上再生小球等各种不正常分裂现象。这种卵的内含物在短时间（2h左右）内即发生分解，卵膜中充满乳白色的混浊液，最后只留下透明的卵膜（空心卵）。过熟程度较轻的，其卵尚能受精发育，鱼苗也能孵出，促出膜时间相对缩短，而且大多数为畸形，如弯尾、曲背、瞎眼、卵黄囊肿大等。它们出膜后多数不能正常游动，只能颤动而已（如孵化水温过高或过低也会出现畸形鱼苗）。畸形鱼苗绝大多数均陆续夭折。

5. 产后亲鱼的护理 亲鱼产卵后的护理是生产中需要引起重视的工作。因为在催产过程中，常常会引起亲鱼受伤，如不加以很好护理，将会造成亲鱼的死亡。

亲鱼受伤的原因主要是：捕捞亲鱼的网网目过大、网线太粗糙，使亲鱼鳍条撕裂，擦伤鱼体；捕鱼操作时不细心、不协调和粗糙造成亲鱼跳跃撞伤、擦伤；水温高，亲鱼放在鱼夹内，运输路途太长，造成缺氧损伤；产卵池中亲鱼跳跃撞伤；在产卵池中捕亲鱼时不注意使网离开池壁，鱼体撞在池壁上受伤等。因此，催产中必须操作细心，注意避免亲鱼受伤。如亲鱼已受伤，则必须加强护理。

产卵后亲鱼的护理，首先应该把产后过度疲劳的亲鱼放入水质清新的池塘里，让其充分休息，并精养细喂，使它们迅速恢复体质，增强对病菌的抵抗力。为了防止亲鱼伤口感染，可对产后亲鱼加强防病措施，进行伤口涂药和注射抗菌药物。

亲鱼皮肤轻度外伤，可选用以下药品涂擦伤口：高锰酸钾溶液、磺胺药膏、青霉素药膏和呋喃西林药膏等，以防伤口溃烂和长水霉。

亲鱼受伤严重者，除涂消炎药物外，可注射10%磺胺唑钠，体重5～8kg的亲鱼注射1mL（内含0.2g药）或每千克体重注射青霉素（兽用）10 000IU。

进行人工授精的亲鱼，一般受伤较为严重，务必伤口涂药和注射抗菌药物并用，可减少产后亲鱼的死亡。

任务探究

"四大家鱼"人工繁殖高产要点

1. 严格选留亲鱼 选择天然原种，要求健康，性腺发育良好。个体重鲢在6kg以上，鳙在10kg以上，青鱼在15kg以上，草鱼在8kg以上。亲鱼每年更新率应达10%左右。

2. 科学清整鱼池 亲鱼池要灌排方便，鲢、鳙池底有20cm深的淤泥即可，青鱼、草鱼池底应少含或不含淤泥。面积700～3 000m²，水深1.5m左右。放养前应清池。

3. 合理搭配放养 以鲢为主的池，每667m²搭养鳙和草鱼各3～4尾；主养鳙的池，每667m²搭养草鱼6～8尾；主养青鱼的池，每667m²搭鲢、草鱼各2～3尾；主养草鱼的池，每667m²搭养鲢或鳙3～5尾。鲢、鳙、青鱼、草鱼亲鱼的雌雄比例一般为1：（1.0～1.5）为宜。同时每667m²放养鳜8～10尾和150尾左右花鲢以控制野杂鱼和大型浮游动物的滋生。

4. 强化饲养管理 放养前，鲢、鳙亲鱼池应每667m²投放500～700kg腐熟有机肥以培育浮游生物，以后还要适当施肥。此外，晴暖天气要投喂豆饼浆，以促进性腺发育。青鱼亲

鱼以喂螺、蚬为主，辅以豆饼等精料。草鱼亲鱼以青草、黑麦草、山芋藤等青料为主，精料为辅，若春、秋季青草不足，则需以精料为主。为保持水质清新，秋季应勤注水，冬季则以保持水深1.5m以上为度。

5. 注重适早催产 催产日期的确定：天气转暖后，早晨最低水温连续3d稳定在18℃以上，又无强冷空气侵袭时比较适宜。成熟亲鱼的外观特征：雌鱼腹部膨大，生殖孔附近两侧丰满、柔软有弹性，生殖孔松弛，草鱼同时腹部鳞片排列疏松，腹中线下凹，卵巢下坠，似有移动状，催产效果好。雄鱼能挤出呈乳白状精液，遇到水即散开者均可使用。一般雌鱼每千克体重注射催产剂绒毛膜促性腺激素1 000IU，或LRH-A 40~50mg；雄鱼减半。

6. 优化孵化环节 孵化用水要用过滤网过滤，以防漂浮物和野杂鱼等进入。每次孵化前清洗孵化缸、孵化槽，孵化期间提供适宜水流量，并勤翻动水体检查底角有无堆积卵苗，及时清理，保持水质。

7. 综合防治鱼病 亲鱼培育中鱼病以防为主，每年春、秋两季采用$0.4g/m^3$晶体敌百虫全池泼洒预防寄生虫，4~10月份每月1次采用$30g/m^3$生石灰或$1g/m^3$漂白粉全池泼洒预防细菌性疾病。一旦发现鱼病，积极对症下药，尽早治愈。

知识拓展

催产的基本原理

池塘培育成熟的"家鱼"亲鱼，只有雄鱼能产生成熟的精子，雌鱼的卵巢虽然能发育到第Ⅳ期，但不能向第Ⅴ期过渡，进而在池塘里产卵。亲鱼不能在池塘里产卵，却能在自然江河里繁殖后代的原因何在？经调查研究，实验证实：性成熟的鲢、鳙、草鱼、青鱼、鲮亲鱼一到生殖季节就成群上溯到水流湍急、宽窄相间的江（河）段，随着江河里水位突然猛涨，流速加快，形成泡漩水等自然生态条件，这些外界综合生态条件，通过亲鱼的外部感受器（视觉、触觉、侧线）作用于鱼的中枢神经系统，刺激下丘脑释放GnRH，进而触发雌雄鱼的垂体分泌大量GtH，经血液循环到达性腺，性腺受到GtH的作用后，迅速发育成熟，开始排卵；与此同时，分泌性激素，促使亲鱼发情而进入性活动——产卵、排精，精卵结合而受精。

鲢、鳙、草鱼、青鱼、鲮亲鱼不能在池塘里产卵的原因，是因为在池塘环境条件下缺乏像自然界那样的综合生态条件的刺激，从而影响下丘脑GnRH合成和释放。当注射外源的LRH或者LRH-A就能诱导它们发情产卵。这说明池塘饲养的"家鱼"其内源GnRH释放量不足。再说，雌鱼既然能在池塘里发育，说明垂体GtH分泌细胞充实，GtH供应量能满足性腺发育的需求，但要在池塘里产卵，可能需要GtH大量分泌，达到一定的产卵阈值，方能实现产卵活动。例如，鲢、草鱼注射LRH-A前，血清中GtH激素含量不很高，为10ng/mL左右，而在产卵时血清中GtH含量显著升高，出现一个峰值，可称为产卵阈值（300ng/mL左右）。所以说，在池塘条件下，"家鱼"性腺不能从相对静止状态的第Ⅳ期迅速过渡产卵状态的第Ⅴ期，是由于缺乏适当的综合生态环境的刺激，因而下丘脑和脑垂体各自分泌GnRH和GtH不足所致。

由此，可采用生理生态相结合的方法，即对鱼体直接注射垂体制剂或HCG，代替鱼体

自身分泌 GtH 的作用，或者将人工合成的 LRH 或 LRH-A 注入鱼体代替鱼类自身的下丘脑释放的 GnRH 的作用，由它来触发垂体分泌 GtH。总之，对鱼类注射催产剂是取代了"家鱼"繁殖时所需要的那些外界综合生态条件，而仅仅保留影响其新陈代谢所必需的生态条件（如水温、溶解氧等），从而促使亲鱼性腺发育成熟，排卵和产卵。

任务三 孵化出苗

任务描述

孵化是指受精卵经胚胎发育至孵出鱼苗为止的全过程。孵化是人工繁殖的最后一个重要环节。孵化工作的好坏，不仅关系到孵化率、出苗率，而且还关系到孵化时间和苗种成活率，因此，在孵化过程中必须根据"四大家鱼"受精卵的胚胎发育特点，创造适宜的孵化条件，从而提高孵化效益。

任务实施

一、孵化器的种类、构造和操作管理

目前生产上常用的孵化工具有孵化桶、孵化环道和孵化槽等。

1. 孵化桶 孵化桶用白铁皮、塑料或钢筋水泥制成。孵化桶的大小根据需要而定，一般以容水量 250kg 左右为宜。孵化桶的纱窗可用铜丝布或筛绢制成，规格为 50 目/cm^2。鱼卵放入孵化桶前应清除混在其中的小鱼、小虾和脏物，然后计数放入孵化桶中孵化。放卵密度约为每 50kg 水，放卵 5 万～10 万粒（相当于每毫升水 1～2 粒卵）。水温高时，受精率低的鱼卵密度宜适当减少。

待鱼苗鳔充气（见腰点）、卵黄囊基本消失、能开口主动摄食和游动自如时（一般孵出后 4～5d），即可下塘。鱼苗下塘时应注意池塘水温与孵化水温不要相差太大，一般不宜超过 ±2℃。这时鱼苗幼嫩，操作要细致。

2. 孵化环道 孵化环道是用水泥或砖砌的环形水池。其大小依生产规模而定。小型孵化环道直径 3～4m，大型的 8m，环道宽约为 1m，深 0.9m，分别可容水 7t 及 20t 左右，放卵密度一般仍为 1mL 放 1～2 粒卵。它适用于较大规模的生产。除圆形环道外，也有椭圆形环道。将孵化环道的过滤纱窗加大，增加有效过滤面积对防止贴卵有良好效果。孵化环道的管理工作和孵化桶相似。

3. 孵化槽 用砖（石）水泥砌成的一种长方形水槽。大小根据生产需要。较大的长 300cm，宽 150cm，高 130cm。每立方米可放 70 万～80 万粒鱼卵。槽底装 3 只鸭嘴喷头进水，在槽内形成上下环流。

二、孵 化

（一）孵化管理

孵化管理是贯穿整个孵化全过程的工作，是保证鱼卵安全育苗、直至鱼苗下塘的一件时

间长而又极为细致的工作。

1. 前期准备　主要是对孵化环道、孵化缸（桶）和孵化槽的安全检查，要求所有设备都要洗刷干净、消毒，特别是对过滤纱窗，一定要仔细安装并检查，确保无破损，无缝隙，不漏卵，不跑鱼苗。

2. 调节水流　受精卵在孵化过程中，要根据情况调节孵化器中的水流，以使卵被水冲到水层中均匀分布缓慢翻滚为度。当鱼卵密度偏高时，可适当加大水流，促使其翻滚，并保持充足的溶解氧。

当鱼苗刚从卵膜中孵出时，器官发育不全，鳔没有出现，无胸鳍，也不能游泳，非常嫩弱。失去卵膜的幼苗浮力减小，易下沉窒息，这时应加大水流，使其能在水层中漂动。当幼苗能平游时，体内卵黄逐渐消失，并能顶流，这时又要适当减小流速，以免幼苗体力消耗太大。

3. 洗刷滤水纱窗　为便于卵的翻滚，孵化器从底部进水，上部出水。窗纱就起到出水时挡住卵、苗不外溢的作用。在长时间的孵化过程中，滤水纱窗会积聚大量杂物或水生昆虫幼虫，特别是鱼苗孵出后，窗纱上最容易黏附卵膜，从而引起水位升高而溢卵逃苗。水流太大时也有可能引起贴卵、贴苗，为了让孵化器正常运转，水流畅通，要勤洗过滤窗纱，方法是用小皮管冲水，或用细毛刷或海绵块轻轻在窗纱外侧洗刷，以免损伤鱼卵或鱼苗。

4. 清除卵膜　鱼苗出膜后，破碎的卵膜大量漂浮在孵化器中，使水质变坏。消耗水中溶氧，并且大量聚集在窗纱上，造成阻碍滤水的现象，必须及时予以清除。清除方法，可用网捞除卵膜，即用网目 2～3cm 的 3cm×2cm 或 3cm×1cm 的尼龙线织成的小网片，挂在孵化环道（缸、桶）中，来黏住卵膜，但这种方法在鱼苗集中出现时，有时会将鱼苗带出。

另一方法是用蛋白酶加速卵膜溶解。因为同一批受精卵从破膜到卵膜溶解完毕，需要 6～8h，而用蛋白酶可以很快溶膜。每立方米水，在 20～24℃时，用市售 2 398 蛋白酶100～200g，在每立方米水中放卵 100 多万粒时，只需 8～12min 即可基本溶化。

停水脱膜法是消除卵膜最为有效的方法。具体做法是：当有 70%～80%的鱼卵脱膜时，立即停水，使卵下沉，在水温 22～26℃、每立方米水中有卵 100 万粒时，经 15～20min 停水，有 95%左右的鱼苗破膜而出，这时再及时开阀冲水，鱼苗被水冲起。经测定，这样做不会造成孵化器中缺氧，而溶解氧仍可达到 4～5mg/L，同时受精卵中分泌的蛋白酶在孵化器中积累，活性提高，也可使卵膜得以快速分解。

5. 防止早脱膜　只有鱼苗发育到心跳期以后，才可以脱膜，并正常生长发育。但是有时由于卵子质量较差，卵膜薄，或其他原因，引起卵膜破裂，胚胎提前出膜。这往往导致畸形，降低孵化率，造成鱼苗大批死亡。为此，可用 5～10mg/L 的高锰酸钾溶液浸泡鱼卵。方法是：先计算出孵化器中的水量，再计算用药量，将高锰酸钾溶解后，通过胶管输送到孵化器底部，借助水流使药物均匀散布于水中，在 10min 内将药物加完即可。

6. 防病　在孵化过程中，常见的病害有水霉病和气泡病等。

（1）水霉病。在水温 18℃左右时，或者卵、苗的质量较差和水质不良时，鱼卵容易滋生霉菌。防治方法是：使用含氧充足、水温适宜的水进行孵化；对孵化工具应事先严格消毒。在低温孵化或已发病时，用漂白粉防治。向孵化水中泼洒漂白粉溶液，使每立方米水体含量为 1～3g。

（2）气泡病。鱼卵得气泡病后由于气泡包围在周围，使鱼卵始终漂浮在水表；鱼苗得了气泡病后，因气泡充塞其体内或附在体表，使鱼失去平衡，漂浮水面，不能自游。其原因可能是孵化用水的水质太肥，浮游植物量大，水温高，水中溶解氧过饱和造成的。此时应加注新水，适当降低水温和水的溶氧量。

（二）出苗

1. 受精率、孵化率和出苗率　受精率通常在胚胎发育6～8h（即原肠中期）进行统计。因为未受精的卵在早期也可能分裂，而一般不能发育到原肠中期。可用小网随机捞取鱼卵1 000粒左右，放入白瓷盘中进行检查。将混浊、发白的卵或空卵分出计算。然后计算已受精（好卵）卵数，求百分数即为受精率。

$$受精率＝受精卵数/总卵粒数×100\%$$

受精率的统计在生产上有一定的实际意义，可初步估算鱼苗的生产量，有利于计划生产。为了提出孵化管理工作的指标，可以用孵化率表示。

$$孵化率＝孵出鱼苗数/受精卵数×100\%$$

在生产上真正的孵化率难以估计，生产上都用出苗率（鱼苗下塘率）来统计，这具有很大的实际意义。

$$出苗率＝下塘鱼苗数/总卵数×100\%$$

2. 鱼苗计数下塘　待鱼苗鳔充气（见腰点），卵黄囊基本消失，肠道通，能开口主动摄食和游动自如时（一般在孵出后4～5d），即可运输或下塘饲养。鱼苗下塘时应注意池塘水温与孵化水温不要相差太大，一般不宜超过±2℃。这时鱼苗幼嫩，操作要细致。鱼苗出池时要过数，常用的计数方法有：

（1）干量法。将鱼苗集于网箱的一角，快速提出水面，用小酒杯或其他容器快速量出鱼苗总数。即总杯数×每杯鱼苗数。

（2）分格法。将鱼苗均匀分成若干等份，分别放在分隔好的网箱内，然后取其具有代表性的一格，又分成若干等份，这样连续分几次，直到一份中的鱼苗数量较少，便于计数为止。根据分格的次数和最后一次一格中的鱼苗数推算出鱼苗总数。

（3）带水法。根据经验，用小盆（碗）带水打苗，来估算鱼苗数量，此法较粗，但方便易行。

任务探究

1. 影响孵化率的因素　人工孵化是根据受精卵胚胎发育的生理特点和对生态环境条件的要求，人为创造适宜的孵化条件，促使胚胎正常发育，孵化出鱼苗的过程。影响孵化率的因素包括两个方面：受精的内在质量与外部的环境条件。

高质量的受精卵需要有高质量的精子和卵子。高质量的精子，要求雄亲本性腺发育良好，挤出的精液量大，呈乳白色，精子浓度大，活力强。高质量的卵子要求成熟好，色泽鲜明，大小一致，吸水膨胀快，饱满而富弹性。同时要求雌雄亲鱼发情正常，追逐有力，产卵、排精集中。卵的大小不一，吸水膨胀慢，膨胀度小，卵子过熟和精子质量差等均会造成胚胎发育异常，中途死亡，即使孵化出鱼苗，大多为畸形苗，不久也会陆续夭折。这就要求培育出性腺发育良好的亲鱼和掌握正确的催产技术。

影响孵化率的外部环境因素主要有水温、溶解氧、水质和敌害生物等。

胚胎发育要求一定的温度范围，过高和过低的水温对鱼类的胚胎发育是不利的。"家鱼"胚胎发育的水温范围在 17～30℃，适温范围为 22～28℃。低于 17℃ 或高于 30℃ 时会引起胚胎发育停滞或异常，即使有少量孵出者，大都为畸形苗，极难存活。温度高低与胚胎发育速度有关。在正常温度范围内，温度高，孵出鱼苗的时间短，反之，则长。如鲢受精卵在 18℃ 时，孵化时间在 61h 左右，在 28℃ 时，则只需历时 18h。水温的剧烈变化也是对胚胎发育不利的。

自然条件下，"家鱼"卵是在流水条件下发育孵化的，对溶解氧的需求量高。例如鲢的胚胎发育中的耗氧量较在静水中孵化的鲤卵要高 3～4 倍。"家鱼"卵孵化中忍受的溶解氧低限为 1.6mg/L。当溶氧量过低，则会使胚胎发育迟缓、畸形、停滞甚至死亡。一般生产上孵化用水的溶氧量应在 5mg/L 以上。

孵化过程所有水的水质须清新，中性或微碱性（pH7～8），中等硬度，未受工业废水和生活污水的污染，有机耗氧少，氨氮、亚硝酸盐不超标。含铁质过多的地下水也不宜做孵化用水。

危害"家鱼"卵的敌害生物有鱼、虾等较大型的动物及桡足类。为避免其危害，可用筛绢过滤或药物杀灭。危害较严重和较难清除的敌害生物是剑水蚤，剑水蚤的成体和幼体均会咬吃鱼卵。剑水蚤繁殖快，需重点加强防治。

2. 受精卵孵化时应注意事项

（1）溶解氧和充气。鱼卵在孵化过程中，应密切注意氧气供给。因为孵化容器中卵的密度很大，一定要保持一定氧气供给。充氧量大一点，但也不能过大，过大会破坏卵膜，影响孵化率。

（2）水流调节。漂流性卵在环道中孵化时，在一定水流条件下，卵漂浮在水面孵化。但水流过快时，导致卵、初孵仔鱼易黏附于内环的纱窗上，尤其是仔鱼逆水游泳时会耗费过多能量。

（3）及时清理卵膜和代谢产生的污物，保持水质清新。

知识拓展

1. 鱼类人工繁殖的生物学指标

（1）怀卵量。水产动物产卵前卵巢中所怀成熟卵子的数量。又分为绝对怀卵量和相对怀卵量。

（2）繁殖力。在一个繁殖季节中，水产动物一雌体或一种群雌体产卵的数量。可分为个体繁殖力、种群繁殖力。

（3）受精率。胚胎发育至高囊胚期时（有的以胚胎尾芽期时计算），其发育正常成活的受精卵数占总卵数的百分比。

（4）孵化率。水产动物胚胎发育阶段中，从卵内破膜而出的个体数量与受精卵数量之比值。

（5）出苗率。在生产上真正的孵化率统计比较困难，所以生产上也有采用出苗率来统计，其计算方法为出苗数占孵化卵的百分数。

2. 提早产卵的意义和措施 我国东北和西北地区，地处高寒地带，气候寒冷，冰封期很长，均在 100～150d。这些地区亲鱼春季培育要到 4 月下旬至 5 月上旬才能开始，人工繁殖时间要到 6 月底或 7 月中旬才能进行。这使鱼苗、鱼种生长期缩短到仅有 2～3 个月，要在如此短的时间内培育 10cm 以上的鱼种就相当困难，更无法培育较大规格的鱼种，从而影响到东北和西北地区淡水渔业的发展。解决这些地区鱼苗、鱼种生长期短，规格过小的办法，就是提前 1.5～2.0 个月获得鱼苗。这就为这些地区培育大规格鱼种和提高越冬成活率提供了可靠的保证。目前，促使鱼类提早产卵的主要技术要点是：

（1）用于生产上的增温方式主要是锅炉供热和地热、余热的利用。利用地热和余热成本较低。除用温室保温外，也可用塑料大棚保温。大棚造价低，但通风性差，棚内外温差易造成霜和露，对池水状况与光照产生不良影响，使用时要注意调控。

（2）增温下的产前强化培育期比常温下长 15～20d。所以，从开始增温到亲鱼产卵，全期需 2.0～2.5 个月，时间长，管理更应精心。

（3）增温的速度可控制在每天升高 1.0～1.5℃。当达到要求的温度后（草鱼、鲢、鳙为 23～25℃），维持稳定。只要增温不间断，水温不起伏，就能如期催产。

（4）水温达到 6～10℃后，开始投饲。以天然饲料与精饲料并举的原则供饲。草食性鱼类，前期的青料用量应不少于总投饲量的 1/2；后期以精料为主，所用精料是谷、麦芽和饼粕。日投饲率与常温培育相同，并以傍晚吃完为原则进行调节。

（5）放养密度为每平方米 0.5kg 为宜，多养雌鱼，雌雄比例为 1：（0.6～0.4）。

（6）为尽量缩小个体间发育的差异程度，在培育期间，可酌情注射微量 LRH－A 1～2 次，以促进同步发育。

（7）为确保提早繁殖顺利进行，必须狠抓产后至初冬的亲鱼培育。

（8）在南方"家鱼"人工繁殖季节，实行"南苗北运"，如长江流域地区从闽、粤（4 月底 5 月初）、"三北"地区从长江流域（5 月中下旬）调运鱼苗来养殖，其作用和当年早繁一样，并且费用远比当地用温室培育亲鱼节省。

练习与思考

1. 影响孵化的环境条件有哪些？
2. 试述常用催产药物的性能。
3. 简述孵化设备的要求与常用种类。
4. 简述亲鱼发情时的症状。
5. 简述草鱼、青鱼、鲢、鳙、鲮雌雄特征比较。
6. 生产上如何确定最适催产季节？
7. 简述催产的基本原理。
8. 简述孵化器的种类。
9. 简述受精卵孵化时的注意事项。
10. 简述影响孵化率的因素。
11. 比较自然产卵和人工授精方法各自的特点。

项目五 鲤、鲫、团头鲂人工繁殖

鲤、鲫、团头鲂是我国重要的养殖鱼类，具有养殖成本低、饲料易得、抗逆性强、生长速度快等优点，受到养殖单位的普遍欢迎。尤其是鲤和鲫，对水体环境适应性极强，在全国各大江河、湖泊中都有，是我国分布最广的经济鱼类，鲤也是世界许多国家的主要淡水养殖对象。多年来，国内不少科研单位利用新技术，着手进行鲤、鲫的选种和培育工作。通过驯化、杂交等方法，已培育出不少优良品种，在各地渔业生产中获得了显著的成效。鲤、鲫、团头鲂均产黏性卵，在繁殖生理以及对环境的生态要求上很相似，因此，这些鱼的人工繁殖技术方法相近，在生产中可以相互借鉴参考。鲤、鲫、团头鲂与"家鱼"相比，繁殖条件相对容易满足，其设备简单，可操作性强，一般单位或养殖专业户均可进行人工繁殖。

知识目标

掌握鲤、鲫和团头鲂的人工繁殖技能，能够根据其人工繁殖特点，制定相应措施提高人工繁殖的出苗率。

技能目标

能够学会鲤、鲫和团头鲂的亲鱼选择、雌雄鉴别、亲鱼培育、催情产卵、人工授精、鱼巢的制作与放置、鱼苗孵化管理及出苗计数等技能操作，并具备解决实际问题的能力。

思政目标

优良品种的获得是人民智慧和劳动的结晶，坚持绿色可持续发展意识，优选培育生长速度快、抗病能力强的养殖品种，树立正确使用渔药关。

任务一 鲤的人工繁殖

任务描述

鲤的人工繁殖包括亲鱼的来源与选择、亲鱼的培育、催情产卵、受精卵的人工孵化和出苗 4 个生产环节。

任务实施

（一）亲鱼来源、选择

1. 亲鱼的来源 用于人工繁殖的鲤亲本主要有两种来源：一种来自江河、湖泊、水库等天然水体中捕捞获得，采用这种方法获得的亲鱼，具有经济、方便、节约池塘等优点，同时其抗逆性较强，生长快，经济性状良好。但是因其经过捕捞和运输，容易受伤，易感染鱼病，如果管理不好，往往当年不能顺产，必须经过一段时间的池塘培育，才能确保其顺产；另一种来自池塘中专门培育，即将鱼苗或鱼种经培育使之达到性成熟，再从性成熟的成鱼中选择个体好的鱼作为亲鱼，这种方法获得的亲鱼，适应当地的环境条件，体质健壮，成熟率及催产率也较高，一般能顺利产卵。

2. 亲鱼的选择　用做繁殖的鲤亲鱼，都必须是纯种、亚种或遗传性十分稳定的品种。杂交种一般不能选做亲鱼，同时还应十分注意避免近亲繁殖，大力提倡异地交换或繁殖。除此之外，选择亲鱼时还要求符合下列标准：

（1）外形。选择亲鱼的体形以体高、背厚、头部较小为好。要求鳞片、鳍条完整，无病无伤，体色鲜艳。

（2）年龄和体重。鲤的性成熟年龄，雌性在南方为 3 龄，北方为 4 龄，雄鱼提早 1 年成熟。鲤的怀卵量随鱼的体重增加而增加，在正常情况下，每千克亲鱼的怀卵量平均为 18 万粒左右。鱼体越大，怀卵量越大，卵质量好，受精率高，受精卵的孵化率也高，但超过 10 龄以上和初次产卵的亲鱼，对产卵的生态条件要求相对比较严格，成熟率不稳定，即使能正常成熟，卵的质量相对较差，鱼苗鱼种生长较慢。而 4～8 龄的亲鱼在适宜条件下，可正常达到成熟并产卵，而且，其怀卵量大，成熟率稳定，鱼卵质量好。因此，南方地区可选择雌 4～6 龄、雄 3～5 龄、体重均在 1.5kg 以上的鲤作为亲鱼；而高寒地区则应选择雌 5～8 龄、雄 4～7 龄、体重在 2.0kg 以上的鲤做亲鱼。注意不要选择 3 龄以下或 10 龄以上的鲤做亲鱼，体重不足 1kg 的鲤也不能作为亲鱼使用。

（3）血缘关系。选择的亲鱼要严禁近亲繁殖，最好选用不同品系的鱼进行繁殖。有条件的应选择品质优良的长江、黑龙江等天然水体的鲤作为亲鱼，至少也应进行异地亲鱼交换，严防近亲繁殖。近交繁殖的后代个体小，生长慢，抗病力弱。

（4）雌雄鉴别及搭配比例。雌雄鱼要各占一定比例，一般可为 1：1。

（二）亲鱼培育

亲鱼是鱼类人工繁殖的物质基础，而亲鱼培育则是人工繁殖的关键。只强调对亲鱼的催产和孵化技术，忽视亲鱼培育，或只强调春季强化培育而忽视亲鱼产后培育，即所谓"产前攻，产后松"的做法是搞不好鱼类人工繁殖的。

1. 亲鱼池的选择与清整　鲤亲鱼的培育通常在土池中进行，亲鱼池的面积一般以 0.07～0.20hm²，水深 1.5m 左右为宜。池塘最好选在水源充足和排灌水方便的地方。亲鱼放养前应对池塘进行清理，同时对池塘的池埂进行加固。

2. 亲鱼放养　亲鱼的放养密度一般为每公顷 750～1 500 尾，2 250～3 000kg。也可混养少量鲢、鳙，以控制浮游生物的过量繁殖。亲鱼放养方法有雌雄分养和混养两种。

（1）雌雄分养。鲤在池养条件下，春季水温达 18℃时即能自行产卵，但零星产卵不利于生产。因此，应当将雌、雄亲鱼分塘饲养，到天气晴暖、水温适宜时，再合池让其交配产卵。如果池塘不足时，也可以先将雌、雄鱼混养在一起，到产卵前 1 个月左右再分养，或用两层竹箔（或网箔）从池中间隔开，然后再将雌、雄亲鱼分别放在同一池塘的两边。竹箔要高出水面 1m，以防鲤跃过，两层竹箔之间的距离为 1m 左右，过于靠近或用单层竹箔，有时也能引起在箔两侧雌、雄鱼的性行为；竹箔在池底和池边一定要插牢，不留空隙，否则亲鱼容易钻过。到水温适宜时，拔出竹箔，使雌、雄亲鱼合池后交配产卵。这样可以避免分塘

饲养情况下合池产卵时排水捕鱼的麻烦。

（2）雌雄混养。方法是将雌、雄亲鱼放在同一池塘内，放养的密度与分养相同。当春季水温上升到 14～15℃时，并且天气持续晴暖，就可捕起亲鱼放入产卵池，进行自然交配产卵，或在水温适宜时进行人工催产。

（3）饲养管理。生产实践证明，鲤性腺的发育和产卵量的多少与饲料的数量和质量有关。饲养亲鱼的饲料，要求粗蛋白质保持在 38％左右，同时要保证饲料的多样性，动物性饲料原料要求占 20％～40％，饲养亲鱼的饲料种类很多，如鱼粉、血粉、酵母、动物内脏或螺蚌、蝇蛆、蚯蚓等。投喂的饲料要新鲜、不变质，如果投喂已经变质或腐败的饲料，会引起鱼病或影响性腺的发育。

亲鱼在性腺的发育过程中，对营养的要求雌、雄鱼是有差别的。投喂雌亲鱼的饲料，要有足够的糖类和脂肪，还要有一定数量的动物性蛋白质。生产实践证明，对雌亲鱼投喂含糖类较高的偏碱性饲料，可以显著提高亲鱼的生殖能力。雄亲鱼需要含丰富蛋白质和磷含量较高的中性或偏酸性的饲料，同时要特别注意提高维生素的含量，就可促使雄鱼性腺成熟。

亲鱼在不同的培育阶段其投饵量也不同。亲鱼产后培育可分为 3 个阶段，即前期（亲鱼产后恢复期）、中期（营养期）和后期（育肥期）。前期主要指鲤亲鱼产卵后的 7～15d，在此时间内要注重投喂含维生素较多的新鲜饲料，一般每天投喂 2 次，投喂饲料量占鱼体重的3％～5％。中期主要指在前、后期之间的绝大部分培育期内，此时是鲤亲鱼性腺发育的关键时期，除考虑水质环境外，更注重其营养需求，每天投喂 3～4 次，投饵量占鱼体重的5％～10％。后期主要指鲤亲鱼越冬前 30～40d，此时主要是注重亲鱼脂肪积累。每天投喂饲料 2～3 次，投喂量占鱼体重的 3％～8％。鲤亲鱼在产卵前 15～20d 需用优质饲料，投喂时要掌握"少量多次"的原则，每天投饵 4～5 次，投饵量可占鱼体重的 1％～3％，饲料中要搭配 40％的动物性饲料并含一定量的维生素。北方地区 5 月份的天气变化较大，气温极不稳定，昼夜温差很大，这时要抓紧天气转暖的有利时机加强饲养，促进亲鱼迅速恢复越冬后的体力，促进性腺的快速发育。

亲鱼池中可以适当施肥，主要目的是保持池塘水体中一定的浮游植物生物量，进行光合作用，增加水体中的溶解氧。施肥的方法可以参照鲢、鳙池塘施肥方法。

3. 调节水质　鲤的性腺发育不仅需要营养物质做保证，同时也需要一定的生态环境，特别是较高的溶解氧，以满足生殖细胞的发育需要。在亲鱼培育期间，必须保持高溶解氧，严防缺氧"浮头"。池塘中溶解氧最好保持在 3mg/L 以上，尤其是到秋季更要注意对水质的调节。在鲤亲鱼的整个培育期间，一般在产后培育的前期，2～3d 要注水 1 次，每次注水7～10cm；产后培育的中期，要 7～10d 注水 1 次，每次注水 10～15cm。在北方地区，在冬季结冰前要灌满池水，并要在结冰下雪后将冰上的积雪及时扫除，以利于水中的浮游植物光合作用，增加水中的溶氧量。在产前培育中，最好保持微流水。

4. 鱼病防治　对鱼病的防治是一项不可忽视的重要管理措施，一旦发生鱼病，就会直接抑制亲鱼性腺的正常发育。鲤亲鱼一般易感染赤皮病、竖鳞病、烂鳃病、线虫病、锚头鳋等疾病，要根据鱼病的发生规律，切实做好防病工作，发现鱼病及时治疗。

（三）催情产卵

亲鱼经过一段时间的培育，即可达到成熟。为了让亲鱼能集中产卵，集中对受精卵进行孵化，生产上常对成熟较好的亲鱼进行催产。

1. 亲鱼产卵池 产卵池要求排灌水方便，环境安静，距孵化池较近，面积 400～700m²，水深 0.7～1.5m，使用前 7～10d 清整消毒。注意：产卵池一定要清整彻底，不能有杂草和野杂鱼存在。也可以利用"家鱼"人工繁殖用的催产池做鲤的产卵池。

2. 鱼巢的制作与放置 鲤习惯在早上产卵，在天然水体中，所产的黏性卵需要附着在水草等物体上，我们把像水草等供鱼卵附着的物体称作鱼巢。人工做的鱼巢要求所用的材料质地柔软，分枝细、多，附着面广，卵易黏着，不伤鱼体，不易腐烂，不含有毒物质。制作鱼巢的材料很多，常见的有棕榈皮、水草和柳树须根等，其中以棕榈皮和柳树须根最好，因为这两种材料分枝多，卵的附着面积大，质地柔软，不宜发霉腐烂，可以反复使用。生产上也可采用人造纤维制作鱼巢。

制作人工鱼巢前，要对材料进行消毒处理。柳树须根、棕榈皮等采用煮沸的办法消毒，一般要求煮沸 20min 以上，清水漂洗后晒干。棕榈皮表面的光滑皮膜要搓去，并将纤维撕散，以增加着卵面积。其他材料在使用前，可用高锰酸钾等药物浸洗消毒处理，经清水洗尽后方可使用。

鱼巢的制作方法很多，各地可根据实际进行制作。制作时，先将棕榈皮等鱼巢材料的硬质部分剪去，以 3～5 片为一把，在基部用绳扎紧，并把棕榈皮拉成扇形，用前要消毒，预防滋生水霉。

鱼巢在产卵池中的布置形式很多，一般先将小把鱼巢间隔 30cm 左右缚在绳上，再将绳的两端绑在竹竿或木杆上，然后并列放在产卵池的背风、朝阳、离岸边 1m 处。两排的间距 1～2m。另一种形式是把鱼巢扎成较大的把子，每把分别用绳吊在竹竿一端，竹竿的另一端斜插在池边。鱼巢要浮在水面下 10～15cm 处，不要下得过深。鱼巢放置的密度为每尾雌鱼 5～10 个鱼巢。

3. 并池产卵 临近鲤繁殖季节，应注意观察水温和亲鱼的活动情况。当天气晴朗，水温适当，早上和傍晚发现亲鱼绕池迅速游动，并时上时下有发情动作时，即可拉网选择成熟较好的雌雄亲鱼，按 1:1 的比例配组放于产卵池中。一般 400m² 的池塘可放 20～30 组（视鱼体大小而定）。并池后当天晚上把鱼巢布置池中，尽量避免搅起底泥，否则，鱼巢附泥后卵易脱落。

鲤产卵的最盛时间是下半夜和早晨。产卵后，若鱼巢附满鱼卵，要及时捞起计数后，转入孵化池中进行孵化，并随时补放鱼巢。

鲤为多次产卵类型，在鲤繁殖季节应根据实际需要，每天更换鱼巢。如果第一天放入鱼巢，次日亲鱼未产卵或鱼巢未用完，也需更新鱼巢并洗刷晾干，傍晚时再将其放入产卵池，以防鱼巢浸在水中过久，黏附黏液或泥沙，影响卵的附着。

鲤产卵时，应保证周围环境的安静。

北方地区在鲤产卵季节，常伴有寒潮侵袭，气温变化较大，因此，要密切注意天气与气温的变化，如果气温持续升高，便可抓住时机，进行配组产卵。反之，不能进行配组或并池，防止寒潮的袭击使亲鱼产卵中止影响全年生产。

4. 人工催情产卵 为使亲鱼能集中产卵，鲤也可采用人工催情产卵。对鲤的催产，一般长江流域在每年的 4 月上中旬就可开始进行，北方因气温回升相对较慢，一般要推迟到 5 月中下旬。催情方法和"家鱼"相似。鲤亲鱼成熟度鉴别较困难，同时鲤对催产剂也没有草

鱼、鲢敏感，因此，对鲤亲鱼催情，其注射催产剂的剂量一般要高一些，这样方能得到较好的催产效果。催产剂的种类和剂量为：HCG：1 500～2 000IU/kg；LRH-A：50～100μg/kg；高效鱼类催产合剂Ⅱ号和Ⅲ号的剂量分别为：每千克体重 1mg DOM＋20μg LRH-A，或 1mg DOM＋10μg S-GnRH，或 PG4～6mg。

以上均为雌鱼的注射剂量，雄鱼的剂量为雌鱼的 1/2，其他注意事项同草鱼、鲢催产方法。

5. 人工授精　人工催产后的亲鱼，如果亲鱼成熟较好，即可进行产卵。当达到效应时间后，生产上，常把即将产卵的亲鱼捞起进行人工挤卵，同时对成熟的雄亲鱼进行采精，使精卵充分结合后，将受精卵移到鱼巢上或经脱黏后放入孵化容器中进行孵化。

（四）孵化

鲤受精卵的孵化方法主要有池塘孵化、淋水孵化和脱黏流水孵化 3 种。

1. 池塘孵化　目前生产上多用鱼苗培育池孵化，可充分利用水面，减少鱼苗转塘的麻烦，但是，鱼卵受精率、孵化率不稳定，塘内鱼苗数量不易掌握。因此，在孵化过程中，应该认真检查受精卵的受精率，正确估计其孵化率，从而调整池内鱼巢数量，力求孵化出的鱼苗密度适宜。孵化时，要特别注意将不是同一批产的卵放在不同的池塘内进行孵化，以防鱼苗孵出后，在培育期内生长不同步。

（1）孵化池。目前，孵化鲤鱼苗的池塘有两种：一种是土池，面积 500～1 000m²，水深 0.5～1.0m，也有直接用鱼苗池代替的，但要求注排水方便，水质清洁，酸碱度适中，底质坚硬，专用孵化池的池壁最好铺设水泥板护坡，以利出苗。另一种为专修的水泥池，或者用"四大家鱼"的催产池和孵化池，面积在 20～100m²，水深可保持在 50～80cm，使用前彻底消毒。

（2）孵化密度。普通土池，一般放养鱼卵的密度为 0.5 万～1.0 万粒/m²，水泥池其密度可为 5 万～10 万粒/m²。

（3）孵化管理。在鱼巢移入孵化池前先要进行消毒，防治水霉病。一般在水温 18～20℃时，可用 3%～5%的食盐水浸泡 10min，然后将以消毒过的鱼巢移入孵化池。操作时动作要轻、快，避免阳光直射。鱼巢入水后，不能露出水面，但也不宜过深。一般在水面以下 20～30cm，最好能上下移动，以便在天气变化时适当调节鱼巢深度。

孵化时间视水温而定，水温在 18～20℃时需 4～6d 出膜；水温在 25～28℃时，则 3～4d 可以出膜。鲤出膜后，游泳能力差，常附在鱼巢上。2～3d 后，卵黄囊消失，需及时喂食，直到鱼能自由游泳时，再轻轻抖动，取出鱼巢，转入培育阶段。若是用鱼苗池孵化，则需提前肥水。

在孵化过程中要始终保持孵化池中的水质清新，溶解氧充足。一般情况下，孵化池只要保持一定的水位即可。但在较小的孵化池中，尤其在水泥孵化池中，常因孵化密度较大，在水温较高时，由于死卵和鱼巢的腐败而消耗氧气，使池塘缺氧。因此，在孵化过程中要经常测定溶解氧，发现溶氧量较低或水中多泡沫时，就要及时加注新水或部分换水，特别是在傍晚时更应及时加注新水，以防夜间缺氧引起鱼卵死亡。

当遇到水温骤降或上升过高时，要及时把鱼巢沉入水下深处，并补注新水提高水位，避免低温或高温的危害。还要注意防止暴风雨的侵袭，可用塑料布、席子等将孵化池遮盖。

要防止孵化池中浮游生物的大量繁殖生长。孵化用水尽量不用池塘的肥水，当浮游植物大量繁殖时，白天由于光合作用，会引起孵化池溶解氧达饱和甚至过饱和状态，鱼卵极易得气泡病，从而抑制胚胎发育。如果浮游动物大量繁生，则会造成孵化池缺氧。因此，当孵化池中浮游生物大量繁殖时，要注新水进行调节。

为了防止孵化过程中霉菌的繁殖，在整个孵化期间，每天要用3％的食盐水在孵化鱼巢的周围泼洒1次，或在孵化池中用漂白粉进行挂袋，使药物在水中保持一定的浓度，抑制水霉的生长。

另外，随时捞除蛙卵，以免其数量太多，危害鱼卵或鱼苗。

2. 淋水孵化　池塘孵化，受天气等自然条件影响大，孵化率较低。淋水孵化是把附有鱼卵的鱼巢放置室内，人工间断喷水，保持鱼巢潮湿，使受精卵孵化。淋水孵化的方法很多，有在室内搭架，将鱼巢均匀地悬挂在架上，或在架上搭竹帘将鱼巢平铺在竹帘上，也有用提篮，将鱼巢放在大竹篮内，悬挂室内。这些方法中，以搭架悬挂式效果较好。

淋水孵化要求保持室内温度稳定在20～25℃，淋水的水温也要和室温一致。要及时淋水，始终保持鱼巢湿润，淋水次数根据气温等具体情况而定，一般每隔0.5～1.0h淋水1次。淋水约3d后，待眼点出现，即可将鱼巢转入池塘继续孵化。

进行池塘孵化和淋水孵化时，为防止水霉滋生，在孵化前可采用药物直接处理附有鱼卵的鱼巢。常用的方法有：0.3％～0.5％的福尔马林浸泡20min；100g/m³浓度的高锰酸钾浸泡30min等。

3. 脱黏流水孵化　将人工授精获得的鲤受精卵脱黏后，放入"家鱼"的孵化工具内流水孵化，效果很好，孵化率可高达80％以上。脱黏操作方法有以下4种。

（1）泥浆脱黏法。先用黄泥土混合成泥浆水，一般5kg水加0.5～1.0kg黄泥，经孔径0.44mm（40目）网布过滤，去掉沙石杂物后，对成15％～20％的稀泥浆水，然后将受精卵慢慢倒入泥浆水中，一边倒一边搅动，使鱼卵均匀分布在泥浆水中，经3～5min搅拌，移入网箱中洗掉泥浆，将受精卵放入孵化器中孵化。

（2）滑石粉脱黏法。将100g滑石粉即硅酸镁加20～25g的食盐放入10L水中，搅拌成混合悬浮液，可放入受精卵1.0～1.5kg，一面向悬浮液中慢慢倒入卵，一面用羽毛缓慢地搅拌，经半小时的搅拌后，将鱼卵用清水漂洗后，即可放入孵化器中进行孵化。

（3）清水机械脱黏法。操作步骤是：500g的受精卵先加入100～150mL水，用人工或机械带动羽毛，搅拌1min后，再加入500mL水，再迅速地搅拌2～3min，然后加入1 000～1 500mL水，继续搅拌25～30min，即可将黏性脱去。用此法脱黏，可以避免脱黏剂颗粒对卵膜的损伤，从而可减少水霉病的感染，而且卵粒透明，便于观察胚胎发育。

（4）食盐脱黏法。将受精卵放入相当卵体积3～5倍的0.6％食盐水中，经过0.5～1.0h的搅拌后即可脱黏。

国内外也有采用尿素液脱黏的。这种脱黏方法效果较好，卵膜透明，便于观察胚胎发育情况，缺点是脱黏时间长，生产效率低。脱黏液分两种，即1号脱黏液（3g/L尿素和4g/L食盐）和2号脱黏液（8.5g/L尿素）。具体方法是：卵受精3～5min后，先加1号脱黏液（鱼卵的1.5倍），不时搅拌1.5～2.0h，倒去该脱黏液再加2号脱黏液（为鱼卵量的10倍），每隔15min搅拌1次，2～3h后，鱼卵黏液便完全脱掉。

鲤鱼卵的孵化管理方法和"家鱼"相同。但因鲤卵膜膨胀较小，密度较大，且表面附有泥沙，冲卵时水流比"家鱼"略大，以能将卵冲起并均匀分布为度。当鱼苗开始出膜时，则要特别注意减小水流，最好转入网箱继续孵化。

此外，还可用网箱进行静水孵化，其孵化率也很高，每平方米网箱放卵10万～15万

粒。放卵时，将卵粒均匀撒播于网底，不要用力猛拉网箱或搅动箱内水层，以免卵粒堆积缺氧。管理时，每天只需洗箱1次。操作方法是：先将网箱提出水面，将卵粒集中撒到脸盆内，再洗净箱布，然后将卵粒再均匀撒于箱内继续孵化。到出膜前夕（两眼色素出现），停止上法洗箱。当鱼苗能游动时，只需拨动箱布外水进行洗箱，直到鱼鳔出现，体色由黑色转淡黄色即可下塘饲养。近年来，有些渔场还采用塑料袋充氧孵化鲤卵，效果也很好。

（五）出苗

刚孵出的仔鱼身体透明，不能游泳，靠卵黄囊营养继续发育，当鱼苗孵出2～3d，能平游，可摄取少量外界食物时，应及时分池出苗。

相关案例

> **案例1：怎样进行产卵池和孵化池的选择和清整。**
> （1）产卵池。面积150～700m²，水深1m左右，注排水方便，环境安静，阳光充足。
> （2）孵化池。面积350m²左右，水深1m，沙底、清水。
> 产卵池和孵化池在使用前必须彻底清整，消灭敌害和鱼类，保障鱼苗不被吞食和损害。
> **案例2：怎样布置和管理鱼巢。**
> 扎制鱼巢的材料，生产上多采用水草（聚草、金鱼藻等）、杨柳根须、棕榈皮等。杨柳根须和棕榈皮须用水煮过晒干，以除去单丁酸等有毒物质。
> 鱼巢材料经消毒处理后，扎制成束。常见的布置方法有悬吊式和平列式两种。
> 鱼巢可按每尾雌鱼投放4～5束，傍晚投放。产卵1h后应及时取出孵化，并更换新的鱼巢入池。
> **案例3：怎样进行鲤亲鱼的配组产卵。**
> 鲤亲鱼并池配组必须选择连续几个晴天的日子。雌雄亲鱼搭配，一般采取1∶3，也有1∶2或1∶1的。雌雄亲鱼配组放入产卵池后，最好加入新水3～7cm，并放入鱼巢。一般午夜开始到翌日6∶00～8∶00产卵最盛，到中午停止，采用"晒背"和冲水相结合的方法；将池水排出一部分，留下水深约17cm，使鲤的背部露出水面，日晒半天，待傍晚时，再注入新水，达到原来水位，这样连续1～2d，就可促使亲鲤产卵。

知识拓展

鲤的雌雄鉴别

鲤亲鱼的雌雄鉴别的主要内容见表5-1。

表5-1　鲤的雌雄鉴别

季节	性别	特　点
生殖季节	雄鱼	体狭长，头较大，腹部狭小而硬，成熟后能挤出精液，胸、腹鳍和鳃盖有"追星"，手摸有粗糙感，生殖孔略凹下
	雌鱼	背高体宽，头较小，腹部大而柔软，胸鳍没有或很少有"追星"，肛门和生殖孔略红肿、凸出

（续）

季节	性别	特 点
非生殖季节	雄鱼	体狭长，头较大，无"追星"，肛门略向内陷，肛门前区无平行褶皱
	雌鱼	背高体宽，头较小，腹部大而柔软，无"追星"，肛门略为凸出，生殖孔周围有辐射褶，肛门前区有平行纵褶

任务二 鲫的人工繁殖

在我国自然分布的鲫属鱼类，已知的有 2 个种和 1 个亚种，即鲫、黑鲫和银鲫。由于受不同地区地理气候等诸因素的影响，经过长期的自然演化，在我国已经形成了多种具有不同生物学特征的地域性名优鲫。自 20 世纪 70 年代以来，随着我国鱼类遗传育种的不断发展，经过广大水产科学工作者的努力，在天然野生鲫的基础上，又驯化选育出了多种具有生长优势的名优鲫品种。目前，生产上普遍养殖的鲫主要有：方正银鲫、异育银鲫、澎泽鲫、白鲫、松浦银鲫、湘鲫、丰产鲫等。不同的鲫品种，其繁殖方法也不尽相同。本书以异育银鲫为例为大家介绍其繁殖方法。

异育银鲫是中国科学院水生生物研究所的鱼类育种专家于 1976—1981 年研制成功的一种鲫养殖新对象，它是利用天然雌核发育的方正银鲫为母本，以兴国红鲤为父本，经人工授精繁育的子代。该鱼具有良好的杂种优势，增产效果明显，且肉质细嫩，营养丰富，离水存活时间长，可在低温、无水条件下中短途运输活鱼。

🐟 任务描述

异育银鲫的人工繁殖包括亲鱼选择、亲鱼培育、人工催产、授精、孵化等生产环节。

🐟 任务实施

（一）亲鱼选择

1. 亲本性状的选择 母本选择方正银鲫或其杂交子代（异育银鲫），入选标准为：侧线鳞 30～32 个，外观体形：头小、体高、背厚，体格健壮，无伤、病、残，年龄 2～3 龄，体重 250g 以上，腹部略膨大。选择时要注意剔除雄性鲫，也不要把其他鲫误认为银鲫选用。

父本选择兴国红鲤、建鲤，入选标准：体长、高、背厚，外观强壮，无伤、病、残，年龄 2～3 龄，体重 500～1 000g，鳞片排列整齐，体色橘红。稍挤压腹部有黄白色精液流出。选择时严禁混入雌性鲤。

2. 亲本选择时间 选择亲鱼时间以冬季出池时的选择为最佳时期，一般在每年 10～12 月份。

3. 计划繁苗与亲本选留量 以计划繁殖 100 万尾异育银鲫小乌为例，初产母本需150～200kg，经产母本需 100～150kg，父本减半。

（二）亲鱼培育

1. 培育池 面积 1 000～2 000m²，水深 1.5～2.0m，池底平坦，淤泥少，排灌方便，

不渗漏。培育池在放养亲本前需彻底清塘，进水时严格过滤，严防各种野杂鱼混入，并除净塘边杂草，防止亲鱼自行产卵。

2. 亲鱼的放养 母本放养密度为 2 000～3 000kg/hm²，父本放养密度为 2 500～3 500 kg/hm²。母本与父本分池培育，但可适量放养少量鲢、鳙。做到专门投喂和管理。亲鱼培育期间，要加强科学管理，依据异育银鲫的生物学特性，营造最佳生长发育的环境。

3. 饲养管理

（1）冬季培育。当亲鱼选择好入池后，因冬季水温较低，鱼摄食量较少，由于近年天气变化异常，冬季出现暖冬，因此，可在晴暖天气进行适量投喂，同时适时追投一定量的有机肥，促使池水保持一定的肥度，以利于亲鱼健康越冬和保持体质健壮。如若遇上特别低温，水面封冻时，尤其连续多天水面封冻，应注意破冰增加水体的溶解氧。

（2）春季培育。亲鱼越冬后，随着气温、水温的升高，其摄食强度也逐渐增强。因此，投喂量也应随温度升高而逐步增加，日投喂量一般为亲鱼体重 3%～5%，每天投喂 2～3 次，每次投喂 30～40min，但必须投喂无公害维生素营养平衡熟化饲料。饲料中主要含有维生素 A、维生素 E 和维生素 C 等。3 月份以后对池塘的水质必须调控，加注清水，经常进行冲水刺激，使池塘内水形成微流，以促进亲鱼性腺发育正常。

（3）夏季培育。夏季培育则是产后护理与培育，产后亲鱼一般都比较体弱，有的还出现皮肤被擦伤、鳍条被撕裂等现象，因此，应对产后亲鱼进行精心护理与饲养。

产后的亲鱼下池前应注意应使池内的水质清新、溶氧量充足，让其有优越环境，并得到充分休息，逐步恢复体质。在此同时，要以注入新水来刺激亲鱼尽早开食，增强免疫功能。为防止伤口感染，须对受伤的亲鱼进行药物治疗，轻伤者可用无公害的药物——水霉净浓度为 25mg/L 在入池前进行药浴，或用 5%～7% 浓度食盐溶液药浴效果都比较好。这样可帮助亲鱼入池后很快就能恢复健康，再尽快投喂质量好的精饲料，并增添促性腺发育物质和微量元素。

（4）秋季培育。这是保证翌年人工繁殖成功的关键，必须予以足够重视。应配制和投喂适合亲鱼生长和性腺发育的饲料。最好采用驯化技术，使亲鱼形成集中摄食的条件反射。每天投喂 2 次，每次投喂 20～30min，日投喂量一般为亲鱼体重的 3%～3.5%，水的透明度要适中，可保持为 30～35cm。同时，要注意水质过瘦，或过肥对亲鱼的生长和性腺发育都会产生不利影响。

整个亲鱼培育期间，除保持良好的水质和科学合理的投喂外，时刻注意防病。防病一般不定期，可采用全池泼洒浓度为 1mg/L 的漂白粉，但也可用生石灰化浆全池泼洒（浓度为 20mg/L），并可投喂无公害药物所制的药饵等。

（三）人工催产、授精

1. 催产期的掌握 异育银鲫的繁殖期因各地气候不同而异，长江流域一般在 4 月上、中旬，其他地区当早晨水温达 18℃并且天气预报连续 3d 没有寒流，温度不会剧降，便可进行催产。催产季节要勤于观察鱼情，防止大批流产。

2. 催产前的准备

（1）鱼巢的制作布置（人工授精，受精卵脱黏后流水孵化可省去此步骤）。鱼巢以柳树须根和棕榈树皮为好，鱼巢使用前以 3% 的石灰水浸泡 15min 或蒸煮 30min，然后从基部扎成束捆缚在竹竿上备用，竹竿长度以 1.5m 为佳，每束鱼巢间隔 20～30cm 为好。自然产卵受精在亲本催产后即将鱼巢布置在产卵池近岸处水面下 10～15cm 处，并相对集中一些。鱼巢的投放量一般以每尾雌鱼 1 束为宜。

（2）产卵池的准备（人工授精可省去此步骤）。产卵池在亲鱼产卵前第 8 至第 10 天用生石灰清塘消毒，用量 900～1 200kg/hm²，杀灭敌害和野杂鱼。同时清除池内草、砖、石等杂物，以免鲫在上面产卵。清塘后 2～3d 注入清洁的新水，注水时用密网过滤，水深 1.0～1.2m 为宜。

3. 催产亲本的选择　选出性成熟好的亲本是提高催产率、产卵量和获得优质鱼苗的关键。

雌性成熟亲鱼：外观腹部膨大，柔软，有弹性，翻转鱼体可见腹部凹陷，生殖孔红润，稍压可见到灰黄色卵粒。

雄性成熟亲鱼：轻压腹部有乳白色精液流出，遇水即散。

4. 催产剂及其使用　常用的催产剂有促黄体素释放激素类似物（LRH - A），绒毛膜促性腺激素（HCG）和鱼类脑垂体（PG）。雌性银鲫的催产剂量：脑垂体用量为每千克鱼重注射 5～6mg，雄性鲤减半；或者每千克鱼注射 LRH - A 30μg 和 HCG 1 200IU，雄性鲤减半。

将催产剂按每千克鱼注射 2mL，用 0.7% 生理盐水配成注射液，注射部位在亲鱼胸鳍基部，注射针头与鱼体轴成 45° 角刺入，将催产剂一次注入鱼体。自然产卵受精，注射时间 13：00～15：00，产卵时间在次日凌晨至清晨，此时环境安静，有利于产卵。人工授精注射时间 17：00～18：00，效应时间在次日 6：00～8：00，有利于人工操作。水温 18～20℃ 时，效应时间为 15～18h。

5. 授精　授精时，应擦干鱼体，准备的容器内也不要有水，操作动作要快，一边挤卵，一边挤精（每万粒卵可用 1 滴精液）并用羽毛轻轻搅拌。1～2min 后徐徐加一定量的生理盐水，再轻轻搅拌 1～3min 即可。

（四）孵化

1. 人工脱黏与环道孵化　人工授精获得的受精卵经脱黏和人工孵化方法与鲤的脱黏相似。可用泥浆脱黏或滑石粉脱黏法两种，脱黏后可放入孵化桶、缸或孵化环道中进行流水孵化。反冲式孵化桶、缸孵化，一般每 100L 水放卵 15 万～18 万粒。孵化环道孵化，一般每立方米水体放卵 80 万～100 万粒。

在没有流水孵化设施时，也可用干法授精获得的受精卵直接黏附在人工鱼巢上，置孵化池塘中孵化，也可以先将黏卵鱼巢置于室内孵化架上进行淋水孵化，待胚胎发育到能看见"眼点"时再将鱼巢移入孵化池塘孵化，但此种方法在长江中下游地区一般不采用该方法，出苗率较低，有时也会影响生产计划。

2. 孵化期间必须注意的问题

（1）水质管理。孵化用水必须符合无公害鱼苗水质要求，水质清新，pH 在 7～8，溶氧量在 5mg/L 以上，不受工业废水或生活污水污染。当水质污染后 pH 低于 6.5 时，孵化酶活性提高会产生早脱膜，而提前破膜往往会导致胚胎的大量死亡。

（2）水温控制。胚胎发育是否正常以及孵化时间的长短等都与水温密切相关。异育银鲫胚胎发育的适宜水温为 18～26℃，水温过低时会引起不良的后果。

（3）流速和流量。利用孵化桶、缸或孵化环道孵化时，要保持适宜的流速与流量，不可

过大或过小。适宜的流速应以卵粒被泛起，在水中呈漂流状态为度。适宜的流量应使水中有充足的溶氧量为基准。

（4）致害生物控制。孵化用水要经密网筛过滤，严防致害生物进入。当孵化池或供水池中出现大量大型浮游动物时，可用杀虫灵二号，浓度可根据用量的需要确定。

（5）疾病防治。鱼巢放入孵化池塘前可用 10mg/L 水霉净溶液浸洗 5～10min，以预防水霉病发生。孵化期间若不慎发生了水霉病应及时进行药浴治疗。

（6）当卵粒放入环道孵化后经数小时后，就必须洗刷过滤纱窗，清除卵膜、死卵和未受精卵。利用孵化环道或孵化桶、缸孵化时，在鱼苗开始出膜后，要防止卵膜黏窗，堵塞孔目而造成卵、苗随水溢出。另外，还要清除死卵及未受精卵，以防它们在水中腐烂变质，影响其他鱼卵的正常发育出苗。

（7）胚胎发育。异育银鲫胚胎发育过程包括胚胎隆起、卵裂、囊胚期、原肠期、器官形成期和孵化期等几个时期，胚胎发育速度与水温相关。在水温 20～21℃条件从受精卵至孵出仔鱼需 80～100h，如若低于 20℃时，出仔鱼的时间就得延长，甚至出现异常变化造成出苗后大批量死亡。

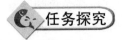 任务探究

异育银鲫养殖的优势

异育银鲫具有生长快、个体大、抗逆性强等特点，在养殖生产中显示出良好的经济性状。

1. 食性广、容易饲养　异育银鲫对食物没有偏爱，只要适口，各种食物均可利用。硅藻、轮虫、枝角类、桡足类、水生昆虫、蝇蛆、大麦、小麦、豆饼、玉米、米糠以及植物碎屑等都是它喜爱的饲料。在人工饲养条件下也喜好各种商品饲料。

2. 制种简便，子代性状稳定　异育银鲫是利用三倍体的方正银鲫（母本）与二倍体的兴国红鲤（父本）以人工杂交的方法诱使方正银鲫的卵进行雌核发育而研制的。兴国红鲤的精子只起诱导作用，其精核不与方正银鲫的卵核相融合，其子代性状不分离，这就十分利于异育银鲫苗种的传代繁殖和扩大生产。

3. 适应性强，成活率高　异育银鲫有很强的抗逆性，生活适应能力很强。它既能在湖泊、水库等大面积水体中放养，也可在河沟、池塘中养殖，单养、混养均可。异育银鲫受精卵孵化率可达 80% 以上，夏花成活率也可达 90% 以上；按常规运输法，异育银鲫夏花或成鱼的运输成活率可达 90% 以上。

4. 生长快，饲养周期短　异育银鲫生长速度较父本快 34.7%，比普通鲫快 2～3 倍。一般当年苗种可长到 200～250g，最大个体重可达 400g 以上。池塘混养，每 667m² 放养 80～100 尾异育银鲫，在不增加饲料的条件下，当年每 667m² 可增产优质成鱼 25kg 左右。

 知识拓展

常见优质鲫品种

1. 品种

（1）高背鲫。高背鲫是 20 世纪 70 年代中期在云南滇池及其水系发展起来的一个优势种

群，具有个体大、生长快、繁殖力强等特点。因背脊高耸而得名。个体最大3 000g，亲水性强，不宜在内地饲养。

（2）方正银鲫。方正银鲫原产于黑龙江省方正县双凤水库，是一个较好的银鲫品种。方正银鲫背部为黑灰色，体侧和腹部深银白色，最大个体重1.5kg，一般在0.5～1.0kg。

（3）澎泽鲫。澎泽鲫是由江西省水产科技人员选育出的一个优良鲫品种，肉味鲜美、含肉率高、营养丰富。体型丰满，易运输，易暂养，易上钩，利于活鱼上市，也是一种生产和游钓兼可发展的鱼类。

（4）淇河鲫。淇河鲫因产于河南省北部一条东西流向的山区性河流淇河而得名。淇河常年不结冰，1～2月份时，水温仍在10℃以上，淇河河床两岸水草丛生。优良的生态环境，为淇河鲫的生长、繁殖创造了良好条件。淇河鲫肉嫩味美，据古籍记载，淇河鲫和香稻米、丝蛋一起，是当地的三大贡品。

（5）湘云鲫。湘云鲫是由湖南师范大学生命科学院刘筠院士为首的课题组，应用细胞工程技术和有性杂交相结合的方法，经过十多年的潜心研究培育出来的三倍体新型鱼类。性腺不育湘云鲫为异源三倍体新型鱼类，自身不能繁育，可在任何淡水渔业水域进行养殖，不会造成其他鲫品种资源混杂，也不会出现繁殖过量导致商品鱼质量的下降。实践表明，湘云鲫生长速度比普通鲫品种快3～5倍，当年鱼苗最大生长个体可达0.75kg。

除上述几种经济价值较大的优良鲫外，还有江苏省六合县的龙池鲫，产于内蒙古海拉尔地区的海拉尔银鲫等，它们的共同特点是个体大、肉嫩、味道鲜美，均深受当地群众所喜爱。

2. 杂交鲫品种

（1）异育银鲫。它是以方正银鲫为母本，以兴国红鲤为父本，人工交配所得的子代。异育银鲫比普通鲫生长快2～3倍，生活适应能力强，疾病少，成活率高，既能大水面放养，又能池塘养殖，是非常好的人工繁育品种。

（2）杂交鲫。以方正银鲫为母本，太湖野鲤为父本"杂交"而获得的子代。试养表明，它杂交优势明显，具有适应性强、生长快、个体大、食性广、病害少、肉味鲜美等优点，受到生产单位的普遍欢迎。适合于内塘、外荡、河浜以及湖泊围养，是一种经济效益和社会效益都较好的养殖新品种。

3. 引进的鲫品种　中国引进的外来鲫品种只有原产于日本琵琶湖的白鲫，是一种大型鲫。白鲫适应性强，能在不良环境条件下生长和繁殖，对温度、水质变化、低溶氧量等均有较大的忍受力。最大个体在1 000g左右。

任务三　团头鲂的人工繁殖

团头鲂又名团头鳊、武昌鱼。团头鲂含肉量高，肉味鲜美，抗病和适应性都比草鱼强，成活率高，生长速度快于鲫，以各种草类为主要饵料，可以作为草食性鱼类不足的补充，且容易捕捞，在池养条件下，性腺能发育成熟，可就地进行人工繁殖。

任务描述

团头鲂的人工繁殖包括亲鱼来源与选择、亲鱼培育、催情产卵、孵化等生产环节。

任务实施

（一）亲鱼的来源与选择

1. 亲鱼的来源　团头鲂亲鱼可以池塘培育，也可以从天然水域中捕捞，或从外地引进。

2. 亲鱼的选择　选择比较好的亲鱼要从几个方面着手；首先是亲缘关系的选择，也就是说从育种学的角度考虑，父本母本尽可能选用来自不同地理位置的亲鱼，以减少和控制近亲繁殖引起性状退化现象的产生。其次是亲鱼年龄和体重的选择，团头鲂性成熟年龄为2～3龄，一般体重在400g以上。因此，选择亲鱼时一般以3～6龄鱼为宜，7龄以后的亲鱼生殖能力开始下降，应逐年淘汰更新。另外，选择时应注意鱼体无病无伤、无畸形，个体规格应在750g以上，双亲间的年龄和体重应相近。

（二）亲鱼的培育

团头鲂喜食苦草、轮叶黑藻、马来眼子菜、紫背浮萍等水生植物。对人工投喂的饼类等饲料，同样喜欢摄食。团头鲂亲鱼饲养方法比较简单，可以单养，也可以与鲢、鳙等鱼类混养，其习性和饲养管理措施基本与草鱼相同。团头鲂食量小，投喂要遵循少量多次的原则。一般每年每尾亲鱼除投喂青饲料外，需投喂1.0～1.5kg精饲料。产后培育阶段，精饲料可适当增加。

在亲鱼的培育过程中，特别是产前培育，需经常加注新水，以利性腺的发育，但是在产卵前半个月左右时间，要停止冲水，以免自行产卵造成损失。另外，要注意当水温上升到18℃以上时，遇大雨后，防止有流水进入池塘，以免增高池塘水位，导致亲鱼在池塘周围有杂草处自然产卵，造成损失。

（三）催情产卵

团头鲂的生殖季节稍迟于鲤，比鲢、鳙、草鱼、青鱼等早。团头鲂在湖泊、水库等水域中能自然繁殖。在池塘条件下，一般不会自然产卵。但是当亲鱼性腺已充分发育成熟时，有适当的环境条件（如水流与水草）也能自然产卵。为了避免亲鱼零星产卵，应根据亲鱼发育情况，抓住适宜的生产季节，采用人工催情的方法进行繁殖，让其集中产卵，以获得鱼苗。

在生产中，对团头鲂普遍采用药物催产的方法促成其集中产卵。催产前，要对亲鱼稍做选择。挑选的标准和方法与草鱼、鲢、鳙相似，雌雄比为1：（1～2）。

对团头鲂催产效果较好的催产剂是鲤（鲫）脑垂体、HCG以及LRH-A。雌鱼：PG剂量为6～8mg/kg；HCG的剂量为1 000～1 800IU/kg；LRH-A的剂量为30～50μg/kg。雄鱼的剂量减半。

一般采用一次注射，大多行胸腔注射，即针头从团头鲂胸鳍基部的凹陷部位插入。注射时间可在前1d傍晚，使之在翌日黎明前后产卵。水温24～25℃时，效应时间是8h左右；水温27℃时，效应时间为6h左右。

团头鲂的卵是黏性卵。亲鱼经注射后，放入产卵池，布置好鱼巢，并以微流水刺激，让其自行产卵。鱼巢的布置方法以及产卵池的管理方法与鲤相同。但团头鲂卵的黏性较差，容易散落池底。为了能充分收集鱼卵，可在池底铺设鱼巢收集鱼卵，也可采用人工授精的方法，并使受精卵脱黏（与鲤卵脱黏方法相同），进行流水孵化。

（四）孵化

团头鲂受精卵的孵化方法与鲤、鲫相似，可在鱼苗池中进行，也可以经脱黏后，在草鱼、鲢、鳙的孵化器中进行流水孵化。

1. 池塘孵化 一般利用鱼苗培育池，放卵密度为 2 000 粒/m² 左右。水温 20～25℃时，经 44h 孵出；25～27℃时，经 38h 孵出。出膜后 4d 左右鱼苗可主动摄食。鱼苗孵出后即在本塘培育。但此法孵化率低，目前生产上较少采用。

2. 流水孵化 团头鲂的卵黏性较差，可将黏附鱼卵的鱼巢在盛水的容器中用力甩动，使鱼卵从鱼巢上脱落下来，直到鱼巢上的卵基本脱净为止。然后把鱼卵放在流水孵化器中孵化。或者将人工授精的鱼卵脱黏、过数后放入孵化桶等孵化器中孵化。孵化器放卵密度与"家鱼"相似。孵化管理方法也可参照"家鱼"受精卵的人工孵化方法进行。

应当注意的是，仔鱼刚出膜 1～2d，水流不宜过大。出膜后第 5 天的仔鱼，长到 6～6.5mm 出现腰点时，可以过数下塘。出苗时，因团头鲂鱼苗身体嫩弱，操作要特别细心。

任务探究

1. 团头鲂亲鱼培育关键技术 亲鱼培育的好坏主要与饲料、水质管理直接相关。

（1）饲料。根据团头鲂亲鱼不同季节的不同营养需要，变一种饲料投喂为多种饲料投喂，选用不同原料、不同组合比例进行配方。产后和秋季以胚芽饼、青绿饲为主，搭配适量的豆饼；冬季主喂大麦芽和豆饼；春季以豆饼、胚芽饼、大麦芽、青绿饲料等品种进行组合，在饲料中添加适量的鱼用微量元素，尽可能满足团头鲂亲鱼的生理、生长所对微量元素的需要，使投产亲鱼的催产率得到了相应的提高。

（2）水质管理。经常加注新水，保持池水清新，是促使亲鱼性腺发育成熟的重要技术措施之一。本试验每年从 3 月份开始，采用"731"冲水法，即 3 月份每 7d 加注新水 1 次，4 月份上、中旬每 3d 加水 1 次，下旬每天冲水 1 次。每次注水量视季节、天气掌握，生产前 1 周停止冲水，人工繁殖前 20d，将团头鲂雌雄分开饲养，避免因冲水或其他刺激而引起早产。

2. 如何提高团头鲂的孵化效果 根据团头鲂产半黏性卵（易黏附泥沙、结块、生水霉等）特点，我们在采用"家鱼"孵化所用方法、工具的基础上，改制孵化设施、给排水方式、过滤纱窗等，严格孵化用水的处理，从而达到提高孵化效果的目的。

（1）孵化设施的改制。试验选用孵化缸和孵化环道两种流水式孵化工具。为满足团头鲂鱼卵胚胎发育对溶解氧的需求，对孵化缸、孵化环道给排水方式进行了改制。

孵化缸的改制：将缸底原来的两孔喷水改为四孔喷水，以缩短喷水距离，增强喷水力度，避免了鱼卵沉积缸底而黏结成团。

新型孵化环道给排水方式的设计，打破了传统设计原理，改内壁排水为外壁排水，将纱窗式过滤改为全筛绢面过滤，通过离心力与向心力的相互作用，调节环道内外渗压，使环道内的鱼卵或苗尽可能分布均匀，并利用了水体旋流运动的冲击力使过滤筛绢产生有规律的波浪形振动，减少了筛绢易被卵膜、死苗、絮状物等黏堵的发生，使得环道中的水质状况得到较大改善，从而确保孵化率的提高。

（2）孵化用水的处理。孵化用水一般经过二级处理，一级处理为水中的大颗粒杂质和泥沙等，二级处理是将沉淀池中的水通过砂滤，然后经水泵抽至水塔，并经完全曝气，确保孵化用水中溶氧在5mg/L以上。为减少剑水蚤等水生生物的危害，可视具体情况，在孵化器中泼洒90%晶体敌百虫，使水呈0.1g/m³。

（3）水流控制。团头鲂鱼卵易黏结成块和吸附杂质而下沉，而水流可使鱼卵漂浮，更重要的是为卵发育提供充足的溶氧，并溶解和带走鱼卵在孵化过程中排出的二氧化碳和其他废物。因此，在团头鲂鱼卵孵化早期水流速度宜快一点，但水流应控制适当，否则卵膜会经受不起急流和硬物摩擦。鱼卵出膜后，水流速度应放慢。以鱼苗不下沉为宜。

团头鲂雌雄鱼特征

团头鲂的雌雄鉴别比较简单，与草鱼的鉴别方法相似。在生殖季节团头鲂雄鱼头部、胸鳍、尾柄上和体背部均有大量的珠星出现，成熟的个体，轻压腹部有乳白色的精液流出。雄鱼胸鳍第一根鳍条略有弯曲，呈S形。这个特征终生不会消失，可用来在非生殖季节区别雌雄。雌鱼的胸鳍光滑而无珠星；第一根鳍条细而直；除在尾柄部分也出现珠星外，其余部分很少见到；腹部明显膨大（表5-2）。

表5-2　团头鲂雌雄鱼特征

部位	雄　鱼	雌　鱼
胸鳍	第一根鳍条较粗较厚，稍尖，呈S形弯曲，此特征在当年鱼种阶段就可出现	第一根鳍条较细、较薄而平直
珠星	性腺成熟时，胸鳍前数根鳍条的背面、尾柄的背缘和腹缘均有密集的珠星	性成熟时，仅在眼眶骨及体背部有少量珠星
腹部	腹部较小，性腺成熟时轻压腹部有白色的精液流出	腹部较大、柔软，泄殖孔稍突出，有时红润

练习与思考

1. 如何进行亲鱼的选择？

2. 如何进行鲢、鳙亲鱼的培育？

3. 如何进行草鱼、青鱼亲鱼的培育？

4. 如何鉴别"家鱼"亲鱼的雌雄？

5. 如何选择成熟度好的亲鱼用于催产？

6. 鲤受精卵的孵化方法有哪几种？你认为哪一种孵化方法较好？

7. 鲤、团头鲂在生殖季节如何鉴别雌雄？

项目六　鱼苗培育

任务一　放养前准备

水花的质量鉴别

任务描述

主要讲述鱼苗池选择的条件，清整池塘的作用、意义和方法。

任务实施

鱼苗驯养

（一）鱼苗池的选择

鱼苗池的选择标准：要求有利于鱼苗的生长、饲养管理和拉网操作等。具体应具备下列条件：

（1）水源充足，注排水方便，水质清新，无任何污染。因为鱼苗在培育过程中，要根据鱼苗的生长发育需要随时注水和换水，才能保证鱼苗的生长。

（2）池形整齐，面积和水深适宜。鱼苗池最好为长方形东西走向。这种鱼池水温易升高，浮游植物的光合作用较强，浮游植物繁殖旺盛，因此，对鱼苗生长有利。面积为667～2 000m²，水深1.0～1.5m。面积过大，饲养管理不方便，水质肥度较难调节控制；面积过小，水温、水质变化难以控制，相对放养密度小，生产效率低。

（3）池底平坦，淤泥适量，无杂草。淤泥中含有较多的有机质和氮、磷等营养物质，池底保持10～15cm厚的淤泥层，有利于池塘保持肥度，同时降低耗氧和有害气体的产生。淤泥过多，水质易老化，耗氧过多对鱼苗不利，拉网操作不方便。水草吸收池水的营养盐类，不利于浮游植物的繁殖。

（4）堤坝牢固，不漏水，土质好。有裂缝漏水的鱼池，易形成水流，鱼苗顶水流集群，消耗体力，影响摄食和生长。底质以壤土最好，沙土和黏土均不适宜。

（5）池塘避风向阳，光照充足。充分的光照，浮游植物的光合作用好，浮游植物繁殖快，池塘溶解氧丰富，饵料充足，有利于鱼苗生长。

（二）鱼苗池的清整

彻底清整池塘能为鱼苗创造良好的环境条件，是提高鱼苗的生长速度和成活率的重要措施之一。池塘经过一段时期的鱼类养殖，鱼类的残饵、粪便和其他动植物的尸体等沉积在池底，加上池堤受风浪冲击而倒塌，导致池塘淤泥过多，需要进行必要的清理和修整，俗称整塘和清塘。

1. 整塘　整塘就是将池水排干，清除过多淤泥；将塘底推平，并将塘泥敷贴在池堤上，使其平滑贴实；填好漏洞和裂缝，清除池底和池边杂草；将多余的塘泥清上池堤，为青饲料的种植提供肥料。一般每年进行1次，最好是在秋天出池后或冬季进行。如能在冬季排水，池底经较长时间的冰冻和日晒，可减少病虫害的发生，并使土质疏松，加速土壤中有机质的分解，能更好地起到改良底质和提高池塘肥力的效果。

2. 清塘　清塘就是在塘内施用药物杀灭影响鱼苗生存、生长的各种生物，以保障鱼苗不受敌害、病害的侵袭。清塘是利用药物杀灭池中危害鱼苗的各种凶猛鱼、野杂鱼和其他敌害生物，为鱼苗创造一个安全的环境条件。池塘经暴晒数日后，即可用药物清塘。用于清塘的药物有生石灰、漂白粉、茶粕、鱼藤酮、氨水等。

（1）生石灰。生石灰遇水后产生强碱性的氢氧化钙（消石灰）并放出大量热能，氢氧根离子在短时间内能使池水的pH提高到11以上。消石灰能快速溶解细胞蛋白质膜，杀死野杂鱼和其他敌害生物，同时起到改良水质和底质的作用。生石灰清塘方法分干池清塘和带水清塘两种。生产上一般采用干池清塘，如果池塘排水或水源有困难可带水清塘。

干池清塘是先将池水排至5～10cm深，然后在池底四周挖几个小坑，将生石灰倒入坑内，加水溶化成浆后向池中均匀泼洒。第二天再用长柄泥耙在塘底推耙一遍，使石灰浆与塘泥充分混合，以提高清塘的效果。干池清塘生石灰的用量为每667m^{2}用60～120kg，如淤泥较多可酌量增加（10%左右）。

带水清塘是在不排水的情况下，将溶化的石灰水全池均匀泼洒。一般水深1m的池塘，用量为每667m^{2}用125～400kg。生石灰清塘，一般经过5～10d pH才能稳定在8.5左右。试水后即可放苗。

（2）漂白粉。漂白粉一般含有效氯30%左右，经水解产生次氯酸和碱性氯化钙，次氯酸立刻释放出新生氧和活性氯，有强烈的杀菌和杀死敌害生物的作用。

使用方法是先计算池水体积，每立方米池水用20g漂白粉，即20mg/L。将漂白粉加水溶解后，立即全池泼洒。漂白粉加水后易挥发、腐蚀性强，并能与金属起作用，因此操作人员应戴口罩，用非金属容器盛放，在上风处泼洒药液，并防止衣服沾染而被腐蚀。此外，漂白粉全池泼洒后，需用船晃或桨划搅动池水，使药物迅速在水中均匀分布，以加强清塘效果。

漂白粉受潮、受阳光照射均会分解失效，故漂白粉必须盛放在密闭塑料袋内或陶器内，存放于冷暗干燥处，否则漂白粉潮解，其有效氯含量大大下降，影响清塘效果。目前生产上也有用漂粉精、三氯异氰尿酸、二氧化氯以及海因类等药物来代替漂白粉的趋势，用法与漂白粉相同，用量为保持消毒水体中有效氯的含量（0.6～1.0）×10^{-6}即可。含氯制剂清塘药性消失较快，3～5d后便可放养鱼苗，对急于使用的鱼池更为适宜。

（3）茶粕。茶粕（茶饼）是山茶科植物油茶、茶梅或广宁茶的果实榨油后所剩余的渣滓。广东、广西、福建、湖南等地常用茶粕作为清塘药物。茶粕含有皂角糖苷（$C_{22}H_{54}O_{18}$）7％～8％，是一种溶血性毒素，可使动物血红蛋白分解。

清塘方法：将茶粕捣碎，放在缸内或锅内用水浸泡，隔日取出，连渣带水均匀泼入池塘内即可，也可粉碎后直接撒入池中，以前一种方法效果较好。用浓度10mg/L皂角苷清塘能杀死野杂鱼、蛙卵、蛇、螺类、蚂蟥和一部分水生昆虫，毒杀力较生石灰、漂白粉稍差。茶粕对细菌没有杀灭作用，相反，能促进水中细菌和绿藻等的繁殖。虾蟹类对茶粕的耐受性比鱼类高400倍，因此杀灭虾蟹类时，其用量要高很多。

茶粕用量：每667m²池塘平均水深15cm用10～12kg，水深1m用40～50kg。茶粕清塘5～7d后药性消失，即可放苗。

（4）鱼藤酮。鱼藤酮是从豆科植物鱼藤及毛鱼藤的根部提取的物质，内含25％鱼藤酮，是一种黄色结晶体，能溶解于有机溶剂，对鱼类和水生昆虫有杀灭作用。

鱼藤酮清塘的有效浓度为2mg/L。1m深的池塘每667m²需投鱼藤酮1.3kg左右，用法是将鱼藤酮加水10～15倍，装入喷雾器中遍池喷洒。鱼藤酮对浮游生物、致病细菌和寄生虫及其休眠孢子等无作用。鱼藤酮清塘毒性7d左右才能消失。

近年来，除了上述传统的清塘药物的外，全国各地已研制出了许多用量少、效果好、毒性消失快的清塘药物投入市场，有些效果较好，可以在生产中使用。

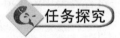 **任务探究**

生石灰清塘的作用

生石灰清塘有3个主要优点是其他清塘药物所不具备的。第一，能改良水质、增加水的缓冲性能。清塘后水的pH升高可以中和底泥有机酸，使水中悬浮状的有机物质沉淀。第二，能改良池塘的土壤。生石灰遇水所产生的氢氧化钙可以吸收二氧化碳生成碳酸钙沉淀。碳酸钙有疏松淤泥的作用，能改善底泥的通气条件，加速细菌分解有机质，释放出被淤泥吸附的氮、磷、钾等营养盐，增加水的肥度。第三，钙本身是绿色植物及动物不可缺少的营养元素。实际应用时，生石灰的用量有很大出入。一般来说，生石灰的质量，池水多少和水的化学成分及淤泥多少都会影响单位面积的用灰量。如果水的硬度大，即钙离子和镁离子含量多，石灰的用量就多。因为池水中的钙、镁离子会与氢氧根离子产生反应生成沉淀，从而降低生石灰的有效作用。如果淤泥较厚，那么石灰的使用量应提高10％左右。清塘用的生石灰质量对清塘的效果也有很大影响。质量好的生石灰呈块状，较轻，无杂质，遇水反应剧烈，体积变得膨大。因此清塘时最好直接从石灰窑取来，否则经过存放生石灰会吸潮失效。

任务二 鱼苗放养

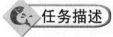 **任务描述**

水花下塘

掌握鱼苗下塘开口饵料的培育，放养方法，放养密度，放养注意事项。

（一）适时下塘

鱼苗下池时能吃到适口的食物是鱼苗培育的关键技术之一，也是提高鱼苗成活率的重要一环。在生产实践中应引起重视。为了让鱼苗下塘后就能很快获得适口和优质的天然饵料，提供鱼苗快速成长所需要的营养物质，必须充分利用鱼苗发育过程中食性转化规律与池塘清塘后浮游生物发育规律的一致性，从而提高鱼苗的成活率。

1. 鱼池清塘后浮游生物的演替规律　一般经多次养鱼的池塘，池塘淤泥中储存大量的轮虫的休眠卵。因此在生产上，当清塘后放水时（一般当放水 20～30cm 时），就必须用铁耙翻动塘泥，使轮虫休眠卵上浮或重新沉积于塘泥表层，促进轮虫休眠卵萌发。池塘经过清塘注水后，生物群落经历的自然演替过程是：首先出现的是那些个体小、繁殖速度快的硅藻和绿球藻。除各种小型藻类外，还间生着一些鞭毛藻类、浮游丝状藻类和浮游细菌。随后，原生动物和轮虫开始出现，它们以小型藻类和细菌为食。几天后一些滤食性的小型枝角类（裸腹蚤）和大型枝角类（隆线蚤等）先后出现，它们与轮虫处在同一营养生态位，但由于枝角类的滤食能力强，处于竞争劣势的轮虫种群数量下降，枝角类居优势地位。随枝角类种群密度的增大，代谢产物积累使本身生活条件恶化（食物缺乏和营养不足），加上捕食性桡足类如剑水蚤的繁衍和摄食，枝角类的数量逐渐下降。最后，由各类浮游植物和桡足类组成比较稳定的浮游生物群落。根据李永函测定，在水温 20～25℃，完成这一过程需要 10～15d（表 6-1）。

表 6-1　生石灰清塘后浮游生物变化模式（未放养鱼苗）

（李永函，1985）

项目	1～3d	4～7d	7～10d	10～15d	15d 后
pH	>11	>9～10	9 左右	<9	<9
浮游植物	开始出现	第一个高峰	被轮虫滤食，数量减少	被枝角类滤食，数量减少	第二个高峰
轮虫	零星出现	迅速繁殖	高峰期	显著减少	少
枝角类	无	无	零星出现	高峰期	显著减少
桡足类	无	少量无节幼体	较多无节幼体	较多无节幼体	较多成体

注：水温 20～25℃。

2. 鱼苗适口饵料生物的培养与适时下塘　鱼苗从下塘到全长 3cm 的夏花，食性转化规律为：轮虫和卤虫无节幼体—小型枝角类—大型枝角类—桡足类。同鱼池清塘后浮游生物的演替规律基本一致。

使鱼苗正值池塘轮虫繁殖的高峰期下塘，不但刚下塘的鱼苗有充足的适口饵料，而且以后各个发育阶段也都有丰富的适口饵料。从生物学角度看，鱼苗下塘时间应选择在清塘后 7～10d，此时池塘正值轮虫高峰期。但是，仅仅依靠池塘天然生产力培养的轮虫的数量并不多，每升仅 250～1 000 个，在鱼苗下塘后 2～3d 内就会被鱼苗吃完。故在生产上一般先清塘，然后根据鱼苗下塘时间施有机肥料，促使轮虫快速增值，保证鱼苗下塘后有充足的适口饵料。施肥方法：每 667m² 池塘投放 200～400kg 绿肥堆肥或沤肥，在鱼苗下塘前 10～14d，将绿肥堆放在池塘四角，浸没于水中以促使其腐烂，并经常翻动；或每 667m² 用腐熟发酵的粪肥 150～300kg，在鱼苗下塘前 5～7d（以水温）全池泼洒。施肥后轮虫高峰期的量比天然生产力高 4～10 倍，每升达 8 000 个以上，鱼苗下塘后轮虫高峰期可维持 5～7d。轮虫的繁殖达到高峰期后，视水质肥瘦，每天每 667m² 池塘施入经发酵消毒后的粪肥 50kg 或每 3～5d 施入无机肥 7～8kg 作为追肥，尽可能维持轮虫高峰。要做到鱼苗在轮虫高峰期适时下塘，关键要确定合理的施肥时间。如施肥过晚，池水轮虫数量尚少，鱼苗下塘后因缺乏大量适口饵料，必然生长不好；如施肥过早，轮虫高峰期已过，大型枝角类大量出现，鱼苗非但不能摄食，反而出现枝角类与鱼苗争溶解氧、争空间、争饵料，鱼苗因缺乏适口饵料而大大影响成活率。为确保施入有机肥料后，轮虫能大量繁殖，在生产中往往先泼洒 0.2～0.5g/m³ 的晶体敌百虫杀灭大型浮游动物，然后再施有机肥。

（二）放养方法

1. 鱼苗暂养　塑料袋充氧密封运输的鱼苗，特别是长途运输的鱼苗，血液内往往含有较多的二氧化碳，造成鱼苗处于麻醉甚至昏迷状态。肉眼观察，可见袋内的鱼苗多数沉底成团。如果将这种鱼苗直接下塘，成活率极低。因此，应先放入暂养箱中暂养。暂养前，先将装鱼苗的塑料袋放入池内，待鱼苗袋内外水温接近相同（一般需 15～30min）后，开袋将鱼苗缓慢放入池内的暂养箱中。暂养时，应经常在箱外划动池水，以增加箱内水溶解氧，一般经过 0.5～1.0h 暂养，使鱼苗血液中过多的二氧化碳排出体外，暂养箱中的鱼苗能集群在箱内逆水游动，即可下塘。

2. 饱食下塘　鱼苗下塘时面临适应新环境和尽快获得适口饵料两大问题。鱼苗饱食后下塘，实际上是保证了仔鱼的第一次摄食，其目的是加强鱼苗下塘后的觅食能力和提高鱼苗对不良环境的适应能力。鱼苗下塘前一般投喂鸡（鸭）蛋黄。将鸡（鸭）蛋放在沸水中煮 1h 以上，越老越好，以蛋白起泡者为佳。然后取出蛋黄，用双层纱布包裹后，在盆内漂洗出蛋黄水，均匀泼洒入鱼苗暂养箱内，待鱼苗饱食后，肉眼可见鱼体内有一条白线，方可下塘。一般每 10 万尾鱼苗喂 1 个鸡（鸭）蛋黄。

据测定，饱食下塘的草鱼苗与空腹下塘的草鱼苗忍耐饥饿的能力差异很大。同样是孵出 5d 的鱼苗（5 日龄），空腹下塘的鱼苗至 13d 全部死亡，而饱食下塘的鱼苗死亡仅 2.1%（表 6 - 2）。

表 6 - 2　饱食下塘鱼苗与空腹下塘鱼苗耐饥饿能力测定（水温 23℃）

（王武，2000. 鱼类增养殖学）

草鱼苗处理	仔鱼尾数	各日龄仔鱼的累计死亡率（%）									
		5	6	7	8	9	10	11	12	13	14
投喂蛋黄	143	0	0	0	0	0	0	0.7	0.7	2.1	4.2
不投喂蛋黄	165	0	0.6	1.8	3.6	3.6	6.7	11.5	46.7	100	—

（三）放养密度

鱼苗的放养密度对鱼苗的生长速度和成活率有很大影响。密度过大鱼苗生长缓慢或成活

率较低，发塘时间过长，影响下一步鱼种饲养的时间。密度过小，虽然鱼苗生长较快，成活率较高，但浪费池塘水面，肥料和饵料的利用率也低，使成本增高。放养密度对鱼苗生长和成活率的影响实质上是饵料、活动空间和水质对鱼苗的影响。鱼苗密度过大，饵料往往不足，活动空间小（特别是培育后期鱼体长大时），水质条件较差、溶氧量低，因此鱼苗的生长就较慢、体质较弱，致使成活率降低。在确定放养密度时，应根据鱼苗、水源、肥料和饵料来源、鱼池条件、放养时间的早晚和饲养管理水平等情况灵活掌握。

目前，鱼苗培育大都采用单养的形式，由鱼苗直接养成夏花，每 667m² 放养 10 万～15 万尾；由鱼苗养成乌仔，每 667m² 放养 15 万～20 万尾；由乌仔养到夏花时，放养密度为每 667m² 放养 3 万～5 万尾。一般青鱼、草鱼密度偏稀，鲢、鳙苗可适当密一些。此外，提早繁殖的鱼苗，为培育大规格鱼种，其发塘密度也应当稀一些。

（四）鱼苗放养的注意事项

鱼苗下塘时应注意以下事项：

（1）注意鱼苗能否独立生活。只有当鱼苗发育到鳔充气，能自由游泳，能摄食外界食物时方可下塘，一般在鱼苗孵出后 4～5d。下塘过早，鱼苗活动能力和摄食能力弱，会沉入水底死亡；太晚，卵黄囊早已吸收完毕，鱼苗因没有及时得到食物而消瘦、体质差，也会降低成活率。

（2）注意清塘药物的毒性是否完全消失。在鱼苗下塘前，从池塘中取一脸盆底层水，放几尾鱼苗，试养 0.5～1.0d。如鱼苗活动正常，证明毒性已消失，可以放苗。

（3）注意池中是否残留敌害生物。放养鱼苗前用密眼网拉 1～3 遍，如发现池中有大量蛙卵、蝌蚪、水生昆虫或残留野杂鱼等敌害生物、须重新清塘消毒。

（4）如池水过肥则应加些新水。如池中大型浮游动物过多，可用 1.0～1.5g/m³ 浓度的 2.5％敌百虫杀灭，也可每 667m² 放 13cm 左右的鳙 20～30 尾吃掉大型浮游动物。然后将鳙全部捕出后再放鱼苗。

（5）单养。同一池塘应放养同一批鱼苗，以免成活率下降和出现规格的差异。

（6）计数。鱼苗下塘时，应准确地计数，以便饲养时正确掌握饵料、肥料的用量。

（7）注意温差不能太大。鱼苗下塘前所处的水温与池塘水温相差不能超过 3℃，否则，应调节鱼苗容器中的水温，使其逐渐接近于池塘水温后，方可下塘。

（8）下塘时应将盛鱼苗的容器放在避风处倾斜于水中，让鱼苗自己游出，"有风天则应在上风处放苗"，否则，鱼苗易被风浪推至岸边或岸上。

任务探究

凡准备用做饲养鱼苗（水花）的池塘，应做好及时严格彻底的清整、消毒。采用退水清塘法及干塘后立即施药法。所用药物要因塘而异，施药及时，突出重点，洒药均匀，操作细致，在施药的同时，用拉耙翻动池底淤泥，把药物混合于淤泥之中，以达到彻底灭菌除害的目的。在早春对第一次清整的池塘，施药后需经 4～5d 的通风晾晒即可注水。

知识拓展

1. 鱼苗的主要生物学特点

（1）个体小，活动能力弱。下塘时的鱼苗，全长只有 0.5～0.9cm，个体细小；身体上只具有鳍褶，活动能力弱。因此，敌害生物多，逃避敌害生物攻击的能力也差。饲养过程中，尤其要尽可能创造一个无敌害生物的环境，以提高其成活率。

（2）口径小，食谱范围狭窄。刚孵出的鱼苗均以卵黄囊中的卵黄为营养（内源性营养阶段）。当鱼苗鱼鳔充气后，在短暂的几天内，一边吸收卵黄，一边摄食外界食物（混合性营养阶段）。卵黄囊中的卵黄一旦用尽，就完全靠摄入外界食物为营养来源（外源性营养阶段）。刚下塘时，鱼苗的口径只有几十微米到100多微米，摄食器官（如鳃耙、吻部等）尚待发育完善，只能靠吞食的方式摄食一些小型浮游动物，主要为轮虫和桡足类的无节幼体。鱼苗饲养过程中，随鱼体的长大，其口径也逐渐增大，取食器官也逐步发育完善。至全长1.5～1.7cm时，鲢、鳙的食性开始分化，以后逐步由吞食转为滤食性，以水体中悬浮颗料（浮游生物、腐屑等）为食。草鱼、青鱼、鲂、鲤等始终都吞食，但口径大了，食谱也逐渐扩大，食物个体也逐步增大（大型的枝角类和桡足类、底栖动物、植物碎屑、芜萍等）。因此，在饲养过程中，根据鱼苗规格的大小，提供数量充足的适口饵料，是提高成活率及促进鱼苗生长的又一重要方面。

（3）新陈代谢水平高，生长快。鱼苗阶段是鱼一生中生长速度最快的时期。以鲢为例，在相似的水温（25.7～27.8℃）条件下，鱼苗每克鱼体的耗氧量比夏花大3.8倍，比1龄鱼大8.4倍，比2龄鱼大13.7倍左右。鲢苗可在20d左右全长由0.8cm增长到3.3cm，增长3倍以上；体重由2.9mg增加到830mg，增重286倍。因此，鱼苗需要从外界摄取大量的营养物质以供生长和消耗。而鱼苗体脂肪积累少，其耐饿能力就差，若某一时期缺乏适口饵料，则会降低鱼苗的成活率。

（4）敌害生物多，对环境适应能力差。鱼苗下塘初期，体表无鳞片覆盖，靠鳍褶游泳，身体幼小嫩弱，运动能力差，水体中的鱼类、虾、蛙、水生昆虫、网状植物等均有可能对其产生攻击和危害。同时，鱼苗对不良环境适应差，如成鱼能在盐度5的咸淡水中正常生长发育，而鱼苗在盐度3的水中生长缓慢，成活率也低；鱼苗对水体中pH要求严格，pH7.5～8.5为鱼苗最适。长期低于7.0和高于9.0时，均会影响其生长和发育，影响其成活率；对温度的适应性狭窄，如5日龄的草鱼苗，当水温下降到13.5℃时，就开始出现冷休克，降至8℃时，全部出现冷休克。因此，鱼苗饲养中，清除敌害生物，创造一个良好水质环境，是提高其成活率的又一措施。

2. 鱼苗的生活习性

（1）栖息水层。鱼苗初下塘时，各种鱼苗在池塘中是大致均匀分布的，当鱼苗长到15mm左右时，各种鱼所栖息的水层随着它们食性的变化而各有不同。鲢、鳙因滤食浮游生物，所以多在水域的中上层活动。草鱼食水生植物，喜欢在水的中下层及池边浅水区成群游动。青鱼和鲤除了喜食大型浮游动物外，主要吃底栖动物，所以栖息在水的下层，也到岸边浅水区活动，因为这个区域大型浮游动物和底栖动物较多。

（2）水温。鱼苗的新陈代谢受温度影响很大，水温过低或过高都会影响鱼类的生长。在适宜的生长水温范围内，温度升高可使鱼类的新陈代谢速度加速，使其耗氧率升高（表6-3），促使其生长加快（表6-4）。5日龄的草鱼苗，当水温下降到13.5℃以下时，就开始出现冷休克；当水温下降至8℃时，则全部出现冷休克。因此，生产上将13.5℃作为早繁草鱼苗下塘的安全水温。

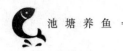

表 6-3　黑鲷稚鱼耗氧率与水温的关系

（郑建民等，1991）

水温（℃）	耗氧率 [mg/（g·h）]	水温（℃）	耗氧率 [mg/（g·h）]
17.5	0.372	21	1.735
19.5	0.978		

表 6-4　不同水温对仔鳗生长发育的影响（盐度 32，pH 7.1）

发育阶段	水温（℃）					
	17℃	20℃	22℃	24℃	26℃	28℃
肛门形成（d）	5	4	2.5	2	2	1.5
眼色素出现（d）	8	5	4.5	4	3	2
口开启（d）	已死亡	8	6.25	5.5	4.5	4
鳗形游动（d）		12.25	10.5	9	8.5	7

任务三　饲养管理

任务描述

掌握鱼苗常见培育方法，日常管理，拉网锻炼等。

任务实施

（一）鱼苗饲养方法

鱼苗培育阶段，几种养殖鱼类主要以浮游动物为食。因此培育的方法一般以施有机肥料为主，同时补充投喂人工饵料。按照施肥种类的不同，鱼苗培育有以下一些方法：

1. 大草培育法　这是两广地区传统的鱼苗培育方法。大草泛指无毒而茎叶较柔嫩的植物，包括菜类和栽培的草类等，都可作为大草用来肥水，培养浮游生物。其具体操作是每667m² 投放大草 200～400kg，分别堆放于池边浸没于水中，腐烂后培养浮游生物，待草料腐烂分解，水色渐呈褐绿色，每隔 1～2d 翻动 1 次草堆，促使养分向池中央水中扩散。7～10d 后将不易腐烂的残渣捞出，放苗。鱼苗下塘后，每隔 5d 左右投放大草做追肥，每次150～200kg。投草的量一般根据培育鱼苗的种类来定，肥水性鱼类，草量可大些，如培育鲢、鳙等；而培育草鱼鱼苗的池塘，投草量可少些。如发现鱼苗生长缓慢，可增投精饲料。该方法的优点有：来源广，成本较低，操作简便，肥水的作用较强，浮游生物繁殖多。缺点是：追肥时 1 次投放量和相隔时间仍较多较长，导致浮游生物繁殖的数量不均衡，水质肥度不够稳定，并降低了水中的含氧量。

2. 有机肥料与豆浆混合饲养法　根据鱼苗在不同发育阶段对饲料的不同要求，可将鱼苗的生长划分为 4 个阶段进行强化培育：

（1）摄食轮虫阶段。此阶段为鱼苗下塘 1～5d。经 5d 培养后，要求鱼苗从全长 7～9mm

生长至 10～11mm。此期鱼苗主要以轮虫为食。为维持池内轮虫数量，鱼苗下塘当天就应泼豆浆（通常水温 20℃，黄豆需浸泡 8～10h）。一般每 3kg 干黄豆可磨浆 50kg。每天上午、中午、下午各泼 1 次，每次每 667m² 泼 15～17kg 豆浆（约需 1kg 干黄豆）。豆浆要泼得"细如雾，匀如雨"，全池泼洒，以延长豆浆颗粒在水中的悬浮时间。豆浆一部分供鱼苗摄食，一部分培育浮游动物。

（2）摄食水蚤阶段。此阶段为鱼苗下塘后第 6 至 10 天。生长 10d 后，要求鱼苗从全长 10～11mm 生长至 16～18mm。此期鱼苗主要以水蚤等枝角类为食。每天需泼豆浆 2 次（8：00～9：00、13：00～14：00），每次每 667m² 豆浆数量可增加到 30～40kg。在此期间，选择晴天上午追施 1 次腐熟粪肥，每 667m² 用 2 100～150kg，全池泼洒，以培养大型浮游动物。

（3）投喂精饲料阶段。此阶段为鱼苗下塘后的 11～15d。生长 15d 后，要求鱼苗从全长 16～18mm 生长至 26～28mm。此期水中大型浮游动物已剩下不多，不能满足鱼苗生长需要，鱼苗的食性已发生明显转化，开始在池边浅水寻食。此时应改豆饼糊或磨细的精饲料，每天每 667m² 豆饼 1.5～2.0kg。投喂时，应将精饲料堆放在离水面 20～30cm 的浅滩处供鱼苗摄食。如果此阶段缺乏饲料，成群鱼苗会集中到池边寻食。时间一长，鱼苗则围绕池边成群狂游，驱赶也不散，呈跑马状，故称"跑马病"。因此，这一阶段必须投以数量充足的精饲料，以满足鱼苗生长需要。此外，饲养鲢、鳙苗，还应追施 1 次有机肥料，施肥量和施肥方法同水蚤阶段。

（4）拉网锻炼阶段。鱼苗下塘 16～20d。生长 20d 后，要求鱼苗从全长 26～28mm 生长至 31～34mm。此期鱼苗已达到夏花规格，需拉网锻炼，以适应高温季节出塘分养的需要。此时豆饼糊的数量需进一步增加，每天每 667m² 的投喂量豆饼 2.5～3.0kg。此外，池水也应加到最高水位。草鱼、团头鲂发塘池每天每万尾夏花投嫩鲜草 10～15kg。

除上述培育方法外，还有混合堆肥培育法、草浆培育法、有机肥料和无机肥料混合培育法等。培育方法的选择要因地制宜，选择适合自身条件的方法，才能达到较大的经济效益。

（二）日常管理

1. 分期注水

（1）分期注水的方法。鱼苗初下塘时池塘水深为 50～60cm，以后每隔 3～5d 注水 1 次，每次注水 10～20cm。培育期间共加水 3～4 次，最后加至最高水位。

（2）分期注水的优点。

①水温提高快，促进鱼苗生长。鱼苗下塘时保持浅水，水温提高快，可加速有机肥料的分解，有利于天然饵料的繁殖和鱼苗的生长。

②节约饲料和肥料。水浅池水体积小，豆浆和其他肥料的投放量相应减少，这就节约了饲料和肥料的用量。

③容易控制水质。可根据鱼苗的生长和池塘水质情况，适当添加一些新水，以提高水位和水的透明度，增加水中溶氧量，改善水质和增大鱼类活动空间，促进浮游生物的繁殖和鱼体生长。

（3）分期注水的注意事项。

①注水时必须在注水口用密网拦阻，以防止野杂鱼和其他敌害随水进入池中。

②注水时注意不让水流冲起池底淤泥搅浑池水。

2. 巡塘　鱼苗培育期间的重要管理工作是巡塘。巡塘的内容是观察鱼的活动情况、水色、水质变化情况，目的是及时发现问题采取相应措施。巡塘要做到"三查"和"三勤"，即查鱼苗是否"浮头"，查鱼苗活动，查鱼苗池水质、投饵情况；做到勤除敌害、勤清杂草、勤做日常管理记录。此外还应经常检查有无鱼病，及时进行病害防治。

（三）鱼体拉网锻炼

鱼苗经 16～18d 饲养，长到 3cm 左右，体重增加了几十倍乃至 100 多倍，它就要求有更大的活动范围。同时鱼池的水质和营养条件已不能满足鱼种生长的要求，因此必须分塘稀养。其中有的鱼种还要运输到外单位甚至长途运输。但此时正值夏季，水温高，鱼种新陈代谢强，活动距离大。而夏花鱼种体质又十分嫩弱，对缺氧等不良环境的适应能力差。为此，夏花鱼种在出塘分养前必须进行 2～3 次拉网锻炼。

1. 拉网锻炼的作用

（1）拉网使鱼受惊，运动量增大，组织中的水分含量降低，肌肉较结实，体质较健壮，经得起分池操作和运输中的颠簸。

（2）幼鱼密集在一起，相互受到挤压刺激促使鱼体分泌大量黏液和排出肠道内的粪便，减少运输中黏液和粪便的排出量，有利于保持水质，提高运输成活率。

（3）在密集过程中，增加鱼对缺氧的适应能力。

（4）拉网锻炼可以发现并淘汰病弱苗，去除野杂鱼和敌害生物。

（5）可粗略估计鱼数，便于下一步工作的安排。

2. 拉网锻炼的工具和网具　拉网锻炼的工具、网具主要有夏花网、谷池、鱼筛等（图 6-1）。这些工具、网具的好坏直接关系到鱼苗成活率和劳动生产率的高低，也体现了养鱼的技术水平。

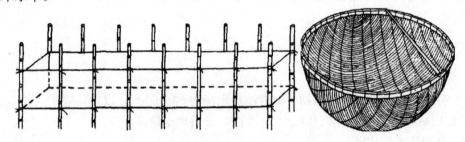

图 6-1　谷池（左）与鱼筛（右）示意

（王武，2000. 鱼类增养殖学）

（1）夏花网。用于夏花锻炼、出塘分类。网由上纲、下纲和网衣 3 部分组成。网长为鱼池宽度的 1.5 倍，网高为水深的 2～3 倍。拉网起网速度要缓慢，避免鱼体贴网而受伤。

（2）谷池。为一长方形网箱，用于夏花鱼种囤养锻炼、筛鱼清野和分类。网箱口呈长方形，箱高 0.8m，宽 0.8m，长 5～9m。谷池的网箱网片同夏花网片，网箱四周有网绳。用时将 10 余根小竹竿插在池两侧（网箱四角的竹竿略微粗大），就地装网即成。

（3）鱼筛。用于分开不同大小、不同规格的鱼种，或将野杂鱼与"家鱼"分开，可分筛出不同体长的鱼种。鱼筛有半球形和正方体形两种，一般使用半球形鱼筛。

3. 拉网锻炼的方法　拉网锻炼一般在晴天的 9：00 左右进行。夏花鱼种出售或分池前必须进行 2～3 次拉网锻炼。

第一次拉网将夏花围集网中，提起网衣，使鱼在半离水状态密集 10～20s，检查鱼的体质后，放回原池。由于此时鱼十分嫩弱、体质差，拉网时操作必须十分小心，拉网速度要慢些，与鱼的游泳速度相一致，并且在网后用手向网前撩水，促使鱼向网前进方向游动，否则鱼体容易贴到网上。

图 6-2　鱼苗拉网锻炼操作示意

（雷慧僧，1982. 池塘养鱼学）

如夏花活动正常，隔天拉第二网，首先将鱼苗集中在谷池后将鱼群逐渐赶集于谷池的一端，然后清除另一端网箱底部的粪便和污物，不让黏液和污物堵塞网孔，将其放入鱼筛，将蝌蚪、野杂鱼等筛出。经过这样处理后，谷池内水质清新，箱内外水流通畅，溶氧量较高。最后移入网箱中，使鱼在网箱内密集，经 2h 左右放回池中。在密集的时间内，须使网箱在水中移动，并向箱内撩水，以免鱼"浮头"。

若要长途运输，隔 1d 应进行第三次拉网锻炼。

4. 拉网锻炼的注意事项

（1）拉网前要清除池中水草和青苔，以免妨碍拉网或损伤鱼体。

（2）污泥多且水浅的池塘，拉网前要加注新水。

（3）鱼"浮头"当天或得病期间，或天气闷热、水质不良以及当天喂过的鱼都不应拉网。

（4）拉网要缓慢，操作要小心；不能急于求成，如发现鱼"浮头"、贴网严重或其他异常情况，应立即停止操作，把鱼放回鱼池。

优质鱼苗选购技巧

1. 肉眼观察 好鱼苗规格整齐，群体体色一致，鲜艳有光泽，身体健壮，光滑而不拖泥，游动活泼；差鱼苗规格参差不齐，体色黯淡，个体偏瘦，有些身上还沾有污泥，少活力。

2. 反应能力 将手或棍插入盛鱼苗容器中，惊扰鱼苗，好鱼苗会迅速四处奔游，差鱼苗则反应迟钝。

3. 逆游能力 搅动装鱼苗的容器，产生漩涡，好鱼苗能沿边缘逆水游动，差鱼苗则卷入漩涡，无力抵抗。也可让风吹动或用口吹动水面，好鱼苗能逆风而游，差鱼苗只能随波逐流。

4. 离水挣扎 倒掉水后，好鱼苗会在盆底剧烈挣扎，弹跳有力，头尾能弯曲成圈状，差鱼苗则贴在盆底，无力挣扎，仅头尾颤抖。

任务四 出 苗

任务描述

掌握夏花鱼种出塘时间，夏花鱼种的计数，夏花鱼种的质量鉴别。

任务实施

（一）夏花鱼种出塘时间

鱼苗经 15～20d 培育至全长 2.8cm 左右时应及时拉网锻炼，准备出塘。

（二）夏花鱼种的计数

出塘时若夏花鱼种规格参差不齐，需用鱼筛分选。通常采用杯量法，量杯选用 250mL 的直筒杯（图 6-3），杯为锡、铝或塑料制成，杯底留有若干个小孔。计数时，用夏花捞海捞取夏花鱼种迅速装满量杯，立即倒入空网箱内。任意抽查一杯计算夏花鱼种数量，根据倒入鱼池的总杯数和每杯鱼种数推算出全部夏花鱼种的总数。

（三）鱼苗的质量鉴别

夏花质量的鉴定 夏花鱼种质量优劣可根据出塘规格大小、体色、鱼类活动情况以及体质强弱等来判别（表 6-5）。

图 6-3 量 杯

优良夏花：规格大且整齐，头小背厚，体色光亮，肌肉润泽，无寄生虫；行动活泼，集群游泳，受惊时迅速成群潜入水底，抢食能力强；容器中喜欢在水下活动，并逆水游泳；鳞片和鳍条不带泥。

劣等夏花：规格小且不整齐，头大背狭尾柄细，体色暗淡，鳞片残缺；行动缓慢，分散游动，受惊时反应不敏捷；在容器中逆水不前；鳞片和鳍条拖泥。

表6-5　夏花鱼种质量优劣鉴别

（王武，2000. 鱼类增养殖学）

鉴别方法	优质夏花	劣质夏花
看出塘规格	同种鱼苗的出塘规格整齐	同种鱼苗的出塘规格大小不一
看体色	体色鲜艳，有光泽	体色暗淡无光，变黑或变白
看活动情况	行动活泼，集群游动，受惊后迅速潜入水底，不常在水面停留，抢食能力强	行动迟缓，不集群，在水面漫游，抢食能力弱
抽样检查	鱼在盆中狂跳。身体肥壮，头小，背厚。鳞鳍完整，无异常现象	鱼在盆中很少跳动。身体瘦弱，背薄，俗称"瘪子"。鳞鳍残缺，有充血现象或异物附着

任务探究

鱼苗培育成功率低的原因分析及解决办法介绍

鱼苗培育，也称"发塘"。它是指把鱼苗经20～25d饲养，长到了3cm左右，称为"夏花"。鱼苗培育的成败直接影响到经济效益，但在生产中鱼苗发塘率一直很不稳定，经过多年的实践和总结，现将主要原因及解决办法总结如下，供大家参考：

1. 影响发塘率的原因

（1）鱼苗数量与运输成活率是影响发塘的原因之一。有些育苗单位为贪图利益，故意克扣鱼苗数量，也有的是抽样估计数量不足，很少有达到100%，有的还不到70%，所以这种本来数量不准的鱼苗即使其他措施十分完善，也难以满足下塘数而影响发塘率。另外，由于鱼苗经长途运输，而不注意途中换水等措施，造成下塘后鱼苗发塘率下降。

（2）鱼苗质量问题。一是买到劣质苗；二是拿过时的老苗，这两种苗发塘率都很低。

（3）放养方法不当是影响发塘率的关键。鱼苗长途运输大多采用尼龙袋充氧和汽车运输，而尼龙袋里的水环境会随着密封后时间的逐渐延长而变化。首先是温度，密封装箱后外界的干扰很小，而袋里的温度因鱼类的代谢物分解和鱼类呼吸，温度不但没有下降反而有少许增高。这种情况一般在运输途中不会引起死亡，但是到达目的地后，当地鱼塘里的水环境与鱼苗运输用水的水质有很大差别，因此如放养不当就易因水环境突变使鱼下塘成活率下降，甚至大批死亡，死亡时又因鱼苗个体较小很难当时发现。放养时未试水，池水毒性未消失也是造成发塘率低下的原因，另外遇大风天气，放养地点不当，如在鱼池下风处放养，鱼苗易被风浪聚在堤岸边水面，体质稍差的鱼苗很难顶水游泳，有许多鱼苗因风浪太大而搁浅死亡。

（4）鱼苗下塘时敌害生物影响发塘率。鱼苗下塘后往往因施肥时间不当而使大型桡足类

提前大量繁殖，还有龙虱幼虫和松藻虫等，它们可直接危害鱼苗或吞食鱼苗；另外青蛙蝌蚪不但可直接吞食鱼苗，还与鱼苗争食争氧；再一种是在生产实践中我们发现有少数鱼塘由于清塘措施不到位，鱼苗下塘时还有许多青苔，鱼苗一旦进入就很难逃脱。

（5）天然适口饵料不足。鱼苗孵出3d后，内源营养基本消失，开始摄食外界人工培育的适口天然饵料——轮虫，所以，鱼苗下塘时育苗池中都应有充足的适口天然饵料，否则鱼苗就会在短时间内消瘦死亡。

2. 解决的办法

（1）选择诚实守信的渔场买苗，买苗时要多次打样以缩小误差值，保证拿苗数量，途中运输要加强管理，发现问题及时处理，如远距离运输，装袋时每袋可溶入青霉素40万IU，以抑制袋里的鱼苗耗氧和代谢，确保运输成活率。

（2）选择鱼苗孵出4～5d后，鳔充气游泳能力强，规格整齐优质鱼种放养。

（3）鱼苗下塘前要检查清塘药物的毒性是否完全消失。检查方法：

①将几十尾苗放入池塘内网箱中0.5～1.0d，观察鱼苗活动是否正常。

②测验池水酸碱度，用生石灰清塘将pH降到9以下时，说明毒性已消失。

③观察池中有无水蚤，有则表示毒性消失。

（4）鱼苗下塘前用密眼网拉空塘1～2次，看是否有野杂鱼、蛙卵、水生昆虫等敌害混入，若发现野杂鱼或敌害生物，须重新清塘，如发现大型蚤类或蚌壳虫，可用晶体敌百虫0.3g/m³全池泼洒，然后每667m²施3.5～4.5kg尿素肥水，鱼苗下塘时，鱼体用青霉素100 000U/万尾消毒。

（5）下塘时温差不超过5℃。放养时应先把袋子放水池中10min后等温度相近再打开，打开后先灌少量池水进袋，然后抓紧袋口晃几下，使池水与袋里的水充分混合，约10min后再贴着水面倒入网箱，下塘前每10万尾鱼苗喂1个熟鸡蛋黄浆。放养时要先在发塘的上风头离池边1m处贴着水面让鱼徐徐游出。切忌悬空倒鱼。

（6）按池塘中天然适口饵料的生长规律与鱼苗生长发育中食性转化相适应的原则，及时培育水质，确保轮虫高峰期鱼苗下塘，鱼苗下塘后投饵施肥，调节水质等管理措施也要紧紧跟上。

知识拓展

1. 鱼苗水质要求　由于鱼苗对水质适应能力相比成鱼差，因此对水质条件要求比较严格。

（1）溶氧量。鱼苗的代谢强度比成鱼高得多，对水中的溶氧量要求高。不同种类鱼类的鱼苗耗氧率和窒息点不同，同种鱼类不同规格的鱼苗耗氧率、窒息点和能需量也存在很大差异（表6-6）。一般来说，在相似的条件下，肉食性和喜流性的鱼类如真鲷、中华鲟、鲈等耗氧率高，窒息点低。鲢苗的耗氧率和能需量比夏花高很多，代谢强度也高出很多。

表6-6　不同规格鲢苗的耗氧率和能需量

（叶奕佐，1959）

试验对象	平均体重（g）	平均水温（℃）	耗氧率[mg/（g·h）]	能需量[kJ/（kg·h）]
鱼苗	0.002 9	25.7	3.09	43.16
夏花	0.83	26.6	0.64	8.99

主要养殖鱼类如青鱼、草鱼、鲢、鳙、鲤等鱼摄食和生长的适宜溶氧量在 5～6mg/L 或更高；水中溶氧应在 4mg/L 以上；低于 2mg/L，鱼苗生长受到影响；低于 1mg/L，容易造成鱼苗"浮头"死亡。因此鱼苗池必须保持充足的溶氧量（不低于 2～3mg/L），以保证鱼苗旺盛的代谢和迅速生长的需要。

（2）pH。鱼苗要求的 pH 为 7.5～8.5，长期低于 7.0 或高于 9.0 都会不同程度地影响生长和发育。研究表明，草鱼、鲢、鳙苗 96h 的半致死 pH 分别为 4.8、5.0 和 4.9。另外，pH 还影响水体中离子氨和非离子氨的比例，从而对鱼苗造成毒害作用。

（3）盐度。鱼苗对盐度有一定的耐受能力，但与成鱼相比，鱼苗对盐度的适应力要差得多。大部分淡水鱼成鱼可在盐度 7 以下的水中正常发育，而鱼苗则在盐度 3 的水中生长缓慢，成活率很低，鲢苗在 5.5 的盐度中不能存活。

（4）氨。鱼苗对水中的氨的耐受能力比成鱼差。当总氨浓度大于 0.3mg/L 时（pH 为 8），鱼苗生长受到抑制。

2. 鱼苗的食性　刚孵出的鱼苗以卵黄囊中的卵黄为营养，称内源性营养期。随着鱼苗逐渐长大，卵黄囊由大变小，此时鱼苗一面吸收卵黄，一面摄食外界食物，称混合营养期。卵黄囊消失后，鱼苗就完全靠摄食水中的浮游生物而生长，称外源性营养期。此时鱼苗个体细小，全长仅 0.6～0.9cm，活动能力弱，其口径小，取食器官（如鳃耙、吻部等）尚未发育完全。因此，大多数鱼类的鱼苗只能依靠吞食方式来获取食物，而且其食谱范围也十分狭窄，只能吞食一些小型浮游生物，生产上通常将此时摄食的饵料称为"开口饵料"。随着鱼苗的生长，其个体增大，口径增宽，游泳能力逐步增强，取食器官逐步发育完善，食性逐步转化（表 6-7），食谱范围也逐步扩大。几种主要淡水养殖鱼类由鱼苗成长为夏花的过程中，摄食方式以及摄取的食物组成将发生如下的变化：

（1）全长 7～10.5mm 的鲢、鳙、草鱼等鱼苗。这个时期，鱼苗刚刚下塘 1～5d。鲢、鳙、草鱼、鲤等鱼苗的口径大小相似，为 0.22～0.29mm，适口饵料大小为（165×430）μm～（210×700）μm。食物主要是轮虫、无节幼体和小型枝角类，过大的食物吞不下，过小的食物（浮游植物）吃不到。

（2）全长 12～15mm 的鲢、鳙、草鱼等鱼苗。鱼苗下塘后的 5～10d，几种鱼苗口径虽然基本相似，大小为 0.62～0.87mm，但由于鳃耙的数量、长度和间距出现了明显的差别，摄食方式和食物组成（适口饵料的种类和大小）已开始出现区别，鲢和鳙的摄食方式由吞食向滤食转化，适口的食物是轮虫、枝角类和桡足类，也有少量无节幼体和较大型的浮游植物。草鱼、青鱼、鲤摄食方式仍然是吞食，适口食物是轮虫、枝角类、桡足类，还能吞食摇蚊幼虫等底栖动物。

（3）全长 16～20mm 的鲢、鳙、草鱼等鱼苗。鱼苗下塘后的 10～15d，此期鱼苗的全长 16～20mm，即乌仔阶段。由于摄食器官形态差异很大，食性分化更为明显。此时鲢、鳙由吞食完全转为滤食，但鲢的食物以浮游植物为主，鳙的食物以浮游动物为主。草鱼、青鱼、鲤口径增大，摄食能力增强，主动吞食大型枝角类、摇蚊幼虫和其他底栖动物，并且草鱼开始吃幼嫩野生植物。

（4）全长 21～30mm 的鲢、鳙、草鱼等鱼苗。鱼苗的全长达 21～30mm 时，摄食和滤食器官发育更完善，故几种鱼的食性分化更加明显，其食性接近成鱼。

总之，草鱼、青鱼、鲢、鳙、鲤这 5 种主要养殖鱼类，由鱼苗发育至鱼种，其摄食方式和食物组成发生的规律性变化：鲢和鳙由吞食转为滤食，鲢由吃浮游动物转为主要吃浮游植物，鳙由吃小型浮游动物转为吃各种类型的浮游动物；草鱼、青鱼、鲤始终都是主动吞食，其食谱范围逐步扩大，食物个体增大，草鱼由吃浮游动物转为吃草，青鱼由吃浮游动物转为吃底栖动物螺、蚬，鲤由吃浮游动物转为主要吃底栖动物、摇蚊幼虫和水蚯蚓等。

表6-7　鲢、鳙、草鱼、青鱼、鲤苗发育至夏花阶段的食性转化

（王武，2000. 鱼类增养殖学）

鱼苗全长 （mm）	鲢	鳙	草鱼	青鱼	鲤
6					轮虫
7～9	轮虫无节幼体	轮虫无节幼体	轮虫无节幼体	轮虫无节幼体	轮虫、小型枝角类
10.0～10.7			小型枝角类	小型枝角类	小型枝角类、个别轮虫
11.0～11.5	轮虫、小型枝角类、桡足类	轮虫、小型枝角类			轮虫、少数摇蚊幼虫
12.3～12.5	轮虫、枝角类、腐屑、少数浮游植物	轮虫、枝角类、桡足类、少数大型浮游植物	枝角类	枝角类	
14～15					轮虫、摇蚊幼虫等底栖动物
15～17	浮游植物、轮虫、枝角类、腐屑	轮虫、枝角类、腐屑、大型浮游植物	大型枝角类、底栖动物	大型枝角类、底栖动物	轮虫、摇蚊幼虫等底栖动物
18～23			大型枝角类、底栖动物，并杂有碎片	大型枝角类、底栖动物，并杂有碎片	枝角类、底栖动物
24	浮游植物显著增加	浮游植物数量增加，但不及鲢	大型枝角类、底栖动物，并杂有碎片、芜萍	大型枝角类、底栖动物，并杂有碎片、芜萍	枝角类、底栖动物
25	浮游植物占绝大部分，浮游动物比例大大减少	浮游植物数量增加，但不及鲢	大型枝角类、底栖动物，并杂有碎片、芜萍	大型枝角类、底栖动物，并杂有碎片、芜萍	底栖动物、植物碎片

3. 鱼苗的生长特点　各种养殖鱼类鱼苗的生长速度是有差异的，同一种鱼的不同个体发育阶段生长速度也有不同。一般来说，鱼苗到夏花阶段，鱼苗的个体小，绝对增重量小，但其相对生长率最大，是生命周期的生长最高峰。据测定，鱼苗下塘10d内，体重增长的倍数为：鲢62倍，鳙32倍，即平均每2d体重增加1倍多，平均每天增重10～20mg，鳙增长1.2～1.3mm，鲢增长0.71mm（表6-8）。

影响鱼苗生长速度的因素很多，除了遗传因素外，与其生活环境条件密切相关，主要有

放养密度、食物、水温和水质等。如果几个池塘放养同种鱼，池塘水质和食物条件又基本相似，那么放养密度小的生长速度就快于放养密度大的。这是因为池里鱼多，营养等生态条件相对就差，鱼的活动空间也小，生长就相对慢。

表6-8　鲢、鳙苗的生长情况

（王武，2000. 鱼类增养殖学）

日龄	鲢苗		鳙苗	
	体长（mm）	体重（mg）	体长（mm）	体重（mg）
2	7.2	3	8.1	4
4	8.1	10	8.5	12
6	10.7	21	11.6	27
8	13.3	40	11.8	54
10	18.8	94	13.0	90
12	19.2	188	15.2	134

练习与思考

1. 名词解释：水花、夏花、仔鱼、乌仔头、鱼苗培育。
2. 简述鱼类苗种分期及主要特征。
3. 如何进行鱼苗和夏花质量鉴别？
4. 轮虫高峰期适时下塘有何意义？如何做到？
5. 鱼苗塘清整的意义和方法有哪些？
6. 夏花鱼种拉网锻炼的主要作用和方法有哪些？

项目七 鱼种饲养

任务一 鱼种驯养方法

任务描述

鲤、鲫、团头鲂、草鱼、青鱼的鱼种驯养技术。

驯化饲喂技术

任务实施

（一）鲤鱼种的驯养

1. 池塘条件及准备

（1）池塘规整、堤坝坚固、保水力强，淤泥厚度不超过 20cm，面积以 0.33～1.00hm² 为宜。

（2）水源充足，注排方便，无污染。pH 在 7.5～8.5 为宜。

（3）池塘注水度达 1.2～2.0m。

（4）备动力电，常停电的地方备柴油发电机或其他补电措施。

（5）在夏花放养前 10～15d 必须清塘，清塘药物及方法与鱼苗池塘清塘相同。

（6）清塘后注水 70～100cm。浅水放鱼，再不断提高水位。为确保池塘清水，一般不施肥。

2. 增氧机配置 产量每 667m² 超过 500kg 时要配备增氧机，每 0.5hm² 左右池塘配 3kW 的增氧机 1 台。

3. 夏花鱼种的放养

（1）放养规格。由于以鲤为主，为了增强驯养效果，鲤的夏花规格宜适当大些，一般以 3.3cm 以上为宜。为了控制水质及充分利用水质空间，一般配养少量的鲢鳙夏花，鲢鳙夏花规格一般在 2.5～3.3cm 为宜。放养的夏花要求规格整齐、体质健壮。

（2）放养时间。北方放养夏花的时间为 5 月下旬至 6 月初（水温 15～18℃）。鲢、鳙夏花在鲤夏花放养后 7～10d 放完为宜。

（3）混养比例。以鲤为主放养时，鲤夏花占 75%～80%，鲢占 15%～20%，鳙占 5%～10%，鲫占 5%～10%。总放养密度为每 667m² 400～8 000 尾，出池规格在 100g 左右。

（4）放养密度。夏花的放养密度依据计划产量、出池规格、成活率来计算。以鲤为主的每 667m² 产鱼种 350kg、500kg、750kg 的夏花放养与鱼种产量计划见表 7 - 1、表 7 - 2、表 7 - 3。

表 7 - 1 以鲤为主的每 667m² 产 350kg 鱼种

品种	放夏花尾数	品种比例（%）	成活率（%）	出塘尾数	出塘规格（g）	出塘产量（kg）
鲤	3 000	75	80	2 400	125	300
鲫	200	5	80	160	50	8
鲢	600	15	80	480	75	36
鳙	200	5	80	160	80	12.8
合计	4 000	100		3 200		356.8

表 7 - 2 以鲤为主的每 667m² 产 500kg 的放养模式

品种	放夏花尾数	品种比例（%）	成活率（%）	出塘尾数	出塘规格（g）	出塘产量（kg）
鲤	4 200	75	80	3 360	125	420
鲫	280	5	80	224	50	11.2
鲢	840	15	80	672	75	50.4
鳙	280	5	80	224	80	17.9
合计	5 600	100		4 480		499.5

表 7 - 3 以鲤为主的每 667m² 产 750kg 的放养模式

品种	放夏花尾数	品种比例（%）	成活率（%）	出塘尾数	出塘规格（g）	出塘产量（kg）
鲤	6 300	75	80	5 040	125	630
鲫	420	5	80	336	50	16.8
鲢	1 260	15	80	1 008	75	75.6
鳙	420	5	80	336	80	26.9
合计	8 400	100		6 720		749.3

4. 饲养技术

（1）投饵量。鱼类的投饵量，一般以鱼体体重的百分率来表示，称为投饵率。具体年投饵量根据预期达到的吃食鱼的单位面积净产值和饲料系数来计算。单位面积投饵量可用下列公式：

$$单位面积投饵量 = 计划吃食鱼单位面积净产值 × 饲料系数$$

计算出年投饵量以后，再按月份分配比例，确定每月的投饵计划。一般主养鲤的池塘饲料比例为：6 月份占 8%，7 月份占 38%～39%，8 月份占 38%～39%，9 月份占 10%，10

月上旬占 5％。

日投饵量控制在鱼吃食量的 80％ 左右，即每次投喂时以鱼吃到八成饱为宜。

（2）投料台的设定。每池设定 1 个桥式投饵台，位于向阳岸边中部，一般深入池中 3m 左右，养鱼员在跳板上投喂。

（3）驯化方法。驯化一般在夏花长到 5～6cm 时进行。首先在跳板上发出有节奏的响声（如敲水桶）。然后边发信号，边在投饵台投喂少量的饲料。逐渐缩小范围，每天驯化 3～4 次，每次 40～60min，这样坚持 3d 就能初步形成定时定位应声抢食的条件反射，6～7d 后，当敲响桶并投喂时，鱼种出现集群并抢食，此时表明驯化成功。

（4）驯化后的正常投喂。采用"慢、快、慢"的方法，即刚投喂时速度慢一些，面积小一些，集群后，投快一些，面积大一些，当大部分鱼慢慢地散开游离投喂点，表明已经吃到 8 成饱，此时即可停食，一般每次投喂 30min 左右。

（5）投喂要点。"四定"投饵，即定位、定时、定质、定量。投喂次数：6 月至 7 月上旬投喂 3～4 次，7 月中旬至 8 月上旬投喂 5 次。8 月下旬日投喂 4 次，9 月份投喂 2～3 次，10 月上旬每日中午投喂 1 次。

（6）颗粒饲料的规格。颗粒饲料的规格应根据鱼体大小，以适口为度，制定不同粒径的颗粒（表 7-4）。

表 7-4　鲤配合饲料养鱼规格和相应的粒径

个体尾重（g）	个体尾长（cm）	饲料直径（mm）	饲料形状
0.5～1.0	2.5～3.0	0.8	微粒
3～8	4.5～7.0	2.0	颗粒
8～15	7.0～10.0	2.5	颗粒
15～700	10.0～16.0	3.0	颗粒
70～300	16.0～25.0	4.0	颗粒

5. 水质调节与防病

（1）定期注水。夏花放养后，随着水温的升高和鱼体的生长，要经常加注新水，坚持少注、勤注的原则，每 5～10d 注水 1 次，每次注水 7～10cm，水的透明度保持在 25～35cm 为宜。

（2）pH 调节。饲养期间 pH 以保持在 7.2～8.5 为宜。当 pH 低于这个标准时，要定期用生石灰进行调节。每 10～15d 使用 1 次，每次每公顷用生石灰 150～250kg。

（3）增氧。根据池塘溶氧量的情况，来确定增氧机的开关，确保池水溶氧量在 5mg/L 以上。每公顷产鱼 5 000kg 以上的池塘应设置增氧机，在 6 月下旬至 9 月上旬每日日出前和中午各开机 2h 左右。

（4）换水。每公顷产鱼 7 500kg 以上的池塘，有条件的情况下，最好在 7 月中、下旬换掉底层池水，换水量占池水总量的 1/3 左右。产量更高的池塘，最好在 7、8 月份各换底层池水 1～3 次。

（5）巡塘及检查。每天早中晚各巡塘 1 次，观察鱼的活动情况，发现问题及时解决。每 10d 左右在喂食时捞取鱼苗，检查鱼的生长情况，有无病鱼，并随机取样 10～20 尾，测定鱼的生长情况，然后根据鱼的生长情况及水温、水质变化，调节投饵量，不宜拉网检查，以免影响驯化摄食。

（6）鱼病防治。在鱼病易发季节，每15~20d用生石灰、漂白粉、亚氯酸钠等杀菌药或硫酸铜、强效灭虫精等杀虫药物，选用其中一种全池泼洒1次，可预防细菌或寄生虫引起的鱼病。驯化养鲤对鱼病防治要求严格，除对鱼体和鱼池进行常规消毒之外，在各鱼病流行季节到来之前，应及时进行针对性预防，一旦发生鱼病要及时治疗。

（二）以鲫鱼种为主的驯化养鱼方法

鲫肉质细嫩、营养丰富、味道鲜美、生长快、易饲养，是人工养殖的优质鱼类，现在国内养殖的品种很多，如方正银鲫、澎泽鲫等。它们都可作为池塘主养鱼进行驯化。

1. 池塘条件 池塘规整，堤坝坚固，面积0.22~0.33hm²，因鲫抢食能力弱，较难驯化，所以面积不宜过大。池塘注水深度1.5~2.0m，底泥厚度不超过15cm。水源充足，注排方便，水质清新无污染。配备增氧设备。

2. 放养前的准备工作 苗种放养前10~20d，按常规方法对池塘进行消毒、注水。具体操作步骤参考鲤养殖的方法。

3. 夏花鱼种的放养 以鲫为主养鱼，计划产量250~300kg时，每0.067hm²放水花6 000~8 000尾，其中鲫占80%~85%，搭配鲢、鳙的比例为15%~20%，当秋季出池时，鲫可长到50g。

4. 投饲技术

（1）驯化。夏花入池后2~3d，就可以驯化。具体操作方法和鲤相同。但鲫摄食强度较弱，害怕惊扰，所以驯化时一般要7~10d才能成功，之后就可以进入正常投喂阶段。

（2）投喂饲料。要坚持"四定"原则。每天投喂4~6次，每次投喂30~60min。日投饲量根据鱼体的生长情况、天气状况、水温及鱼的吃食状况随时调整。一般投饵量占自身的4%~6%。颗粒饲料的规格和鱼体体长、体重的关系可参照表7-5。

表7-5 鲫规格和相应的配合饲料粒径

个体尾重（g）	个体尾长（cm）	饲料直径（mm）
1~3	4.5~5.8	0.5~1.0
3~7	5.8~7.4	0.8~1.5
7~12	7.4~9.4	1.5~2.0
12~15	9.4~15.0	2.0~2.5
50~100	15.0~18.0	2.5

5. 饲养管理

（1）水质调节及增氧。夏花放养后随着水温的升高和鱼体的生长，要经常加注新水，每10~15d注水1次，每次注水10~20cm，到7月份水位达到最高。高温季节，根据池中溶氧量情况确定增氧机的开关，要保持水中溶氧量在3mg/L以上。养殖期间池水透明度保持在25~35cm。

（2）巡塘及检查。每天早中晚各巡塘1次，观察鱼的活动及摄食情况，发现问题及时解

决，每 10d 左右在喂料时用捞子随机取样 20～30 尾，测定体长、体重、检查鱼病情况，根据所测定的生长数据适当调节投饵量。不宜拉网取样，以免惊扰鱼摄食，影响驯化效果。

（3）鱼病防治。以预防为主，夏花入池后，每隔半月向池中泼洒生石灰 1 次，用量为 15g/m³。在鱼病流行季节，投喂药饵，以防止鱼病的发生。

（三）团头鲂鱼种的驯养

1. 池塘条件及准备　鱼种池面积以 2 000～7 000m² 为宜，池塘要求池底平坦，保水性能好。池深 2～3m。鱼种池配备增氧机。乌仔或水花入池前 1 周用生石灰或漂白粉彻底清塘消毒，新池塘每 667m² 施粪肥 300～400kg，老池塘不施肥或少量施肥，塘注水0.5～0.6m 深。

2. 苗种放养　5 月下旬至 6 月上旬，每 667m² 养规格 1.5～2.0cm 乌仔或夏花鱼种 3 000～5 000 尾，另外再放养规格 1.5～3.0cm 的鲢鳙乌仔或夏花鱼种 800～1 000 尾，鲢与鳙的比例为（2～3）∶1。

3. 饲养管理

（1）饲料。采用配合颗粒饲料，鱼种饲料粗蛋白质含量要求达到 32%～35%。饲料原料粉碎细度要求达到 40 目以上。

（2）饲料投喂。采取驯化投喂法。每次投喂的时间控制在 30～40min，以大部分鱼吃饱游走为止。6 月份，每天喂 2～3 次；7～8 月份，每天喂 3～4 次；9 月份，每天喂 2～3 次。

4. 水质调节　乌仔或夏花鱼种入池后，5～7d 加 1 次新水，至 7 月份以后，水深达到 1.5m，以后勤补水，保持这一水深。15～20d 泼洒 1 次生石灰水，每 667m² 水面用生石灰 20～25kg。夏季每天中午开增氧机 1～2h，增加池水溶氧量。

5. 鱼病防治　鱼种入池前，用浓度 30g/L 的食盐水浸洗鱼体消毒，时间为 5～10min。夏季高温季节，每隔 20～30d，对池水消毒 1 次。勤巡池，注意观察鱼的活动情况，发现鱼病，要及时治疗。

（四）草鱼鱼种的驯养

1. 池塘条件　池塘面积以 0.3～1.3hm² 为宜，池深 2m 以上。池塘保水性能好。不漏水，池底平坦，淤泥少。水源要求水质清新，无污染。3 000～7 000m² 水面配备 1 台 3kW 增氧机。鱼种放养前 10d 彻底清塘消毒，每 667m² 用生石灰 80kg 或漂白粉 15kg。清塘消毒后，每 667m² 施腐熟发酵的粪肥 100～150kg，池塘注水 0.8～1.0m 深。

2. 鱼种放养　5 月初放养春片鱼种，每 667m² 放养规格为 400～500g 的草鱼种 200～300 尾，除放养草鱼种外，每 667m² 再放养规格 100～150g 的鲢、鳙种 100～150 尾。放养的鱼种要求规格整齐，无病无伤。鱼种捕捞、运输、放养要小心，尽量避免鱼体受伤。

3. 饲养管理

（1）饲料。采用人工配合颗粒饲料，饲料粗蛋白质含量要求达到 28%。饲料粒径 4～6mm。

（2）饲料投喂。采取驯化投喂法。每个鱼池搭 1 个伸入池水中 3～4m 长，宽 1m 的木桥作为投料台，木桥高出水位 0.5m，在桥上面还可搭棚遮阳。人工撒喂或投饵机投喂均可，使用自动投饵机可以节省劳动力，投喂的效果也不错。鱼种入池 2d 后即开始驯化投喂。日投喂次数为：5 月份 2～3 次，6～8 月份 4～5 次，9 月份以后 2～3 次。每次投喂时间为

20～30min。每次投喂量以鱼吃八成饱为宜，即大部分鱼游走为止。夏季如果有青饲料，可以补充投喂一些，养殖效果更好。青饲料选择水草或陆生的旱草均可。另外，也可在池边田埂种一些高产的陆生旱草，如紫花苜蓿、苏丹草等。

4. 水质调节 鱼种入池后，7～10d 加 1 次新水，每次加水 20～30cm，至 7 月份水深达到 1.5～2.0m，以后勤补水，保持这一水深。夏季坚持每天中午开增氧机 1～2h，阴雨天可延长至 3～4h。每隔 15～20d 泼洒 1 次生石灰水，每 667m² 水面用生石灰 20～25kg。保持水质清新，发现水质恶化，应及时换水。

5. 鱼病防治 鱼种入池前用 3‰～5‰的食盐水浸洗鱼体 5～10min。夏季是草鱼疾病的高发季节，主要是肠炎病、赤皮病和出血病，要做好疾病防治工作。每隔半个月全池泼洒 1 次漂白粉或强氯精，药物泼洒的浓度分别为 1.0～1.5mg/L。每隔 15～20d 投喂 1 次药饵，可投喂大蒜或大蒜素药饵。每千克鱼用 10～30g 大蒜或 2g 大蒜素，拌料投喂即可。定期检查鱼体，发现鱼病，应及时治疗。

（五）青鱼鱼种的驯养

1. 池塘条件与准备 池塘要求水源充足、水质无污染，水深保持在 1.5～2.5m，面积 3 000～7 000m²，池底坚实，不漏水渗水，阳光充足，池底平坦，淤泥较少。鱼种放养前清除池塘中过多的淤泥，经冰冻暴晒数日，加水 30cm，然后每 667m² 用生石灰 150kg 溶化后全池泼洒，隔 2～3d 经过滤注水后，再用茶籽饼每 667m² 50kg 浸泡一昼夜后泼洒。同时要求具备动力电源，每 2 000～3 500m² 水面配备 3kW 叶轮式增氧机 1 台，投饵机 1 台。

2. 苗种放养 放养鱼苗多在 5 月中下旬进行，要求鱼苗体色鲜艳、规格整齐、有光泽、行动活泼健壮。每 667m² 可放养 5 000～10 000 尾，同时可搭配合适的草鱼、鲢等。

3. 驯化饲养管理 严格按照"四定"原则人工投饵驯化，青鱼夏花放养初期，每天用少量豆浆或其他精饲料逐步引诱青鱼种到食台（场）吃食。待 10d 左右鱼种部分集群上浮摄食后，改用投饵机自动投饵，引上食台后，每天投喂 2 次，每次每万尾投喂 1.5～2.0kg 豆饼；当青鱼种长到 5cm 后，改用菜籽饼和豆浆混合投喂；8cm 后，改投浸泡的豆饼或菜饼，每天每万尾投 3～5kg。分上、下午 2 次投喂；当鱼种长到 10cm 时，每天除投喂豆饼外，还可喂轧碎的螺蚬，开始每天每万尾喂 30kg，以后逐步增加。

4. 水质管理 在鱼苗期我们要多注意水质的清洁，要 5～7d 换水 1 次，进入夏季以后换水的次数更要增加，平均每 3～4d 注排水 1 次。排水量为池水的 1/5。因为青鱼的溶氧量很大，如果水质不好，将会出现"浮头"等现象，经常注排水能够缓解这一现象。

5. 鱼病防治 青鱼鱼种饲养阶段发生病害可能是放养时造成的，所以在放养后一定要做好预防工作。可在放养后用 90%晶体敌百虫 800 倍稀释液全池泼洒 1 次，间隔 1d 再用漂白粉来全池泼洒，每立方米的水体可用 1g 漂白粉。高温季节也可以在饲料中加入适量的食盐。

任务二 乌仔及夏花放养

乌仔指全长 1.7～2.0cm 的鱼种，而夏花是指全长 2.1～3.0cm 的鱼种，生产上应根据生产条件和生产目的选用合适的放养方式，充分发挥单养和混养的优势，并要根据鱼种计划养成的规格、鱼的种类、肥料和饲料的数量、质量、池塘环境条件和技术管理水平等方面的

条件来确定合理的放养密度。

　　鱼种饲养是把夏花鱼种培育3～5个月，养成全长10～17cm的幼鱼的过程。通常根据鱼种的出塘时间不同而有不同的称谓，一般把当年秋季出塘的鱼种称为秋花鱼种或秋片，当年冬季出塘的鱼种称冬花鱼种或冬片，而到第二年春季出塘的鱼种称为春花鱼种或春片。

任务描述

根据实际生产的需要将乌仔、夏花养成不同规格鱼种的过程。

任务实施

夏花鱼种培育

（一）夏花放养前的准备工作

　　1. 鱼种池的选择　鱼种池与鱼苗池相似，只是面积要稍大一些，一般以 0.2～0.8hm² 为宜，水深 1.5～2.5m。鱼种池要求池底平坦、水源充足、水质良好、排灌方便。

　　2. 鱼种池的清整和消毒　鱼种池在夏花放养前15～20d要用药物进行彻底消毒，一般采用生石灰带水清塘，即不排出池水，将刚融化好的石灰浆全池泼洒，生石灰的用量为水深1m 每公顷池塘大约用块状生石灰 2 300kg。

　　3. 施基肥培肥水质　在清塘后要适当施肥，以培养枝角类、桡足类等浮游生物。施肥时间一般在夏花放养前 10d 左右进行，每公顷水面施发酵过的畜禽粪 3～6t，还可加少量氮、磷等无机肥料，如每公顷施氨水 75～150kg，或硫酸铵 38～75kg，过磷酸钙 15～22.5kg。以鲢、鳙为主体鱼的池塘，基肥应当适当多一些，鱼种尽量控制在轮虫高峰期下塘；以青鱼、草鱼、团头鲂、鲤为主体鱼的池塘，应控制在枝角类高峰期下塘。此外，以草鱼、团头鲂为主体鱼的池塘还要适当培养芜萍或小浮萍，当做鱼种的补充饵料，做到水蚤成群，水清见底。

（二）夏花放养方式

　　1. 夏花鉴别和优劣选择　我国"四大家鱼"形态特征很容易区别，可通过表7-6和表7-7内容进行鉴别。

表7-6　草鱼和青鱼的区别

比较指标	体色	鳞片	身体大小	吻的形状
夏花草鱼	金黄色	清楚	相对青鱼大	吻较钝
夏花青鱼	金黄色	不清楚	相对草鱼小	吻较尖

表7-7　鲢和鳙的区别

比较指标	体色	腹棱长度	胸鳍长度	色素
夏花鲢	银白色	由胸部直到肛门	仅达腹鳍基部	腹鳍与臀鳍之间的腹褶边缘黑色素排列整齐
夏花鳙	黄白	由腹鳍开始到肛门	长达腹鳍 1/2 左右	腹鳍与臀鳍之间的腹褶上部色素稀疏散乱，尾鳍及尾柄处有较显著的黄色

而鲤和鲫的夏花鱼种与成鱼相似，它们的区别是鲤夏花体形侧扁，腹部圆，背部暗灰或暗黑色，腹背浅灰或淡白色，背鳍和尾鳍基部灰黑色，臀鳍和尾鳍下叶橙黄色，胸鳍和腹鳍金黄色，雄鱼尾鳍呈橘红色，口角有须两对，鳞片较大；而鲫夏花形似鲤，但身体较高，且无口须，体色灰黑或银白，各鳍均为灰色。

　　能区分不同夏花品种，还要学会鉴别夏花鱼种的优劣，这样才能保证培育出优良的大规格鱼种。夏花鱼种的优劣鉴别可参考表7-8。

表7-8　夏花鱼种的优劣鉴别参考表

比较指标	出塘规格	体色	活动力	抽样检查情况
优质夏花	同塘同种鱼规格整齐	体色鲜艳有光泽	行动活泼，抢食力强，集群游动，受惊后会迅速下沉	将抽样的夏花鱼种放到白瓷盆中，抽样鱼会在盆狂跳，检查鱼体可见鱼体肥壮，头小背厚，鳞片、鳍条完整，无异样现象
劣质夏花	个体大小不一，悬殊较大	体色暗淡无光，变黑或变白	行动迟缓不集群，抢食力弱，在水面慢游，受惊后不会迅速下沉	抽样鱼放白瓷盆中很少跳动，检查鱼体可见鱼体瘦弱，背薄，鳞、鳍残缺，有充血现象或异物黏附鱼体

　　2. 夏花鱼种消毒　夏花放养时常用用药物浸洗鱼体进行消毒，这样能起到预防鱼病的作用，具体消毒措施可参考表7-9。

表7-9　夏花鱼种的常用消毒方法参照表

药物名称	用药量（mg/kg）	水温（℃）	浸洗时间（min）	可防治的鱼病
漂白粉和硫酸铜合剂	漂白粉：5 硫酸铜：4	10～15	20～30	可防治烂鳃病、赤皮病、白皮病、鳃隐鞭虫感染、车轮虫感染、斜管虫感染等鱼病
硫酸铜	4	15～20	15～20	可防治鳃隐鞭虫、车轮虫、斜管虫等寄生虫感染
漂白粉	5	15～20	15～20	可防治细菌性皮肤病、烂鳃病等鱼病
高锰酸钾	10	20～25	15～20	可防治三代虫、指环虫、车轮虫、斜管虫、锚头鳋等寄生虫感染
食盐	2.5～5	20	20～30	可防治水霉病、一部分原生动物鱼病

　　在进行药物消毒的过程中，一定要注意夏花动态。如果发现夏花挣扎不安或"浮头"，表明已不能继续浸洗，这时要立即将鱼种放回鱼种池。在整个浸洗消毒过程中，操作精细，尽量避免鱼体受伤。

　　3. 夏花放养时间　夏花要适时放养，一般放养时间为6月份，宜早不宜迟。但同一池塘几种搭配混养的鱼类不能同时下塘，应先放主体鱼，再放配养鱼。如果以草鱼或团头鲂为主体鱼的池塘，应在放养主体鱼20d左右后再放养鲢、鳙等配养鱼，这样既能让主体鱼逐步适应肥水环境，提高争食能力，保证优先生长，又能通过投喂饲料和主养鱼的粪便培肥水

质，为鲢、鳙准备充足的天然饵料。

4. 夏花的合理搭配混养 在鱼苗阶段，由于各种鱼的食性及生活习性无大的区别，所以无需混养而以单养为主。在鱼种饲养阶段，各种鱼的生态习性趋向成鱼，其食性、栖息水层明显不同。为了充分利用水体空间和各种饵料生物资源，可采用混养的方式饲养鱼种，从而发挥池塘的生产潜力，提高鱼种生产力。

鱼种池塘一般混养 2～3 种鱼类，不像成鱼池塘那样多达 7～8 种鱼类混养。这是因为本阶段各种鱼类摄食天然饵料虽然有所不同，但毕竟还没有成鱼那样明显，对所投的人工饲料大部分夏花都喜欢摄食。如果混养种类过多，会造成严重的争食现象，不利于主体鱼的生长。即使混养 2～3 种夏花鱼种，也要选择彼此争食较少，相互有利的种类搭配。

现将生产上常见的几种鱼种混养搭配比例介绍如下。

①以鲢鱼种为主体鱼：鲢占 60%，鳙、草鱼、鲤、鲫各占 10%。

②以鳙鱼种为主体鱼：鳙占 60%～70%，其余搭配草鱼、鲤和鲫。

③以草鱼种为主体鱼：草鱼占 60%，鲢占 20%，鳙占 10%，鲤占 10%。

④以青鱼种为主体鱼：青鱼占 60%，鲢占 20%，鳙占 10%，鲤或鲫占 10%。

⑤以鲤鱼种为主体鱼：鲤占 60%，鲢占 20%，鳙占 10%，草鱼占 10%。

考虑到几种常见鱼种的习性和食性的矛盾，在夏花鱼种进行搭配混养时，还要注意以下几点：

(1) 鲢鱼种和鳙鱼种的关系。鲢鱼种与鳙鱼种都是滤食性鱼类，鲢主要摄食浮游植物，鳙主要摄食浮游动物，而池塘里浮游植物的总量远远高于浮游动物的总量，故以鲢为主的池塘，只能适当搭配一些鳙，一般只占 10%～20%。又因为鲢性情急躁，动作敏捷，争食能力强；鳙行动缓慢，争食能力弱，食量大，常因得不到足够的饵料而生长受到抑制，所以以鳙鱼种为主的池塘，一般不混养鲢。而以鲢鱼种或鳙鱼种为主的池塘均可搭养草鱼。

(2) 草鱼种和青鱼种的关系。草鱼种与青鱼种活动的水层大致相同，都喜食人工饲料。在自然条件下草鱼的食性偏向植物性，青鱼的食性偏向动物性，两者的食性并不矛盾。但在投喂人工饵料饲养时，草鱼争食力强且贪食，而青鱼摄食能力差，所一般青鱼、草鱼不同池混养，但是以青鱼或草鱼为主的池塘均可混养部分鲢或鳙。

(3) 鲤鱼种和鲫鱼种的关系。由于鲤和鲫的习性相近，如果把它们放在一起，争食现象很明显，鲤又比鲫长得快，而且性贪食，故鲤鱼种和鲫鱼种不宜混养。加上鲤常因在池底掘泥觅食把水搅混浊，影响浮游生物的繁殖，所以鱼种池如果大量搭养鲤会妨碍主养鱼的生长，故只能少量搭配，一般为 5%～8%。如果单养鲤可搭配少量鳙。

（三）夏花放养密度

夏花鱼种的放养密度要合理，如果密度过大或过小都会影响鱼种的生长速度和肥满度，最终会导致鱼种规格不同，质量出现差异。在大致相同的池塘生态条件和饲养管理水平之下，在同一个养殖周期内，如果放养密度低，则鱼种出塘规格相应较大，质量较好，但会造成池塘的利用率低；如果密度较高，则出塘时鱼种规格偏小，所以放养密度要适中。一般每公顷鱼种池放养夏花鱼种 15 万尾左右。具体放养密度还应根据以下因素确定：

1. 鱼种池的条件　如果鱼种池面积较大，水较深，排灌条件好，或有增氧机，水质肥沃，饲料充足，放养密度可适当大些。

2. 夏花分塘时间的早晚　如果夏花分塘时间早（在 7 月初之前），放养密度可大一些，反之则小些。

3. 鱼种出塘规格的要求　如果要求鱼种出塘规格较大，则放养密度应小一些，如果要求出塘规格较小，则放养密度要大一些。

4. 主体鱼的品种　如果以草鱼种或青鱼种为主体鱼的池塘，放养密度应小些；而以鲢鱼种或鳙鱼种为主的池塘，放养密度可适当大一些。

鱼种的具体放养密度可参考表 7 - 10。

表 7 - 10　夏花鱼种放养密度和出塘规格参照表

主体鱼	放养量（万尾）	出塘规格（cm）	配养鱼	放养量（万尾）	出塘规格（cm）	放养总量（万尾）
草鱼	3.0	12～15	鲢	1.5	17～20	6.0
			鲤	1.5	13～15	
	7.5	10～12	鲢	3.0	15～17	12.0
			鲤	1.5	12～13	
	12.0	8～10	鲢	4.5	13～15	16.5
	15.0	8～10	鲢	7.5	12～13	22.5
青鱼	4.5	12～15	鳙	3.7	13～15	8.2
	9.0	13	鳙	1.2	15～17	10.2
	15.0	10～12	鳙	6	12～13	21.0
鲢	7.5	13～15	草鱼	2.2	13～15	10.5
			鳙	0.8	15～17	
	15.0	12～13	团头鲂	3	10～12	18.0
	22.5	10～12	草鱼	7.5	12～13	30.0
鳙	6.0	13～15	草鱼	3	15～17	9.0
	12.0	12～13	草鱼	3	13～15	15.0
	18.0	10～12	草鱼	3	12～13	21.0
鲤	7.5	10～12	鳙	6.0	12～13	15.0
			草鱼	1.5	12～13	
团头鲂	7.5	10～12	鳙	6.0	12～13	13.5
	13.5	10	鳙	1.5	13～15	15.0
	37.5	6～7	鳙	0.2	18～20	37.7

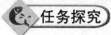

放养夏花既要因地制宜选好主养鱼，还要避免混养鱼类食性相同。

各地的具体放养密度应根据池塘条件、夏花分塘时间、鱼种出塘规格、主养鱼的种类等因素来科学确定。

任务三　饲养管理

任务描述

鱼种培育过程中，各地由于采用的饲料、肥料不同，形成了不同的培育方法，从而需要采取不同的饲养管理措施进行科学饲养。

任务实施

一、鱼种的常见培育管理措施

夏花鱼种在培育过程中，由于采用的饲料、肥料不同，从而形成了不同的饲养方法：

（一）投喂为主、施肥为辅的饲养方法

主要依靠投喂大量的天然动植物性饲料来培育鱼种，施肥只作为辅助措施，这种培育方法主要适合以草鱼、青鱼、鲤等为主的吞食性鱼类。

1. 饲料种类　主要有植物性饲料（包括鱼类能够摄食的水生植物，如芜萍、小浮萍、紫背浮萍、满江红、苦草、轮叶黑藻以及幼嫩的禾本科植物）、动物性饲料（包括鱼类能够摄食的底栖生物，如螺蛳、河蚌、蚬类、水蚯蚓等以及蝇蛆、蚕蛹等）、商品精饲料（包括饼粕、麦类、米糠、玉米、麸皮、酒糟、豆渣等）。

从生产实践看，鱼种阶段投喂适口的天然动植物性饲料比投喂商品精饲料的生长效果好，培育出的鱼种个体较大、规格均匀、体质健壮。但天然动植物性饲料的供应数量受天气、季节、种植（或培养）面积和采集水域等多种因素的限制，往往不能满足实际鱼种饲养的需求量。为了解决鱼种的饲料不足问题，不仅要重视青饲料的种植和原池培养鱼种的适口饵料，还可以专门腾出一些池塘用来培养鱼种的适口饵料。

2. 不同鱼种的投喂方法

（1）以草鱼种为主体鱼的池塘。对草鱼种要以投喂青饲料为主，既有利于草鱼生长，又能降低饲养成本。在草鱼夏花下塘后的初始阶段，以投喂芜萍为主，每日每万尾草鱼种投喂芜萍20～25kg，随后逐渐增加到40kg。投喂约20d后，鱼体长度达到6.5cm左右时，改喂小浮萍，每日每万尾投喂60～70kg，随着鱼的长大，投喂量逐渐增到100kg。当草鱼种长到10cm左右时，就可改投水草、陆生嫩草等青饲料，但最好将嫩水草打碎后投喂，便于小草鱼吃食。具体数量可参考表7-11。

草鱼1龄鱼种患病率高，难以饲养，特别容易暴食得病，成活率不稳定。如果饲养管理稍有疏忽，则死亡率更高，有时可达70%～80%。提高1龄草鱼种成活率的关键措施是饲

料新鲜、节制投喂，以投饲后 1h 左右吃完为宜，一般鱼吃到七成或八成饱即可。

表 7-11　1 龄草鱼投饲参考表

规格 （cm）	适口饲料	季节	投饲天数 （d）	每万尾 日投喂量（kg）	要求
3 左右	瓢莎	夏至前后	15～20	20～40	投足，当天吃净，不吃夜食
7 以上	小浮萍、轮叶黑藻	小暑以后	15～20	60～100	
8 以上	紫背浮萍	大暑以后	15～20	100～150	
10 以上	苦草、陆生嫩草	立秋以后	40～50	150～200	根据天气情况，限制5～6h 吃完
13 以上	苦草、精饲料	秋分以后	80～90	75～150	

在草鱼为主的池塘里，对混养的鲢、鳙要定期施肥，一般每 10～15d 施 1 次追肥，可按每公顷施绿肥（大草）2 300kg 或腐熟粪肥 1 500kg 左右为宜。此外，还要在夏花放养后，每日适当投喂一些精饲料，每次每万尾（包括主养鱼和配养鱼）投喂 1kg 左右的精饲料，以后逐渐增加到 2kg。精饲料应在青饲料投喂之后进行，以便让草鱼吃饱青饲料后，可减轻草鱼与其他鱼类争食，也起到节省精饲料的作用。

（2）以青鱼种为主体鱼的池塘。待青鱼夏花入池后，先用少量豆渣等精饲料引诱青鱼来食场摄食，待其引上食场后，再按每次每万尾青鱼夏花 12～15kg 的量投喂新鲜豆渣，每日两次，9：00 前后和 16：00 前后各 1 次，同时可再辅助投喂少量的芜萍。当青鱼长到 8cm 左右时，即可改投浸泡磨碎的豆饼，每日上、下午各投 1 次，每次每万尾约投 20kg，以后逐渐增加投喂量，直至每次每万尾投喂 50kg 左右。当青鱼种长到 10cm 左右时，每天除投喂豆饼外，还可喂轧碎的螺蚬，开始每天每万尾喂 30kg，以后逐步增加。池内混养的其他鱼类，肥料和饲料的投放可参考草鱼种为主体鱼的池塘。

（3）以团头鲂为主体鱼的池塘。夏花下塘后，要有足够的浮游生物，同时按每日每万尾 1kg 的量投喂豆饼糊。随着鱼种的逐渐长大，投喂量也要逐渐增加。当鱼种长到 3.5cm 以上时，可投喂瓢莎、芜萍或小浮萍，并适当施肥，从而培养天然饵料供团头鲂摄食。随着鱼体的生长，以后逐渐增加鲜嫩青草或者用团头鲂鱼种的专用配合饲料进行投喂。

（4）以鲤或鲫为主体鱼的池塘。以投喂商品精饲料为主，刚开始每天投喂 1 次菜饼等精饲料，按每万尾投喂 10kg 左右的量，将精料投在浅水处，以养成鱼类集中摄食的习惯，也便于观察鱼类活动及摄食情况。随着鱼体长大，每日投饲量相应增加，同时逐渐改投鲤全价颗粒配合饲料。

（二）施肥为主、少量投喂的鱼种饲养方法

该饲养方法主要适合以鲢和鳙为主体鱼的鱼种培育，因为鲢、鳙都是肥水性鱼类，要求水质肥沃，所以这种饲养关键是要施好肥，掌握池水肥度，培养充足的天然饵料。具体饲养方法是在池塘清整后施足基肥，待达到轮虫的高峰期时（5～10 个/mL）时放养鲢或鳙夏花鱼种。在鱼种放养后要经常施追肥，用于补充池塘中营养物质的消耗。追肥掌握少施、勤施的原则，一般 7～10d 施 1 次追肥，每次每公顷施用绿肥或腐熟的堆肥 1 500～3 000kg，也

可用无机肥 5~10kg 代替（注意氮、磷、钾的比例，通常为 2：2：1）。追肥还要掌握"四看"原则，即一看季节，初夏时勤施，盛暑时稳施，秋凉时重施并勤换水防止水质恶化，促使鱼类快速生长，冬季只要保持一定肥力即可，使鱼安全越冬；二看天气，晴天可多施一些，阴雨天可少施或停施；三看水色，如果一天中水色变化明显，光强水色浓，光弱水色清，水的透明度在 30cm 左右时，说明池塘中的浮游生物种类较多，层次丰富，水质较活，肥瘦适中，如果透明度低于 20cm 或高于 40cm 则表示水质过肥或过瘦，这时就需要及时进行水质调节；四看鱼的动态，如果鱼种活动正常，则正常施加追肥，如果鱼种含量明显减少并伴有轻微"浮头"现象时，要暂停施肥或减少追肥量并加注新水改善水质，若鱼的食量大减甚至停止摄食并出现严重"浮头"现象，则表示水质过肥，应停止施肥加注大量新水并开动增氧机来改善水质，从而促使鱼类摄食。

应用施肥为主的鱼种饲养方法，每天还需要再投喂精饲料 2 次，每次每万尾鱼种投黄豆浆或豆饼浆 1.5~2.0kg，以后逐步增加到 2.5~4.0kg，或每天每万尾投喂糊状的商品饲料（饼类、麦粉、玉米、糠等），从 1~2kg 逐渐增加到 3~4kg。也有一些地方采取向水中撒投商品饲料的方法喂鲢、鳙，效果较好。由于鳙的摄食量大，所以鳙鱼种为主体鱼的池塘，精饲料的投喂量要高于鲢鱼种为主体鱼的池塘。如果鲢或鳙为主体鱼的鱼种池搭配有草鱼种，还需要每天在精饲料投喂之前先投一些青饲料。

（三）栽培轮叶黑藻培育鱼种

有些地区在草鱼种饲养池内预先种植苦草或轮叶黑藻等水草，为草鱼种直接提供青饲料，效果较好。具体做法是：在早春时可先将池水排干，再施足有机肥作基肥，然后从河中捞取轮叶黑藻，切成 15cm 左右的小段，再以每公顷 500kg 左右的用量均匀撒入池中，或将水草一束束地插进泥中，与插水稻相似。水草扎根后，适当注些新水和施少量有机肥作为追肥。随着草苗迅速生长，逐渐加深池水量。一般到 6 月中旬，水草生长茂盛，池水深度达到 1.5m 左右时，即可经拉网和施药清除野杂鱼、水生昆虫及幼虫后放养草鱼夏花鱼种，放养量按每公顷 15 000 尾左右，同时可混养夏花鲤种 5 000 尾左右，待半月后再放养鲢夏花 10 000 尾左右和鳙夏花 3 000 尾左右。在放养初期可先投喂少量浮萍，数天后草鱼种逐渐转向自由摄食水草，此时再加注一些新水，让水面高出轮叶黑藻 10~15cm。为了让鱼种生长得更好，每天下午还可以按每公顷水面 10kg 左右的用量遍洒配合饲料。轮叶黑藻一般可供鱼种吃 50~60d，此后每日每千尾草鱼种再投喂青饲料 50kg 左右。当轮叶黑藻栽种 1 年后，即可在池塘自然繁殖生长。此法可以解决饲养前期草鱼种的大部分青饲料及中、后期的部分青饲料。

二、日常管理

（一）科学投饵

鱼种饲养过程中，饵料投喂方法要科学、合理，一般都采用"四定"投饵法。即"定位、定时、定质、定量"：

1. 定位　是指投放饲料要固定在一定的位置，使鱼在一定的地点吃食，俗称"食场"或"食台"。食场（台）应设在僻静向阳处，这样鱼吃食时不受干扰。青饲料的食场一般用竹竿或草辫围成"△"或"口"形框架，防止草料被风吹散和便于去除残渣。精饲料或颗粒饵料的食台通常用竹席或芦席搭成，大小约为 1m² 左右，四角用竹竿或木桩固定于离岸边 1.5m 处，入水深 30～40cm，一般按每 10 000 尾鱼种设食台 1 个。

2. 定时　是指每天投喂饲料的时间要相对固定，一般 8：00～9：00、14：00～15：00 各投 1 次，在春初和秋末冬初水温较低时，一般只在中午投喂 1 次，而夏天温度比较高，上午投饲时间可提前至 7：00～8：00，下午投饲时间则要延迟到 16：00 左右，阴雨天气可停止投饲。

3. 定质　是指所投喂的饲料必须新鲜、洁净，不能投喂腐烂变质的饲料，以避免发生鱼病。其次饲料的适口性要好，要适合不同种类和不同大小的鱼摄食。有条件的最好制成大小适宜的颗粒配合饲料，以便提高营养价值和减少饲料成分在水中的溶散损失。在鱼病流行季节来临之时，饲料投喂前要进行消毒或加入必要的防病药物进行鱼病的预防，一般在青饲料中加入蒜泥。

4. 定量　是指投喂饲料应做到适量、均匀，避免过多过少或忽多忽少，这对降低饲料系数、减少鱼病、促使鱼类正常生长有良好效果。实际投饲量应根据饲养鱼的不同种类、不同大小、不同季节、天气变化、水温高低、水质肥瘦和鱼类摄食情况等具体条件来灵活掌握。如在水温适宜的 7、8、9 3 个月，水温为 25～32℃ 时，鱼种新陈代谢旺盛，摄食能力强，是鱼种的生长旺季，要增加投饵量，一般要占到全年总投饵量的 60% 左右。但如天气不正常时，如长期炎热忽然转凉，长期凉爽忽然转热，或者遇到天气闷热、气压低、雷雨前后都要少投饵或不投饵。投饵量还要观察鱼病流行情况，在发病时期投喂量要减少，严重时可停止投喂。

全年投饵量，可以根据各种饵料的饵料系数和预计鱼产量来计算，全年各月份投饵比例可参照表 7-12。

表 7-12　各月份投饵比例参考

月份	6	7	8	9	10	11	12	翌年 1～3	合计
比例（%）	4	12	22	24	20	10	4	4	100

（二）坚持巡塘

每日要坚持巡塘 2～3 次，清晨巡塘一般主要观察鱼的动态，如果发现"浮头"严重要及时开动增氧机增氧直到太阳出来，如果发现鱼病流行要及时进行处置。上午和下午巡塘可结合投喂饲料进行，主要检查鱼的吃食情况，如发现当天投喂的饲料全部吃完，第二天可适当增加或保持原投饵量；如发现当天没有吃完，第二天应减少投饵量。同时要及时清扫食台、食场上的食物残渣，及时清除池边的杂草和池中腐败污物，保持池塘环境卫生。

（三）调节水质

水质管理是 1 龄鱼种饲养的一项重要措施。一般在鱼种饲养前期每 10d 左右注水 1 次，以后每周注水 1 次，每次注水 15cm 左右。有增氧机的池塘，应在每天的 14：00 左右开动

增氧机 1h，以保持池塘的水质始终处于肥、活、嫩、爽的状态，从而保持水质清新、溶氧量丰富，为鱼种的快速生长创造一个良好的水体环境。

（四）做好鱼病预防工作

鱼种培育时期，正是高温季节，水体中病害生物大量繁殖，如果不能认真做好鱼病的预防工作，将会给鱼种造成巨大损失。通常通过以下措施预防鱼病：

（1）结合巡塘，及进捞除残饵，不喂隔夜饲料、变质饲料，不施未经发酵腐熟的有机肥，保持食场的清洁卫生。

（2）在鱼病的多发季节，每半个月用 100～300g 的漂白粉在食台和食场周围泼洒 1 次，进行消毒。

（3）在寄生虫病的高发季节，可用硫酸铜和敌百虫杀死食场附近的寄生虫。

（4）发现鱼病要及时治疗，对病死鱼要及时捞除，并挖深坑掩埋，不可随手乱丢，以防反复感染蔓延。

（5）对规格较大的草鱼种，可推广人工浸泡或注射草鱼专用疫苗。

（五）定期拉网筛选鱼种

鱼种培育 2 个月左右时，如果发现鱼种生长不匀，要先拉网锻炼 1～2 次，再用鱼筛将个体较大的鱼种筛出分塘培育，留下规格较小的鱼种继续在原塘加强培育。一般每 20d 左右拉网锻炼 1 次，每次结合拉网锻炼还可清除敌害，检查鱼种生长及健康状况，同时也可调整池中鱼种规格，及时将大小不同的鱼种过筛分池饲养，以促进池中小鱼种的生长。拉网还可搅动底泥，加速池中有机质的分解，增加水的肥度，有利于池中饵料生物的繁殖。同时拉网能使池塘上、下水层充分混合，减少池底氧债，改善池塘水质。通过鱼种锻炼能提高鱼种的体质，促进鱼体代谢，提高鱼种的摄食强度，有利于鱼种的生长和提高鱼种运输成活率。

（六）做好防洪、防逃、防鸟工作

夏季雨水多，汛期长，鱼种池被淹的情况时有发生，管理者应在汛期到来之前及时修补加固加高池堤，疏通排水口，防止洪水冲垮或淹没鱼种池，从而造成不必要的经济损失。同时还要注意在水鸟活动较多的鱼种池扎放草人，或及时驱赶水鸟，避免或减少水鸟入鱼种池啄食鱼种。

（七）要做好塘卡记录

即要及时记录下鱼种的来源、品种、规格、数量和放养日期；记录下饲料和肥料的来源、品种、数量和投喂时间；记录每日的天气情况和水温；记录下鱼病发生的日期、鱼病种类、用药种类及防治效果等内容；还要记录下巡塘时发现的问题及采取的措施；记录开增氧机的具体时间；记录下注水的时间和注水量等。可以池塘日志的形式进行记录。

三、出塘和并塘越冬

鱼种经过 5～6 个月的饲养，规格可达 20～70 尾/kg。秋末冬初，当水温降低到 10℃ 以下时，鱼的摄食量将会大大减少，这时应将规格较大的鱼种捕出送入成鱼池进行养殖。这样既可使鱼种在越冬以前就能适应成鱼养殖水体的生活环境，提早加快其生长，又可避免鱼种在狭小的鱼种池中越冬带来的损失和管理上的麻烦。

如果需要留做春季放养的鱼种，为确保鱼种安全越冬，可将鱼种捕捞出塘，按种类、规格分别集中蓄养在池水较深的池塘内越冬。在越冬前每个池塘基本都要捕捞干净，然后进行分类、计数，并池或放养。

分类时可用鱼筛筛选，不同种类和不同规格的鱼体大部分可以分开，少数不能用鱼筛分开的鱼种可通过手拣分开。鱼种出塘和并塘时的拉网、分类、搬运等操作都要细心，尽量避免碰伤鱼体，从而提高鱼种的成活率。

鱼种分类以后即可进行计数。计数方法是从每一种类、每种规格的鱼种中各随意取出 5 尾，测量其长度和重量以确定该规格的长度范围、重量及其平均值，再各称出 1kg 数出其尾数，然后称出各类和各规格鱼种的总重量，即可算出每种鱼每种规格的尾数，同时也可进一步算出每种鱼和全部鱼种的成活率。

越冬的鱼种池面积以 $0.5hm^2$ 左右为宜，水深 2.5～3.5m，避风向阳，池塘条件较好。在并塘拉网前 3～5d 要停止投饵，拉网时间要选择晴天进行拉网操作，动作要敏捷细致，尽量不要碰伤鱼体。越冬池一般都是单养，鱼种规格为 10～13cm，每公顷的池塘可放养 75 万～90 万尾。越冬池应预先灌满新水并用无机肥适当施肥，使鱼种在适度肥水中越冬。在冬季仍需加强管理，适当施放一些肥料，在晴天中午较暖和时也可少量投喂精饲料，同时还要防止水面结冰，以提高越冬成活率。

越冬池的管理工作：首先要经常测定池水中的溶氧量，一般 7d 左右测 1 次，越冬期间应经常保持池水溶氧量在 5mg/L 左右。当溶解氧量降到 3mg/L 时就需采取增氧措施（加注新水或开增氧机）；当溶氧量在 2mg/L 以下时容易发生危险。在天气寒冷的结冰期可打冰孔观察，当发现有水生动物或鱼类上浮在冰孔时说明水中已经严重缺氧。其次要定期加注新水，确保越冬池尽量灌满池水，这样就会增加池中溶氧量，改善水质，提高水温。

四、1 龄鱼种质量鉴别标准

饲养的鱼种质量如何，可用下述标准进行鉴别，符合标准的即为优质鱼种。

1. 看出塘规格是否均匀　同一池塘出池的同种鱼种规格比较均匀整齐，说明鱼种体质健壮。而个体差距大，往往群体成活率较低，其中那些个体小的鱼种，体质消瘦，俗称"瘪子"，质量较差。

2. 看体色　俗称看"肉色"，即通过鱼种的体色反映鱼种的体质优劣。优质鱼种的体色是：

草鱼：鱼体淡金黄色，灰黑色网纹鳞片明显。

鲢：背部银灰色，两侧及腹部呈银白色。

鳙：淡金黄色，鱼体黑色斑点不明显。

如果体色较深或呈乌黑色的鱼种则是瘦鱼或病鱼。

3. 看体表是否有光泽　健壮的鱼种体表光滑，色泽鲜明光亮，无病无伤，鳞片、鳍条

完整无缺。而病弱受伤鱼种缺乏黏液，体表无光泽，俗称鱼体"发毛"或"出角"。某些病鱼体表黏液过多，也会失去光泽。

4. 看鱼游动情况　健壮的鱼种"浮头"时在池中央徘徊，白天大都在水下活动，同时游泳活泼，溯水性强，受惊时能迅速潜入水底，密集时，头向下而尾不断煽动。而劣质鱼种游动迟钝，逆水性差。

五、2 龄鱼种饲养

2 龄鱼种饲养是指在 1 龄鱼种饲养的基础上，春天将春片鱼种入池再饲养 1 年，使青鱼、草鱼长到 500g 左右，鲢、鳙长到 250g 以上，团头鲂长到 50g 左右的饲养过程。2 龄鱼种，也称为老口鱼种，在江苏又称为斤两鱼种。

2 龄鱼种饲养既可进行单养，也可以混养和套养，其饲养的池塘条件、水质要求、常规鱼病防治等技术可参照 1 龄鱼种饲养。

池塘成鱼养殖高产经验证明，放养 2 龄鱼种绝对增重最快，在成鱼池中饲养 1 年后，青鱼体重能达到 2.5～3.5kg，草鱼可达到 2.0～3.0kg，鲢、鳙也可长到 1.5～2.0kg，所以培育优质充足的 2 龄鱼种是提高池塘成鱼单位面积产量的一项重要措施。

（一）2 龄青鱼的饲养

1. 2 龄青鱼的放养　2 龄青鱼的放养可参考表 7-13。

表 7-13　2 龄青鱼饲养模式（放养单位：每公顷）

鱼类	放养			预产		
	规格	尾数	质量（kg）	成活率（%）	规格（kg）	质量（kg）
青鱼	41.5 g	7 200	300.0	71	0.50	2 520
鲢	15cm	3 750	112.5	100	0.60	2 250
鳙	15cm	900	30.0	100	0.75	675
草鱼	12cm	300	4.5	80	1	240
合计		12 150	447.0			5 685

2. 2 龄青鱼的饲养管理　由于 2 龄青鱼处于食性转变阶段，由摄食微小浮游生物及植物性饲料转向摄食螺蚬等动物性饲料和人工配合饲料，加上其个体较小，抗病能力差，死亡率高，所以在生产中要采取以下管理措施：

（1）饲料要适口、适量、质好，每天的投喂要均匀。适口的原则是由软到硬，由细到粗；适量的原则是由少到多，逐步增加；质好的标准是新鲜、营养全面而丰富；均匀的原则是大小鱼都能吃到、吃饱。

（2）要切实做好鱼病防治工作。4～5 月份和 7～8 月份是青鱼的两个发病高峰期，要切实做好防病、治病工作。

（二）2 龄草鱼的饲养

1. 2 龄草鱼的放养　2 龄青鱼的放养可参考表 7-14、表 7-15。

表7-14　2龄草鱼饲养模式（一）（放养单位：每公顷）

鱼类	放养			预产		
	规格	尾数	质量（kg）	成活率（%）	尾数	质量（kg）
草鱼	50g	12 000	600	80	9 600	2 800
青鱼	150g	150	10	100	150	113
鲤	3.3cm	4 500	2.25	60	2 700	185
鲫	3.3cm	9 000	6.00	60	5 400	675
鲢	250g	1 800	450.00	100	1 800	900
鳙	125g	450	56.25	100	450	225
合计		2.79万	514.50		2.01万	4 898

表7-15　2龄草鱼饲养模式（二）（放养单位：每公顷）

鱼类	放养			预产		
	规格（cm）	尾数	质量（kg）	成活率（%）	尾数	质量（kg）
草鱼	13.3	12 000～15 000	240～315	70	8 400～10 500	2 100～2 625
鲢	11.7	3 000	45	95	2 850	1 425
鳙	11.7	600	11	95	550	185
合计		15 600～18 600	296～371		11 800～13 900	3 710～4 235

2. 2龄草鱼的饲养管理　2龄草鱼饲养管理工作中，重点是要抓饲料投喂、水质管理及鱼病防治等重要环节：

（1）饲料的投喂。要根据草鱼的生长情况及天气状况确定，同时精饲料和青饲料要科学搭配。一般水温6℃以上时，每天投喂由豆饼、大麦和菜饼配制的混合饲料（可加工制成小颗粒），每2d投喂1次，每公顷每次投30～75kg。4月份可结合投喂精饲料加投浮萍、宿根黑麦草、轮叶黑藻等；5月份加投苦草、嫩旱草、莴苣叶等；6～7月份可参照5月份的投喂情况做适当调整。精饲料和青饲料的投喂量以投喂后3～4h内吃完为宜。在鱼病高发季节，要特别注意投喂适量，保持食台或食场的良好卫生，精饲料应投在向阳干净的滩脚处或食台上，水、旱草应投在食场内。对草鱼吃剩下的残渣、剩草要及时捞出。

（2）水质管理。以草鱼为主的专养池或混养池，水质要保持清新、活爽，透明度在30cm左右为宜。所以要定期向池中冲水，特别是高温季节，每3～5d换水1次，每次换水20cm左右，鱼种池最好配备增氧机，每天适时开机增氧，严防草鱼"浮头"。

（3）精心做好防病工作。可采用草鱼出血病免疫疫苗注射和药浴等进行处理后放养，以防止草鱼出血病的发生。从5月底开始按每平方米水体25～30g用量定期向全池泼洒生石灰，一般每15d左右1次。同时也可通过投喂药饵、药物挂袋等措施积极预防各类鱼病的发生。

（三）2龄鲢、鳙鱼种的饲养

1. 饲养方法

（1）专池饲养。可空出部分鱼种池，用来专门饲养2龄鲢、鳙鱼种，每公顷放养规格为

13cm 以上的鲢或鳙鱼种 3 万～4 万尾，同时可搭养少部分草鱼、鲫等。到年底时鲢、鳙鱼种的出池规格可达 0.5kg 以上，每公顷产量可达 5 000～6 000kg。

（2）1 龄鱼种池套养。也可利用 1 龄鱼种池春季空闲时期，每公顷放养 13cm 以上的鲢或鳙 7 500～9 000 尾，到夏花分池时规格可达 150～250g，再轮放到成鱼池中，年终也可达 500g 左右。

（3）成鱼池套养。在以草鱼、青鱼、鲤或团头鲂为主养鱼的池塘中，每公顷套养 13cm 的鲢 3 000 尾、鳙 600 尾，出池时规格都可达到 500g 左右。

2. 饲养管理 饲养大规格的鲢、鳙鱼种应以施肥为主，投喂精饲料为辅。一般在 2 龄鱼种池清整时，每公顷水面可施基肥 4 500kg 左右，用推耙把粪肥搅拌在塘泥中有利于肥效持久。追肥应及时，坚持常年看水施肥。早春或晚秋水温较低，有机肥分解缓慢，肥力持续时间久，施肥应掌握量大次少，一般 10～15d 放粪肥或沤肥 1 次，每次每公顷水面施 3 750kg 左右；晚春、夏季、早秋水温高，水质易变，应掌握少量多次的方法，一般 7d 左右施 1 次，具体施肥次数和数量应根据季节、水温、水质、鱼类生长情况灵活掌握。粪肥应经过充分发酵腐熟后施用，也可采用化肥来肥水，其用法可参照项目二任务三池塘水质培养，根据具体情况灵活掌握。

（四）2 龄鲤鱼种的饲养

为提高鲤的商品鱼规格，在北方地区有计划地培育 2 龄鱼种，也是获取以鲤为主养商品鱼的重要措施之一。

1. 放养方式 可以直接在商品鱼出池时选留 400g 以下的个体作为 2 龄鱼种，也可以专池培育 2 龄鲤鱼种。具体放养模式可参考表 7-16。

表 7-16 以鲤为主与鲢、鳙混养

鱼类	每公顷放养			每公顷收获			成活率（%）
	规格（g）	尾数	质量（kg）	规格（kg）	尾数	质量（kg）	
鲤	20～25	24 000	540	0.15～0.25	23 220	4 644	96.8
鲢	350	5 250	1 838	1.3	4 980	6 474	94.9
鳙	400	750	300	1.5	735	1 103	98.0
合计		30 000	26 775		28 935	12 221	96.6

2. 饲养管理 主要以投喂适口颗粒饲料为主，具体投饵量和投饵次数主要根据水温的变化而确定，要参考表 7-17 进行投喂。

表 7-17 2 龄鲤的投饵情况

水温（℃）	15～20	20～25	25～27	27 以上
投饵量占体重（%）	3	6	6	8
投饵次数	2	3	4	4

生长期内月投饵比例占全年总投饵量的比例为：5 月占到 12%，6 月占到 20%，7 月占到 25%，8 月占到 30%，9 月占到 12%。在生长旺季每天还要加投小浮萍，每过半月追施

磷肥 1 次，每次每公顷鱼池施 75kg。除此之外，还要经常加注新水，并要定期定时开动增氧机提高池水溶氧量，每半月泼洒生石灰水 1 次，每次每公顷用生石灰 225～375kg，要确保池水的 pH 控制在 7.3～8.5。为了防止鱼病发生，每 15d 还要轮流间隔全池泼洒 0.3mg/kg 的 90％晶体敌百虫或 1mg/kg 的漂白粉 1 次。

任务探究

1 龄草鱼病害较多，如何使草鱼顺利度过苗种培育阶段，提高成活率，一直是草鱼苗种培育的关键点难点之一。

知识拓展

鱼种饲养分为 1 龄鱼种培育和 2 龄鱼种培育。1 龄鱼种培育是把夏花养到冬季或第二年春季的生产过程。2 龄鱼种培育就是将 1 龄鱼种再饲养 1 年，养成规格更大的鱼种的生产过程，一般青鱼、草鱼长到 500g 左右，鲢、鳙长到 250g 以上，团头鲂长到 50g 左右。

任务四 其他饲养鱼种的方法

任务描述

目前除用池塘培育鱼种外，还有许多新型的培育方法，如水泥池、网箱、稻田培育鱼种，库湾、湖汊培育鱼种，成鱼池套养鱼种等。

任务实施

（一）成鱼池套养鱼种

在养殖成鱼的池塘中套养鱼种，既可节约鱼种池面积还可以饲养体质健壮的大规格鱼种。根据成鱼池具体情况，一般每公顷的成鱼池可养夏花鱼种 4 500～7 500 尾。在饲养过程中，可根据水质及池中剩饵情况不断进行调整。成鱼池一般可套养池鱼总体重 5％～10％的鱼种。

（二）水泥池培育鱼种

水泥池常用来培育特种水产品种，如黄鳝、大口鲇、观赏鱼等，也可用来养殖一些鱼类的苗种。其优点是面积小，便于管理，还可因地制宜利用产卵池、孵化环道等闲置水面；缺点是池壁容易生青泥苔，池水也容易繁殖大量藻类，对水质要求较高，管理不当，容易发生鱼病。

1. 水泥池的选择 水泥池可大可小，较适宜的面积是 30～50m²，池深 0.5m 左右，进排水方便，池壁池底不渗漏。必要时可搭建遮阳篷，以便降温和减少藻类繁殖。水泥池在放鱼之前必须洗刷消毒，并放水浸泡。

2. 夏花鱼种的放养 水泥池培育鱼种，通常采取单养的方式，放养密度为 3 000～5 000 尾/m²（视放养的鱼种类而定，杂食性鱼类可多放些，肉食性鱼类要少放一些）。鱼种放养

池 塘 养 鱼

之前要用 2%～4% 的食盐水消毒，放养时的水温温差不能超过 2℃。

3. 日常管理

（1）投喂。每天可投喂 3～6 次，投喂量从鱼体重的 2%～3% 逐渐增加到 8%～10%。投喂的饲料种类要符合鱼类的生物学习性，如大口鲇以投喂动物内脏、小杂鱼等动物性饵料为主，配合饲料为辅。投喂饵料要做到定时、定位、定质、定量。

（2）注水。因为水泥池面积小，池水较浅，池水蒸发比较明显，所以每隔 2～3d 要加水 1 次，每次加 3～5cm 为宜。水泥池保持一定的水位，有助于稳定水温和水质。

（3）换水。经常换水有利于改善水质，一般每半个月要换水 1 次。换水时采用虹吸法将池底沉积的污物和动植物死尸吸出，换水量为原池水的 1/3～1/2，使池水透明度保持在 20～30cm。一般春、秋、冬低温季节换水次数可少一些，而夏季高温天气可适当增加换水的次数。

（4）巡池。可结合每日投喂饵料的同时观察池鱼动态，要根据鱼的食欲、生长、水温和天气等灵活调整投喂率，再通过巡池查看水质来决定是否注排水等。

（5）防治鱼病。由于水泥池体积小，无土壤、无底泥或底泥较少，微生物种群数量相对土质池塘少得多，自身净化调节能力弱，容易发生各种疾病，因此在整个鱼种培育过程中必须贯彻"无病先防，有病早治，防重于治"的原则。具体做法是：

①每周用 $0.7g/m^3$ 水体的 90% 晶体敌百虫全池泼洒 1 次，以杀灭寄生虫；隔天用 $0.5g/m^3$ 水体二氧化氯全池遍洒 1 次，以杀灭致病菌。

②定期投喂药饵，增强鱼体的抵抗力。

③发现病鱼就对病原体做出正确的诊断，对症下药。

另外，还要隔离病鱼，对病鱼、死鱼要妥善处理，防止疾病传播。

4. 及时分池或下塘　当鱼种体长达到一定要求即可分池或下塘。一般鲤鱼种体长达 5cm 左右即可下塘，大口鲇体长达 6cm 左右或养到 10cm 以上再下塘，根据生产需要而定。如果是肉食性鱼类，尤其是会自相残食的鱼类，要在 10d 左右过 1 次筛，按大小分开进行饲养，以免规格差异太大。

（三）网箱培育鱼种

网箱培育鱼种是在水质较肥的大水面中利用网箱饲养鱼种，是解决鱼种来源的一种有效途径。利用网箱饲养鱼种，网箱设置的水域和夏花入箱时间是饲养鱼种成败的关键，夏花入箱时间要在生物量最高、平均水温最高的季节。主要集中在 7～8 月份，一般放养密度为每平方米 300～400 尾。

（四）稻田培育鱼种

稻田培育鱼种，以稻为主，兼营养鱼，具有很大的经济意义和社会意义。

1. 稻田培育鱼种的设施　在稻田里养鱼，要根据稻作和鱼类养殖生产的要求对稻田做适当的改造和配备，建立各种设施。

（1）加高加固田埂。饲养鱼种的稻田，田埂应加高到 0.5～0.7m，田埂宽 0.4～0.5m，并锤打结实，不塌不漏。

（2）开设鱼沟、鱼溜。由于稻田水浅不适于鱼类生活，因此要在田中开设鱼沟、鱼溜以满足鱼类栖息和活动的需要，这是稻田养鱼的主要设施。一般鱼沟宽0.7m，深0.5m，在田块中呈"十"字形布局，田块大的呈"田"字形布局。在稻田中开挖鱼沟、鱼溜虽然占用了一些面积，但只要面积不超过稻田面积的10%，一般不会引起稻田减产，相反，由于鱼产量的提高，往往使水稻增产。

（3）注排水口和拦鱼设施。稻田养鱼必须必须加固注排水口和安装拦鱼设备。注、排水口最好用砖修造，若是泥土修筑要夯实，缺口的宽度要根据田的面积和排水量大小而定，一般0.6～1.0m，大田可多设几个。

拦鱼设备用竹蔑编制，装成弧形，长度为缺口宽度的2～3倍，并应安置两层，两层间隔40～60cm。第一层起拦污作用，第二层拦鱼，这样比较安全，可围于缺口之前。永久性的拦鱼设备用金属网，插入排、注水口的闸槽内。

2. 鱼种放养 由于稻田水浅，饵料生物以水生植物及底栖动物为主，又有大量杂草，因此放养适应性较强的鱼类，其中又以草食性和杂食性鱼类更为适合。实践证明，鲤、鲫、罗非鱼和草鱼是主要的养殖对象，革胡子鲇的养殖效果也较好。稻田并作培育鱼种时，每公顷放养夏花15 000～30 000尾，可养成10～15cm鱼种10 500～21 000尾，成活率70%左右。放养比例以鲤为主，可占50%，草鱼占30%，鲫占20%。为了充分利用鱼类生长期，鱼种放养时间宜早不宜迟。在稻田并作时，在秧苗返青后即可投放夏花鱼种，隔年鱼种规格较大可在插秧20d后投放，特别是草鱼种，在30g以上会吃掉秧苗，应在水稻圆杆后投放。

3. 日常管理

（1）保持一定水位。最好保持在7～16cm水深，以照顾到田鱼的需要。当稻作需要落水干田时，可慢慢排水，使鱼集中于鱼沟、鱼溜中。在水稻收割后应尽可能快的加深田水，以加速鱼类的生长。

（2）加强巡视，注意防逃。下大雨时，要防止洪水漫埂，冲垮拦鱼设备，造成逃鱼。平时要注意维修排洪沟及疏通进出水口处的拦鱼设备，田埂漏水要及时堵塞。同时也注意防止鸟害和鼠害。

（3）适当的投饵施肥。在稻作期间，除按水稻操作要求施肥外，不再另施肥，投饵也不可过量。在水稻收割后，由于水位升高，鱼类生长加快，应加强投饵施肥。一般每公顷施用硫酸铵或尿素75kg以下是较安全的，氨水的使用量为每公顷不宜超过30.0～37.5kg，生石灰不宜超过10kg或分成两次施用，每次各施半块田，两次施肥间隔1～2d。

（4）正确使用农药。在稻田中不可使用剧毒农药，如"1059""1605"等，对一些毒性较强的农药如磷胺等我国已禁止使用的农药也不应使用，以免引起鱼类死亡。

（5）收获。稻田养鱼要在种植期结束或下季插秧之前收获鱼类。在捕鱼前数天，应先疏通鱼沟、鱼溜，以便在放水捕鱼时鱼能集中到鱼沟、鱼溜中。放干田水宜在晚间进行，次日早上用手抄网等网具在鱼沟、鱼溜中捕鱼。如果在未收割水稻的情况下捕鱼，一定要在夜间放水，且放水速度要慢，防止鱼躲在田面上的稻株边或小水洼内，难以捕捉。

（五）库湾、湖汊培育大规格鱼种

利用湖汊、库湾饲养鱼种，可选择口小肚大、底质平坦的湖汊、库湾，利用竹箔、网片或塑料布等进行拦截，有条件的也可建坝隔离，经过清野除害后放养夏花鱼种，是大量饲养

鱼种的好方法。

此外还可以利用中小型水面饲养鱼种。条件较好的中小型湖泊，在进行彻底清野除害、设置拦鱼箔后，放养夏花鱼种，可以完全依靠水中天然饵料进行稀养；也可集中施肥，集中投饵进行短期较大密度的强化饲养。

任务探究

成鱼池套养鱼种目前比较普遍，管理工作要特别地精细，因为同一鱼池里有不同品种、不同规格的鱼种，不仅要照顾不同种鱼的不同生活习性，还要注意不同规格鱼种适口饲料的提供，饲养管理方法复杂多样。

知识拓展

成鱼池套养鱼种是实现鱼种自给或半自给的成功办法，并能确保成鱼增产，提高池塘养鱼的经济效益。可以笼统地讲，就是同一食用鱼池中同时或分批放养大、中、小三类不同规格的鱼种，养到年中，大鱼种长到食用鱼规格，可及时捕捞上市，接着可套养夏花或其他鱼种，养到年终，开始放养的大鱼种都可起捕上市，而中、小规格鱼种便长成大、中型鱼种了，套养的夏花也长成1龄鱼种的规格了。

练习与思考

1. 夏花放养前的准备工作有哪些？
2. 如何确定合理的夏花放养密度？
3. 如何合理搭配混养鱼种？
4. 鱼种培育的日常管理工作有哪些？
5. 如何鉴别1龄鱼种的质量优劣？

知识目标

了解食用鱼养殖"八字精养法"的含义以及它们之间的关系；食用鱼鱼种的放养时间；"混养""密养"和"轮养"的意义；饲养管理的基本要求和常见捕捞工具的使用。熟悉食用鱼的混养类型、轮捕轮放的条件以及影响混养比例和放养密度的因素；日常管理的基本内容和食用鱼捕捞上市的时间和操作注意事项。掌握常见食用鱼混养、密养、轮养和捕捞的方法，同时对养殖过程中的投饵施肥技术、水质管理与常见养殖疾病的防治也要熟练掌握。

技能目标

能根据养殖鱼类的特点设计混养模式；能根据生产实践合理放养，灵活运用轮捕轮放技术进行高效养殖；能根据池塘水质情况合理调节水质并能根据实际情况进行合理投饵；能进行食用鱼养殖的日常管理工作和常见鱼病的防治；能依据养殖品种和市场行情适时捕捞食用鱼。

思政目标

传承《养鱼经》的技能，对科学技术、工匠精神等加深认识和理解，从而对实现振兴渔业，加快发展绿色渔业而做出贡献。

食用鱼养殖概述

食用鱼养殖也称成鱼饲养，是将鱼种养至供人们食用的规格的养殖过程，是养鱼生产的最后一环。食用鱼养殖要求鱼种生长速度快，养殖周期短、产量高、质量好，才能取得较高的经济效益。因此，在养殖过程中必须实行混养、密养、施肥投饵和轮捕轮放等措施，才能达到上述要求。

鱼种 {
1龄：8.3～16.7cm
2龄：250～750g/尾
} ──饲养1年或2年──→ 食用鱼 {
鲢、鳙：500g/尾以上
草鱼：1 500g/尾以上
青鱼：2 500g/尾
团头鲂：250g/尾
鲤：500g/尾
鲫：100g/尾
罗非鱼：100g/尾
}

（一）池塘鱼产力与池塘鱼产量

池塘鱼产力是指池塘在某一个时期中生产鱼的能力，即该池塘在一定经营措施下饲养某种鱼或某些鱼所能提供的最大鱼产量。在精养模式下，鱼产力主要取决于饲料的质量以及鱼

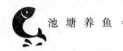

类生态环境的优劣（主要取决于池塘溶氧量、温度、pH 与硬度等保持在较适水平，以及水体氨氮、亚硝酸盐和硫化氢等有毒有害产物的消除能力。）

池塘鱼产量是指在一定的时间（多为 1 年）内，池塘的单位面积或体积中，某种鱼或某些鱼所增长的重量（多以每 667m² 产量衡量）。在生产过程中，池塘鱼产量的计算则需将从单位面积（或体积）收获鱼产品的总重量减去单位面积（或体积）鱼种放养量，这样的计算也称为有效鱼产量。鱼产量是由多种因素所决定的，因此常有较大变动，它是各年度养鱼生产成绩的指标，并不是一个池塘的固有属性。

（二）影响池塘鱼产量的因素

影响池塘鱼产量的因素主要有地理位置与气象状况、池塘条件、饵料肥料供应情况、所养鱼的生产性能和养鱼的方式与技术等项。

1. 地理位置与气象状况　鱼类摄食较强能够增长重量的时间称为鱼类的生长期。生长期的长短主要受限于水温的高低，对于我国大范围养殖的温水性鱼类其在生产中只有在 15℃ 以上才有明显的增长，而我国从南至北纬度相差 50℃ 以上，南北两端温水性鱼类的生长期相差 2 倍以上。气象是由许多自然因素（包括温度、太阳辐射、日照时间、湿度、大气压、雨水、风等），错综复杂的交互作用所形成，气象状况对池塘生物起着重要的作用。在池塘中，对鱼产量影响比较重要的因素主要是生长期的长短和生长期中日照时数的多少。

2. 池塘条件　池塘条件中，水源、水质和底质等鱼类生活环境对鱼产量有重要影响。此外，池塘的面积、深度和形状等也间接影响池塘鱼产量。

3. 饲料和肥料　这些是养鱼的物质基础，所有的鱼产量都是饵料肥料换来的。精养池塘的鱼产量主要取决于饵料的质量和数量，而饲料的种类、加工方法及投饵技术，又决定着养鱼的成本和经济效益，精养高产池塘，饲料的费用可占养鱼成本的 50%～70%。施肥则是提高池塘天然饵料数量的主要手段（肥料是养鱼的间接饲料），又是调节池塘水质的重要措施。所以，饵料和肥料的供应情况严重影响到鱼的生长和最终的鱼产量。

4. 鱼的生产性能　鱼的生产性能是指它的生长速度、是否耐密养，能否混养，食性以及饵料的转化率等性状。从个体的角度考虑生长速度快的鱼其生产性能高。但池塘鱼产量是由群体的产量构成，在生长速度相同的情况，越是耐密养和适于混养的种类，群体生产量或单位水体生产量也越高。食物链越短的鱼，其饵料转化率较高，养殖成本下降，所以使用同样的投资，可以提高产量。

5. 养鱼的方式和技术　这是决定鱼产量高低的人为因素，也是一个最重要的因素。同样的池塘，集约化养殖产量可能是粗放养殖的 10 倍以上。而同样的养殖方式下，采用现代化新技术、新方法的，其池塘鱼产量的增加非常明显，例如，同样是静水池塘养殖鲤，在投喂颗粒饲料，并采用增氧机增氧时，产量可达 15 000kg/hm²。

（三）池塘养殖周期

养殖周期是指从鱼苗养成食用鱼所需的时间，生产上往往以年为单位。养殖周期的长短，直接关系到成品鱼的规格（个头大小）、单位面积的产量和养殖效益的高低。生产过程中应根据饲料成本、鱼种成本、鱼的种类等因素确定养殖周期，从而达到最大的养殖效益。

（1）在人工精养条件下，饲料成本是生产成本的大头。一般养殖鱼类都是年龄越大生长越慢（以相对增长表示），但维持其生存的基础代谢所耗费的营养物质却越来越多（生产上表现为饲料系数升高），所以养殖周期过长（特别是拖到性成熟以后）对养殖者来说是不利的。适当缩短养殖周期（鲤、鲫、大口鲇等可1年养成，草鱼、团头鲂等2年养成）能充分利用品种自身所具有的阶段生长优势这个生物学特性，降低饲料系数和生产经营风险，达到降本增效的目的。

（2）鱼种成本在生产成本中居第二位，因此降低鱼种成本也是养鱼增效的一个有效方面。在鱼种价格相对较高或鱼种供应比较困难的地区，都适宜采用稍长一点的养殖周期，大水面（江河、湖泊、水库）的增养殖也是饲养周期长一些更为有利。但切忌降低鱼种成本，不顾市场需求盲目生产大规格商品成鱼，否则其市场风险可能让你破产。例如目前鳗鲡在市场上尾重200～400g的规格鳗要比尾重400～600g的菜鳗价格高一倍左右，尾重750g以上的大鳗价格则更低。因此在考虑成本的同时应充分考虑消费者的需求设计养殖周期。

（3）对一些苗种价格昂贵、但在较高龄期间生长速度仍然较快的品种或者是作为深加工对象的品种，可以采取较长的养殖周期，如鲟、胭脂鱼、大口鲇、斑点叉尾鮰等。

（4）从生产管理自身的角度考虑，尽量缩短养殖周期是最经济、最实惠的，因为养殖周期短，资金周转快，鱼塘租金和水电费等的摊销少，有利于扩大再生产，同时生产工序相对较少，风险也小，因而对安排和组织生产都十分有利。但在市场经济条件下必须按市场规律办事，一味追求缩短养殖周期，导致所养的鱼不能达到必要的规格，养成品的食品价值较低，因而也是不适宜的。

合理的养殖周期应该是指能确保该种鱼的正常生长速度养到成品规格所用的最短时间。我国各地在长期的养鱼生产实践中，已根据长期的生产经验确定了混养体制下各种鱼合理的饲养周期。因为我国大部分地区是处于北温带季风区，所以饲养周期是近似的，即：青鱼、草鱼为3年，其他鱼类都是2年。两广地处亚热带，生长期较长，所以饲养周期相应的较短。鲢、鳙部分当年养成，其他鱼类2年养成。同时，对草鱼和鲤的饲养周期，有的地区正在进行改革，使其缩短1年，而高寒地区一般均为2～3年。

（四）八字精养法

随着生产的发展和科技的进步，采用综合技术措施，促进鱼类生长，以缩短养鱼周期，已成为各养殖单位高产、优质、低耗、高效的主要目标。食用鱼养殖的综合技术措施，总结为"水、种、饵、混、密、轮、防、管"的"八字精养法"，这8个要素从各个方面反映了养鱼生产各个环节的特殊性，同时通过各要素之间的相互联系、相互依赖、相互制约，把各个要素形成一个对立统一的整体，其具体内容如下：

"水"——养鱼的池塘环境条件，包括水源的水质和水量、池塘面积和水深、土质、周围环境等，必须符合鱼类生活和生长的要求，且对鱼的品质没有负面影响。

"种"——数量充足、品种齐全、规格合适、体质健壮的优良鱼种。

"饵"——饲养鱼类数量充足和优质的饲料，包括施肥培养池塘中的天然饵料。

"密"——合理密养，鱼种放养密度既高又合理。

"混"——不同种类、不同年龄与规格鱼类的混养。

"轮"——轮捕轮放，在饲养过程中始终保持池塘鱼类较合理的密度。

"防"——做好鱼类病害的防治工作。

"管"——实行精细、科学的池塘管理措施。

"水""种""饵"是养鱼的3个基本要素,是池塘养鱼高产稳产的物质基础。"水"是鱼的生活环境,"种"和"饵"是鱼类生长的物质条件。有了良好的水环境,配备种质好、数量足、规格理想的鱼种,还必须有充足、价廉、营养丰富的饵料。由此可见,一切养鱼技术措施,都是根据"水、种、饵"的具体条件来确定的。三者密切联系,构成"八字精养法"的第一层次。

"混""密""轮"是池塘鱼高产、高效的技术措施。"混"是在了解鱼类之间相互关系的基础上,合理地利用它们互相有利的一面,充分发挥"水、种、饵"的生产潜力。"密"是根据"水、种、饵"的具体条件,合理密养,充分利用池塘水体和饵料,发挥各种鱼类群体的生产潜力,达到高产、高效的目的。"轮"是在"混"和"密"的基础上,进一步延长和扩大池塘的利用时间和空间,不仅使混养种类、规格进一步增加,而且使池塘在整个养殖过程中始终保持合适的密度,做到活鱼均衡上市,保证市场常年供应,提高经济效益。由此可见,"混""密""轮"三者密切联系,相互制约,构成"八字精养法"的第二层次。

"防"和"管"是池塘养鱼高产、高效的根本保证。虽然有了物质基础"水、种、饵",也运用了"混""密""轮"等技术措施,但掌握和运用这些物质和技术措施的主要因素是人,一切养鱼措施都要发挥人的主观能动性,通过"防"和"管",综合运用这些条件和技术,才能达到高产、高效。"防"和"管"与前述6个要素都有密切联系,构成"八字精养法"的第三层次。"八字精养法"理论目前正在指导池塘养鱼生产,并在实践中不断地发展。

(五)鱼种放养

鱼种既是食用鱼养殖的物质基础,又是获得高产的前提条件之一。优良的鱼种在饲养中成活率高、生长快。养殖中对鱼种的要求是数量充足、规格合适、种类齐全、体质健壮、无病无伤。

1. 鱼种的选择 鱼种是养殖的对象,好的鱼种生长快,疾病少,成活率高,节省饵料,是获得高产的前提条件之一,因此要注意选择。选择优质的鱼种,有以下3个方面的要求:首先是品种,要根据苗种来源、居民消费趋向、市场供求关系、饲养与管理水平等因素综合考虑,确定养殖品种。应将鱼种来源方便、群众喜欢食用即市场好销售的鱼类选为养殖的品种。其次是体质好的鱼种,规格整齐;背部肌肉厚,体色鲜明,鳞片鳍条完整无损;游泳活泼正常,溯水性强,离水后放在盆中鳃盖不张,尾不弯曲,跳动不止;体表没有伤痕和寄生虫寄生。第三是规格,规格较大的鱼种不仅成活率高,而且绝对增长量也大,因此能够在较大的放养量下保证出池规格,最后提供了较大的鱼产量。青鱼和草鱼多放养2龄鱼种,鲢、鳙、鲤、鲫和鲂等多选用1龄鱼种(表8-1)。

表8-1 长江中下游地区池塘养鱼放养规格和出塘规格(g)

鱼类	第一年	第二年	第三年	第四年
	夏花→1龄鱼种	1龄→2龄或食用鱼	2龄→食用鱼或3龄	3龄鱼种→食用鱼
青鱼	50左右	500左右	2 500以上	2 500~6 000
	15~20	100~250	500~1 500	

（续）

鱼类	第一年	第二年	第三年	第四年
	夏花→1龄鱼种	1龄→2龄或食用鱼	2龄→食用鱼或3龄	3龄鱼种→食用鱼
草鱼	100～150 15～30	1 250～1 500 150～400	750～1 000	
鲢、鳙	50～150 15～25	500～1 000 250～400	750～1 250	
鲤	50～100 15～25	750～1 000 500以上		
团头鲂	10～25 3～5	150～250 25～100	250～400	
鲫	20～35 5～10	200～350 150以上		
罗非鱼	50～150 2～50	200～400		

2. 放养时间　适当提早放养是获得高产的技术措施之一。长江以南地区一般在春节前后放养完毕，越早越好；华北、东北和西北地区则可在解冻后，水温稳定在5～6℃时放养。在水温较低的季节放养具有以下优点：

①水温低时鱼类活动弱，易于捕捞。

②水温低时在捕捞操作过程中，不易受伤，可减少饲养期间的发病和死亡率。

③提早放养还可以提早开食，延长了生长期。

近年来，北方条件较好的池塘已将鱼种的春天放养改为秋天放养，鱼种成活率明显提高。鱼种放养须在晴天进行，严寒、风雪天气不能放养，以免鱼种在捕捞和运输途中冻伤。

3. 鱼种消毒　这是鱼种放养工作中的一个重要技术措施，它对鱼种放养后的成活率和生长速度有很大影响。由于鱼种捕捞和运输过程中受伤，而且来源比较复杂，一旦引起鱼病，轻则影响鱼的生长，重者导致鱼种死亡，因此在鱼种下池前应对鱼种进行鱼病学的全面检查，发现鱼病便采取治疗措施，同时应对鱼种进行一次例行性的鱼体消毒，作为防疫措施。

（1）高锰酸钾。当检查鱼种有指环虫和水霉病时，用高锰酸钾20g/m³，水温10～20℃，药浴20～30min；锚头鳋、车轮虫用高锰酸钾20g/m³，水温10～20℃，药浴1～2h。

（2）当检查鱼种有细菌性烂鳃病和水霉时，用食盐3％～5％的浓度，水温10～16℃，药浴2～5min。

（3）当检查鱼种有细菌性烂鳃病、赤皮病、车轮虫、指环虫或斜管虫时，用硫酸铜8g/m³加漂白粉10g/m³的混合剂，水温10～15℃，药浴20～30min。

（4）当检查鱼种有三代虫、指环虫、中华鳋、鱼鲺或锚头鳋时，用90％晶体敌百虫5g/m³，水温10～15℃，药浴10～20min。

任务一　混养模式

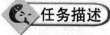 **任务描述**

了解食用鱼混养的原则和优点；熟悉食用鱼的混养类型和影响混养比例的因素；掌握常

见养殖鱼类的混养方法并能根据生产要求熟练设计各种放养模式。

任务实施

混养是指根据鱼类的生物学特点，在池塘中同时饲养多种鱼类、多种年龄和多种规格的鱼。目前我国池塘混养的鱼类已多达 10 余种，主要是青鱼、草鱼、鲢、鳙、鲤、鲫、鳊、鲂、罗非鱼、鲮、胡子鲇、鲴等温和性鱼类。随着商品生产的发展和对特种水产品需求的增加，一些凶猛鱼类如鲇、鳜、乌鱼也开始成为混养的种类。不管是何种鱼类的混养，都需要符合以下要求：混养鱼类能和平共处；对水质和水温等的要求接近；生活水层和食性能互补。

（一）混养的目的

混养是我国养鱼业的一个突出特色，是我国人民千百年来辛勤劳动的结晶，具有显著的增产效果和经济效益。混养已成为食用鱼养殖的一个重要技术措施，通过混养可以达到以下目的。

1. 充分地利用池塘水体　我国主要养殖鱼类从它们的栖息习性来看，相对地可分为上层鱼、中下层鱼和底层鱼类。鲢、鳙等生活于水体上层，草鱼、团头鲂等生活于水体中、下层，青鱼、鲤、鲫、鲮和罗非鱼等则在底层活动。将生活在不同水层的鱼混养在一起，可以充分利用池塘各个水层，同单养一种鱼类相比较，可以增加池塘单位面积的放养量，从而可以提高鱼产量。

2. 合理利用饵料　池塘养鱼单养一个品种无法合理利用商品饲料和天然饵料，甚至有些生物过度发展而影响鱼的生长。而混养多种鱼类不同食性的鱼类，就能避免散失在水中的小颗粒饲料的浪费，充分地利用池塘中的天然饵料资源，最大限度的发挥池塘的生产潜力。在我国的混养体系中，青鱼要混养鲤，鲤要混养鲫，草鱼要混养鳊或鲂，就是基于这一原理。

3. 发挥养殖鱼类之间的互利作用　混养能发挥鱼类间的互利关系，使池塘水质稳定，有利于各种鱼的生长。"吃食鱼"（草鱼、青鱼、团头鲂、鲤等非滤食性鱼类）与"肥水鱼"（鲢、鳙、罗非鱼等滤食性鱼类）之间的互利关系："吃食鱼"的粪便肥水促进肥水鱼的生长，"肥水鱼"滤食浮游生物、细小的有机物，可防止水质过肥，起净化水质的作用。鲤、鲫、鲮、鲴、罗非鱼等杂食性鱼类可清除池中残饵，提高饵料利用率，并且改善池塘卫生条件。此外通过摄食活动，起到翻松底泥和搅动池水作用，从而增加了底层水的溶解氧，加速了有机物质的分解和营养盐的循环，提高了池水肥度，使鱼产量增加。

4. 控制小型鱼类的繁殖，提高鱼产品的质量　池塘内小型野杂鱼的不断繁殖会消耗天然饵料和溶氧量并占据水体，还有可能传播鱼病，不利于鱼产量的提高。例如罗非鱼在饲养期中会进行繁殖，往往池塘中会出现罗非鱼"三代同堂"，甚至"四代同堂"的现象，这就大大影响了主养鱼类的生长发育，不能达到出池规格，使鱼产品质量下降，鱼产量也不能提高。若在池中混养凶猛鱼类，例如鲇、鳜、乌鱼等就可以抑制这些小型鱼类的繁殖，但要注意控制好放养规格。

5. 解决大规格鱼种供应的困难　大规格鱼种是池塘食用鱼养殖高产的主要物质基础，是影响产量提高的重要因素之一。为了供应大规格鱼种，鱼种池的面积约占成鱼池面积 25%，这对池塘的充分利用是不合算的。采取池塘混养不同规格鱼种的办法，可以基本上解决大规格鱼种的需要，同时又可以节省鱼种池，通过自力更生解决大规格鱼种的途径，达到高产稳产的目的；而且不同规格的混养还为进行轮捕创造了条件。

6. 提高池塘养鱼的经济效益和社会效益　由于混养能够大幅度提高产量，改善产品质量，提高人工饵料利用率，减少鱼病发生和解决鱼种供应的困难，因而生产成本降低，经济效益提高，同时，混养可以生产多种鱼类养成品，这对于丰富市场鱼货品种，满足消费者的不同需求也具有重要意义。

（二）主养鱼类和配养鱼类

在池塘中进行多种鱼类的混养，各种鱼类间有一定比例，并且有主养鱼和配养鱼之分。

主养鱼又称主体鱼，也就是主要的养殖鱼类。在食用鱼养殖中，主养鱼在数量或重量上占较大比例，而且是饲养管理的主要对象，对提高产量起主要作用。配养鱼是处于配角地位的养殖鱼类。它们在数量或重量上较少，养殖过程中少量投饵或不投饵，主要依靠投喂给主体鱼的残饵或池中的有机碎屑和天然饵料而生长。适当选用搭配鱼可以大幅度降低成本，增加产量，是池塘混养不可少的种类，与主养鱼有同等重要的意义。

不同的主体鱼搭配不同的配养鱼就形成了不同的混养类型。我国地域广阔，各地区的地理气候条件、养殖鱼类和饵料资源等均有不同，因而长期以来各自形成了一套适合当地特点的混养模式。即使同一地区，由于具体条件不同，也会有不同的混养类型。在不同的混养类型中，各种鱼的混养比例有很大的变化。

主养鱼的选定应考虑以下因素：

1. 市场需求　两广地区盛产鲮鱼苗，群众喜食鲮，多以养鲮为主。东北喜食鲤，也就以鲤为主养鱼等。

2. 饵料肥料来源　例如江浙、太湖流域，河湖中一般盛产水草、螺蚬等，采集较方便，故以养草鱼或青鱼为主，或草鱼、青鱼并重；精饲料充足的地区，则可根据当地消费习惯，以鲤、鲫或青鱼作为主养鱼；肥料容易解决则可以考虑将鲢、鳙等滤食性鱼类或者罗非鱼、鲮等腐屑食性鱼类作为主养鱼。

3. 池塘条件　池塘面积较大，水质肥沃，天然饵料丰富的池塘，可以鲢、鳙作为主养鱼；新建的池塘，水质清瘦，可以草鱼、团头鲂为主养鱼；水较深的池塘可以青鱼、鲤为主养鱼。

4. 鱼种来源　只有鱼种供应充足，而且价格适宜，才能作为主要养殖对象。此外，沿海如鳗鲡、鲻、鲮鱼苗资源丰富，有时也可作为主养鱼。

配养鱼的选定，在一定程度上也受这些条件的限制，但主要还视主体鱼的种类而定。例如以养草鱼为主的池塘一般多配养鳊、鲂，以青鱼为主的池塘多配养鲤。除鲢、鳙为主的池塘外，其他类型的池塘一般都配养鲢、鳙。鲢、鳙是混养池中必备的鱼类，主要因它们能充分利用池塘中的浮游生物。此外，鲫、鲴、罗非鱼等都可作为配养鱼。

（三）混养的原则

尽管各种混养模式都是根据当地的具体条件而形成的，但它们仍有其共同点和普遍规律。在制订混养计划时应遵循以下原则：

（1）每种混养模式均有 1~2 种鱼类为主养鱼，同时适当混养搭配一些其他鱼类。

（2）为充分利用饵料，提高池塘生产力和经济效益，吃食鱼与肥水鱼之间要有合适的比例，即我们目前在池塘养鱼中提倡"80∶20 模式"。在每 667m² 净产 500~1 000kg 的情况下，前者与后者的比例以 80%：20% 为妥。实践表明吃食鱼产量越高，肥水鱼比例越大，故在草鱼放养上一般采用 70：30 的放养模式。

（3）鲢、鳙的净产量不会随"非滤食性鱼类"产量的增加而同步上升，一般鲢、鳙的每 $667m^2$ 产量为 250~350kg，鲢、鳙之间的放养比例为（3~5）：1。

（4）一般上层鱼、中层鱼和底层鱼之间的比例以 40%~45%：30%~35%：25%~30% 为妥。

（5）采用"老口小规格、仔口大规格"的放养方式，可减少放养量，发挥鱼种的生产潜力，缩短养殖周期，增加鱼产量。

（6）鲤、鲫、团头鲂的生产潜力很大，因此放养规格间距较小，经统计分析表明，其净产量的增加，首先与放养尾数有关。故在出塘规格允许的情况下，可相应增加放养尾数。

（7）同样的放养量，混养种类多（包括同种不同规格）比混养种类少的类型，其系统弹性强，缓冲力大，互补作用好，稳产高产的把握性更大。

（8）放养密度根据当地饵、肥料供应情况、池塘条件、鱼种条件、水质条件、渔机配套、轮捕轮放情况和管理措施而定。

（9）为使鱼货均衡上市，提高社会效益和经济效益，应配备足够数量的大规格鱼种，供年初放养和生长期轮捕轮放使用，并适当提前轮捕季节和增加轮捕次数，使池塘载鱼量始终保持在最佳状态。

（10）成鱼池套养鱼种是解决大规格鱼种的重要措施。套养鱼种的池塘规格应和其年初放养的规格相似，其数量应等于或稍大于年初该鱼种的放养量。

（四）混养类型

我国地域广阔，各地气候条件、养殖品种、饵料肥料来源以及各地的生活习俗、饮食习惯等均有较大差异，因而各自形成了一套适合当地特点的混养类型。虽然各地的混养方式有所差异，但也形成了几种常见的主要混养类型。

1. 以草鱼为主的混养类型 这是我国最为普遍的一种混养类型。主要对草鱼进行投喂，利用草鱼的粪便肥水，产生大量腐屑和浮游生物，促进混养的鲢、鳙生长。主养草鱼的池塘，草鱼放养规格分 10g、50g 和 150~500g，草鱼投放量应掌握在总投放量的 60% 左右，条件较好的池塘，每 $667m^2$ 草鱼放养数量可根据鱼种规格调整，搭配鲢、鳙、鲤（或鲫），还可适当搭配团头鲂。上市规格草鱼为 1.5~2.0kg，鲢为 1 000g 左右，鲫在 400g 以上。下面介绍广东地区较成功的混养模式供参考（表 8-2），各地可根据具体情况调整。

表 8-2 以草鱼为主的混养模式（广东惠州）

鱼类	放养（667m²）			预计成活率（%）	收获（667m²）		
	规格（g）	尾数	质量（kg）		规格（kg）	毛质量（kg）	净产量（kg）
草鱼	100	1 000	100	90	1.3	1 170.0	1 070.0
	250	300	75	90	1.3	351.0	276.0
鲫	5~10	300	3	85	0.5	127.5	124.5
鳙	100	60	6	85	1.5	76.5	70.5
	500	20	1	85	1.5	25.5	24.5

（续）

鱼类	放养（667m²）			预计成活率（%）	收获（667m²）		
	规格（g）	尾数	质量（kg）		规格（kg）	毛质量（kg）	净产量（kg）
鲢	100	80	8	85	1.5	102.0	94.0
鳊	50	40	2	85	1.0	34.0	32.0
合计		1 800	195			1 886.5	1 691.5

注：①以商品饲料为主，养殖周期中使用部分青草、浮萍或者原料饲料；②在7～10月份轮捕鱼2～3次，将达到上市规格的鲢、鳙、草鱼捕出上市。后期及时补充大规格的草鱼和鳙，此批鱼来年4～5月份上市，其他鱼年底上市。

该养殖模式的注意事项：

（1）鲫需选择优质厂家品牌种苗且提前投放，标粗20～30日，有效提高鲫成活率。

（2）可适时根据市场行情将草鱼密度降低，将鲫密度提升到每667m² 800～1 200尾，经济效益将更可观。

（3）草鱼务必在中秋之前出掉绝大部分，然后再补充小规格苗种，鲫也可以选择在年底适当时机出塘部分大规格鱼。

2. 鲢、鳙为主的混养类型 中国长时期较为普遍采用的类型。以滤食性鱼类鲢、鳙为主养鱼，适当混养其他鱼类，如草鱼、鲤、鲫、罗非鱼、鲴类等，特别重视混养食有机腐屑的鱼类（如罗非鱼、银鲴等）。其中鲢、鳙放养质量约占总放养量（每667m² 约135kg）的60%，鲢、鳙之比为（3～5）∶1。鲢、鳙上市规格为500g以上，每667m² 产量可达750kg左右（表8-3）。

表8-3 以鲢、鳙为主的混养模式

鱼类	放养（667m²）			预计成活率（%）	收获（667m²）		
	规格（g）	尾数	质量（kg）		规格（kg）	毛质量（kg）	净产量（kg）
鲢	200	300	60.0	95	1.5以上	427.5	444.5
	50	350	17.5	90	0.3	94.5	
鳙	200	100	20.0	95	1.5以上	142.5	147.1
	50	120	6.0	85	0.3	30.6	
草鱼	200	100	20.0	75	1.6	120.0	113.6
	10	200	2.0	65	0.12	15.6	
鲤	50	80	4.0	90	0.5	36.0	35
	10	100	1.0	80	0.05	4.0	
鲫	夏花	200	0.5	75	0.1	15.0	14.5
合计		1 550	131.0			885.7	754.7

注：先放养200g鲢、鳙，待生长到上市规格轮捕后，再陆续补放50g的鲢、鳙，一般全年轮捕2～3次。

3. 以青鱼为主养鱼的混养类型 青鱼在我国"四大家鱼"中肉质最好，经济价值高，一直以来深受消费者的喜爱。由于自然条件下主要摄食螺、蚬等天然饵料，有限的饵料资源加上青鱼养成周期需要4年以上达到5kg/尾才能上市，这些都影响了青鱼养殖的发展。目前青鱼颗粒饲料已在生产中获得成效，目前江西、湖北一些地区也从以前配套养殖逐渐改为主养青鱼。有些天然饵料充足的地区，可以草鱼和青鱼为主养对象。青鱼鱼种选择2～3龄，

规格为 1 000g 以上，同时套养小规格鱼种作为来年的鱼种，此外可适当混养鲢、鳙、鲤、鲫和鳊等（表 8 - 4）。

表 8 - 4　以青鱼为主的混养模式

鱼类	放养（667m²）			预计成活率（％）	收获（667m²）		
	规格（g）	尾数	质量（kg）		规格（kg）	毛质量（kg）	净产量（kg）
青鱼	20～50	120	9	80	1.0～1.5	125	116.0
	50～150	100	20	90	1.5～3.0	210	190.0
	1 000～1 200	80	100	90	4.0～5.0	338	238.0
鲢	50～150	300	30	90	1.0	270	240
鳙	100～250	40	10	90	1.5 以上	55	45
鲫	50～100	200	30	95	0.5 以上	140	110.0
鳊	50～100	300	23	85	0.5	75	104.5
黄颡鱼	12	200	2	50	0.10～0.25	20	18.0
合计		1 340	223			1 285.5	1 061.5

注：①青鱼小规格鱼种尽可能小（50g 左右），来年可作为大规格鱼种继续饲养，做到自给自足；②必须使用青鱼高档配合饲料，才能及时达到上市规格；③可根据当地市场行情，适当增加鲫和鳊放养数量或套养适量鳜和乌鳢等肉食性鱼类。

4. 以鲤为主的混养类型　中国东北、华北、西北地区的主要类型。一种是放养规格为 50～100g，鲤放养量占总放养量（约 100kg）的 50％～65％。同时混养草鱼、鲢、鳙等。鲤上市规格 500g 左右，高产池每公顷净产量可达 7 500～8 250kg，鲤占 50％～60％。另一种是鲤放养量占总质量（190kg 左右）的 85％～90％。采用定时、定量、定位、定质集中投喂全价的高蛋白质（35％左右）饲料，每公顷净产量可达 15 000kg，鲤占 85％左右，上市规格 500g 左右（表 8 - 5）。

表 8 - 5　以鲤为主的混养模式（辽宁宽甸）

鱼类	放养（667m²）			预计成活率（％）	收获（667m²）		
	规格（g）	尾数	质量（kg）		规格（kg）	毛质量（kg）	净产量（kg）
鲤	50～150	1 200～1 500	120	90	0.75 以上	825	705
草鱼	25～100	100～200	10	80	1 以上	140	130
鲫	25～50	100～200	5	90	0.25	35	30
鲢	100～150	150	15	95	1 以上	142	127
鳙	150～250	50	10	90	1.3 以上	58	48
合计		1 650	160			1 200	1 040

该养殖模式的注意事项：

（1）在常规鲤养殖池塘中，适当减少鲤的放养密度，加大草鱼、武昌鱼的套养密度，实现较好的经济效益。

（2）在鲢、鳙的配养上，增大鳙的放养规格，鳙的出塘规格越大价格越高。

（3）可根据当地的市场行情，在草鱼、鳊、罗非鱼、鲫等价格走高时，加大这几个品种的养殖密度。

5. 以鲫为主的混养类型　鲫在我国南北方均有分布，其肉味鲜美，是全国都受欢迎的淡水品种，主养模式主要见于华东和华中地区。其中尤以江苏产量最多，一种模式为鲫专养，鲫 1 500～2 500 尾/667m²，放养规格为 5～15g/尾，同时配搭适当的鲢、鳙，该种模式主要见于 7hm² 以上的大水面；另一种模式鲫、草鱼混养，鲫产量占 60%～70%，草鱼占30%～40%，搭配少量鲢、鳙（表 8-6）。

表 8-6　以鲫为主的混养模式（江苏兴化）

鱼类	放养（667m²）			预计成活率（%）	收获（667m²）		
	规格（g）	尾数	质量（kg）		规格（kg）	毛质量（kg）	净产量（kg）
鲫	80	500	40.0	95	0.30	142.5	102.5
	25	1 000	25.0	95	0.45	427.5	402.5
草鱼	100	50	5.0	80	2.00	80.0	75.0
鲢	100	100	10.0	95	1.50	142.5	132.5
鳙	150	40	6.0	98	1.70	66.6	60.6
鳊	25	100	2.5	90	0.60	54.0	51.5
黄颡鱼	10	100	1.0	70	0.10	7.0	6.0
合计		1 890	89.5			920.1	830.6

注：①7～8 月份出热水鱼，此时鱼价高，抗风险能力强，捕捞成本高；②该养殖模式水体空间利用充分，综合效益好。

该养殖模式的注意事项：

（1）处理好鲫长势慢、草鱼偏肥的问题。由于鲫与草鱼摄食的强度不一致，草鱼食料强，且个体大，草鱼的抢食性强，所以在投饲过程中，时有发生草鱼摄食率偏高，体形偏肥，而鲫因个体较小、抢食弱、摄食偏低，长势慢的难题。解决办法：第一，从投料技术方面加以解决。整体投料时间应比养单一品种"短"，投料频率应"快"，投料面积应"宽"。从"短""快""宽"3 方面入手，使鲫、草鱼都能快速生长。第二，及时出热水鱼，捕大留小。

（2）大规格草鱼种来源问题。华东地区年底有用大草鱼（4kg/尾以上）制成腊鱼的消费习惯，由于大规格的草鱼种成本较大，有时市场提供的数量有限，有条件的养殖户可自己专池培育大规格草鱼种，无条件的养殖户可在混养塘中适当搭配草鱼苗种，为第二年提供大规格鱼种。

池塘"80∶20"养鱼模式

"80∶20"池塘养鱼模式是由美国大豆协会斯密托博士提出的一种养鱼模式。自 1992 年以来，在我国多地进行试验推广，取得了较好的效果。"80∶20"池塘养鱼模式，就是在池塘中养殖一种经济价值较高的、能吞食颗粒饲料的主体鱼外（也称为吃食鱼），还混养一种或几种不直接摄食颗粒饲料的鱼类（也称为肥水鱼），后者被称为"服务性鱼"。其中主体鱼

占总产量的80%，搭配鱼类占20%。

凡是在当地池塘能够养殖的、经济价值比较高、受到消费者欢迎的、能够摄食颗粒饲料的鱼类，都可以作为"80∶20"池塘养殖模式的主养鱼类，如青鱼、草鱼、鲫、鲤、罗非鱼、团头鲂、淡水白鲳、斑点叉尾鲴等。但是，对于"80%"这个比例而言，并非绝对化，70%～90%即可。主养鱼类的选择要注意三方面的问题：一是市场性，即所养殖的品种是否适销对路；二是易得性，即是否有稳定的人工繁殖鱼苗供应；三是放养的可行性，即是否适应当地的池塘生产系统，如水温、水质等特殊要求。

"服务性鱼"主要是滤食性鱼类（如鲢、鳙等），它们能摄食水中的浮游生物，有利于改善池塘水质；为了控制养殖鱼类的繁殖和清除野杂鱼类，有时"服务性鱼"还包括某些凶猛鱼类（如鳜、鲇、鲈等）。20%搭养鱼类的营养物质或饲料来源，主要是对池塘生态系统中80%的主养鱼类损失的饲料、粪便、排泄物等进行生物及化学的转化和利用。

从饲料的营养需求和饲养管理等方面来讲，80%的主养鱼类最好为一种、而且鱼体规格尽量一致的鱼种。而20%的鱼类可以由几种鱼类组成。这样，原有的"80∶20"的概念发展为"在养殖一种占总量80%摄食鱼类为主的情况下，搭养20%的其他鱼类；养殖的饲料与饲养管理以主养鱼为基准"。

"80∶20"池塘养鱼模式能良好地控制养鱼池的水质；可采用高质量的人工配合颗饲料，提高饲料的利用率和转化率、减少对水质的污染，符合无公害养殖要求；产量高，利润高，可以轻松达到高产每667m² 1 000kg；按一定比例混养服务性鱼类，既可以改善池塘水质，又可利用池塘天然生物饲料资源换取一定的鱼产量，增加经济效益；产品的商品率高，规格整齐，市场适销性好。

知识拓展

常见池塘养鱼的技术经济考核指标

饲养食用鱼不仅要求稳产高产，而且还要求鱼质量好，出塘规格符合消费者的需要，并能常年有活鱼供应，更要求以较少的人力、物力、财力获得较多的鱼产品，从而提高养鱼的经济效益。因此，单以1个方面的指标（如产量指标）来衡量养鱼成果是不全面的。应从市场需求、经济效益核算和饲养技术3个方面做全面衡量。当前饲养食用鱼的技术经济考核指标通常有以下几个：

1. 单位水体产量 表示单位养殖水体提供食用鱼的能力。例如池塘养鱼产量按下述公式计算：

（1）总面积平均上市量＝（年总产量－鱼种产量）/鱼池总面积。

鱼池总面积包括鱼种池、亲鱼池。该公式表示池塘生产食用鱼的能力。

（2）食用鱼养殖面积平均净产量＝（年总产量－鱼种放养量）/食用鱼养殖面积。该公式表示食用鱼池的鱼产力。

2. 上市规格 指符合当地食用习惯的各种食用鱼类的最小规格，往往由市场决定。在这种规格以下的鱼类，不应计入上市量。

3. 饵料系数 指鱼类增加的单位体重所消耗的饵料量；表示鱼类对饵料利用情况，可衡量养鱼的技术水平和饵料的质量。成鱼不超2，鱼种不超1.5。

4. 鱼种自给率 表示鱼种的自给水平，衡量能否高产稳产和降低成本。

5. 增重倍数（增肉倍数） 放养规格越大、增重倍数越小（在保证能达到商品规格的前提下，放养鱼越小越合算）。

6. 成本和利润 表示需要的投资数量和获得的盈利值，包括单位面积的成本、利润和每千克鱼成本和每千克鱼利润。

7. 单位面积纯收入 在总产值中扣除物化成本（包括固定资产折旧、租金、鱼种、饲料、肥料、水电、药物、网工具折旧、维修、运输等费用）后的单位面积净产值。即以货币形式表示单位面积鱼产品的经济效益。

8. 劳动生产率 表示每个劳动力（将所有劳动力折算成整劳动力）1 年内所生产的实物量和价值量。

任务二　密养与轮养

任务描述

了解食用鱼合理放养的意义和轮捕轮放的重要作用；熟悉决定放养密度的因素以及食用鱼进行轮捕轮放的条件；掌握食用鱼的放养密度和轮捕轮放的方法并能根据生产实际合理放养，灵活运用轮捕轮放技术进行高效养殖。

任务实施

鱼种放养密度是指在一定的养殖期内向单位面积或体积的水体中投放鱼种的数量或重量。生产实践表明，在一定的范围内，只要饲料充足，水源水质条件良好，管理得当，放养密度越大，产量越高。但也不是密度越高越好，密度过大，首先会引起水中溶氧量下降，其次排泄物过多易污染水质，第三导致鱼体生长速度慢，延长养殖周期。因此，只有合理的放养密度，才能既提高产量，又养出健康合格的食用鱼，最后获得较高的经济效益。

（一）合理的放养密度的意义

合理的放养密度应当是在保证达到食用鱼规格和鱼种预期规格的前提下，能获得最高鱼产量的放养密度。合理密养是池塘养鱼高产重要措施之一。

1. 合理的放养密度可以保证养殖产品的规格 池塘养鱼，要求在一定的养殖期内达到上市规格。如果产品规格不能控制，经济效益就会受到影响。控制产品规格的办法，主要是通过调整放养密度来实现。池塘是一个基本封闭的独立水体，在池塘中正常生活的鱼群有一个限量，如果接近或超过限量，鱼就不能生长甚至不能生存，这个限量就是通常说的池塘负载力或负荷力。当然，池塘的负载力是随着池塘条件的不同而有很大差异的。

池塘的空间因素和水质因素等决定了池塘负载力，当鱼群长到一定的程度就受到限制，在不改变池塘天然条件的情况下，只能通过调整鱼种的放养密度来控制鱼体大小，降低密度可以增大产品规格，而增大密度可以缩小产品规格。这种调整仅在鱼的生长速度许可的范围之内，是有一定限度的。

2. 合理的放养密度可以提高池塘鱼产量 池塘鱼产量是一定养殖期中鱼群的增重量。

鱼群的增重量由鱼种放养量和鱼种的净增重率两个因素决定。净增重率与鱼种生长速度有关，只有合理的放养密度，即使鱼种的放养密度保持在较高水平且鱼种生长速度也在正常生长水平之上，才能取得较高的鱼产量。过度的密养和过度的稀养都是不适宜的。

3. 合理的放养密度可以提高经济效益，降低成本 提高池塘养鱼的经济效益主要依靠鱼产品的产量和质量的提高以及鱼种、饵料等成本的降低。

在食用鱼养殖的成本费用中，鱼种费用占相当大的比例，我们以净增重率为参数估算鱼种费用，一般池塘养鱼的净重率为3～4，以此推算，鱼种费用为食用鱼产值的20％～30％，数量是相当可观的。饵料的费用更高。当放养密度过大时，鱼种的增重率下降，饵料系数上升，就会使成本上升。因此，必须合理密养才能既提高产量，又养出合格的食用鱼，经济效益才会好。

（二）确定放养密度的依据

决定合理放养密度，应根据池塘条件、鱼的种类与规格、饵料供应和管理措施等情况来考虑。

1. 池塘条件 有良好水源的池塘，其放养密度可适当增加。池塘水较深时，放养密度可适当增加，水较浅则应相应减少密度。

2. 水质 限制放养密度无限提高的因素是水质，在一定密度范围内，放养量越高，净产量越高。超出一定范围，尽管饵料供应充足，也难收到增产效果，甚至还会产生不良结果，其主要原因是水质限制。如放养过密，池鱼常会处在低氧状态；水体中的有机物质（包括残饵、粪便和生物尸体等）在缺氧条件下，产生大量的还原物质（如氨氮、硫化氢、有机酸等），而这些物质对鱼类有较大的毒害作用，并抑制鱼类生长。因此，食用鱼养殖一定要通过物理、化学和生物等方式调节好池塘水质和底质，最大限度地增加池塘放养密度。

3. 鱼种的种类和规格 混养多种鱼类的池塘，放养量可大于单一种鱼类或混养种类少的鱼池。此外，个体较大的鱼类比个体较小的鱼类放养尾数应少，而放养重量应较大；反之则较小。同一种类不同规格鱼种的放养密度，与上述情况相似。

4. 饵料、肥料供应量 密度加大、产量提高的物质基础是饵料，对主要摄食投喂饲料的鱼类，密度越大，投喂饲料越多，则产量越高。但提高放养量的同时，必须增加投饵量，才能得到增产效果。

5. 饲养管理措施 养鱼配套设备较好，可增加放养量。轮捕轮放次数多，放养密度可相应加大。此外，管理精细，养鱼经验丰富，技术水平较高，管理认真负责的，放养密度可适当加大。

6. 历年放养模式 在该池的实践结果通过对历年各类鱼的放养量、产量、出塘时间、规格等参数的分析评估，如鱼类生长快，单位面积产量高，饵料系数不高于一般水平，"浮头"次数不多，说明放养量是较合适的；反之，表明放养过密，放养量应适当调整。如成鱼出塘规格过大，单位面积产量低，总体效益低，表明放养量过稀，必须适当增加放养量。

在养鱼工作中确定鱼种放养密度的方法有经验法和计算法两种。

经验法。是根据前1年某池塘所养鱼的成活率与实际养成规格和当年有关条件的变动，确定该池塘当年的放养量。例如，某池塘前1年养成规格偏小，当年又没有采取什么新措施，那么就应当将放养量适当调低；反之，如果前1年成活率正常而规格偏大，则应适当调高。如果采取了新的养殖技术和措施，那么放养密度应当相应地提高。

计算法。放养密度计算公式是根据鱼产量、养殖的成活率、放养鱼苗或鱼种的规格和计划养成的规格等参数，计算该池塘某种鱼的适宜放养密度。

$$单位面积放养数量（尾）=\frac{单位面积计划产量（kg）}{计划平均个体重（kg/尾）\times 估计成活率（\%）}$$

（三）轮捕轮放的意义

轮捕轮放就是指在池塘养鱼中，根据鱼类的生长情况，分期捕捞部分达到上市规格的成鱼和适当补放鱼种，以提高池塘鱼产量。概括地说，轮捕轮放就是1次或多次放足，分期捕捞，捕大留小或去大补小。混养密放是从空间上保持鱼池较高而合理的密度，而轮捕轮放则是从时间上始终保持鱼池较高而合理的密度，轮捕轮放是建立在混养和密养基础上的，是混养和密养技术的进一步发展。轮捕轮放往往具有以下优点：

1. 有利于鱼类生长　对于1年放养1次，年底1次捕捞的池塘，前期鱼体小造成水体得不到充分利用，年初可以多放一些鱼种；随着鱼体生长，采用轮捕轮放方法及时稀疏密度，使池塘载鱼量始终保持在最大限度下（图8-1），这就可以解决后期鱼体大密度增加造成的生长限制，使鱼类在主要生长季节始终保持合适的密度，促进鱼类快速生长。

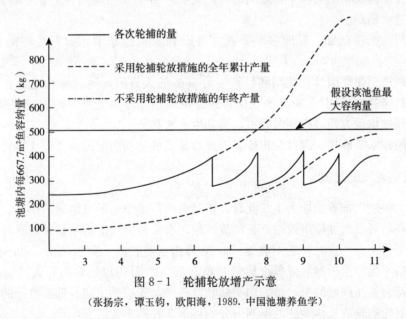

图8-1　轮捕轮放增产示意

（张扬宗，谭玉钧，欧阳海，1989. 中国池塘养鱼学）

2. 有利于活鱼均衡上市　养鱼前、中期，市场上鲜活商品鱼少，鱼价高，群众无鱼可食；而后期市场上商品鱼相对集中，造成鱼价低廉。采用轮捕轮放可以避免市场上商品鱼出现"春缺、夏少、秋挤"的局面，做到四季有鱼，不仅满足了社会需要，而且也提高了经济效益。

3. 有利于增加密度，提高饲料利用率　平时不断将达到商品规格的鱼捕捞上市，可减少水体中的载鱼量及改善水质，有利于提高饲料的消化利用率和鱼的生长速度，降低饵料系数。此外，后期大规格鱼生长期基本结束，继续养殖饵料系数偏高。利用轮捕控制各种鱼类生长期的密度，以缓和鱼类相互之间在食性、生活习性和生存空间的矛盾，使食用鱼池混养

的种类和数量进一步增加，充分发挥池塘中"水、种、饵"的生产潜力。

4. 有利于培育足量优质的大规格鱼种，为高效生产奠定基础 通过捕大留小，适时捕捞达到商品规格的食用鱼，及时补充夏花和1龄鱼种，使套养的鱼种迅速生长，年终培育成大规格鱼种。

5. 有利于加速资金周转，为扩大再生产创造条件 一般轮捕上市鱼的经济收入可占养鱼总收入的40%~50%，这就加速了资金的周转，降低了成本。

（四）轮捕轮放的条件

目前开展轮捕轮放的对象主要是达到或超过商品鱼标准，符合出塘规格的食用鱼。为了能够顺利开展轮捕轮放技术，必须具备以下条件：

（1）年初放养数量充足的大规格鱼种。只有放养了大规格鱼种，才能在饲养中期达到上市规格，轮捕出塘。生产实践中轮捕的鱼类主要是放养规格较大的鲢、鳙、鲤、鲫和养殖后期不耐肥水的草鱼。

（2）各类鱼种规格齐全，数量充足，一般分为大、中、小3级，比例适当，同规格鱼种大小均匀。

（3）同种不同规格的鱼种个体之间的差距要大，否则易造成两者生长上的差异不明显，给轮捕选鱼造成困难。

（4）饵料、肥料充足，管理水平要高，否则到了轮捕季节，没有足够的鱼达到上市规格。

（5）合理选用捕捞网具。使用网目长度为5cm的大目网，网目形状近正方形（缩结系数0.7左右）。轮捕拉网时，中、小规格鱼种穿网而过，不易受伤，而大规格鱼留在网内。这样选鱼和操作均较方便，拉网时间短，劳动生产率高。

（6）捕捞技术要熟练、细致和正确。否则容易造成捕捞引起的鱼类停止摄食和伤亡。

（五）轮捕轮放的方法

轮捕时间一般以饲养中期为主，此时，正是鱼产品淡季，既可以调节市场，满足社会需要，又价格高，可以增加经济效益。长江流域地区在6月份以前由于鱼种放养时间不长，水温较低，鱼增重不多，这时一般不能捕。6~9月份水温较高，鱼生长快，如不通过轮捕稀疏，将因饵料不足和水中溶氧降低而影响总鱼产量。10月份以后水温日渐降低，鱼生长转慢，除捕出符合商品规格的鲢、鳙、团头鲂和草鱼外，还应捕出容易低温致死的罗非鱼。

目前根据轮捕轮放具体做法的不同可分为以下3种基本方法。

1. 捕大留小 这是一种最简单的轮养方式，它不需要专门的鱼种储备池，比较容易推广应用。冬季或春季一次性放足不同规格的鱼种（2~4种规格），饲养一定时间后，在7~9月份分批捕出一部分达到食用规格的鱼类，而让较小的鱼留池继续饲养，不再补放鱼种。每次轮捕的鱼产量可占总产量的20%~30%。

2. 捕大补小 这是南方较普遍采用的方式，分批捕出食用鱼后，同时补放鱼种。这种方法的产量较上一种方法高。捕捞的次数与当地鱼类生长期的长短有关，从3~4次到5~6次不等，一般20~30d捕1次。补放的鱼种，前期是上半年培养的2龄的鱼种可养成食用鱼，后期是当年培养的10cm以上鱼种，养至年底可培育成大规格鱼种，为翌年放养奠定基础。

3. 轮捕轮放、套养鱼种 这是当前商品鱼养殖中解决大规格鱼种供不应求的好途径。采用这种套养技术，食用鱼池既能生产食用鱼，又能培育大规格鱼种供翌年放养。每年只需在食用鱼池中增放一定数量的小规格鱼种或夏花，至年底即能获得一大批大规格鱼种。套养不仅从根本上革除了鱼种池，而且也压缩了 1 龄鱼种池的面积，增加了食用鱼池的养殖面积。

要做好鱼种套养工作，要注意以下问题：首先，要切实抓好鱼苗和 1 龄鱼种的培育，培育出规格大的 1 龄鱼种，其中草鱼和青鱼鱼种全长必须达到 13cm 以上，团头鲂全长 10cm 以上。第二，必须保证食用鱼池有 80% 以上的食用鱼上市。第三，食用鱼池年底出塘的鱼种数量应等于或略多于来年该鱼池中大规格鱼种的放养量。第四，轮捕的网目适当放大，避免小规格鱼种挂网受伤。第五，加强饲养管理，对套养的鱼种在摄食方面应给予特殊照顾。例如通过增加适口饵料的供应量，开辟鱼种食场，先投颗粒饲料喂大鱼、后投粉状饲料喂小鱼等方法促进套养鱼种的生长。

 相关案例

生产中常见轮捕轮放案例分析

现以无锡河埒口每 667m² 净产 750kg 的成鱼池为例说明轮捕轮放情况（一般经过 3 次轮放和 5 次轮捕）。

（1）第一次轮放：4 月下旬放越冬罗非鱼。

（2）第一次捕捞：在 6 月初开始，将 0.5kg 以上的鲢、鳙起捕上市，起捕重量每 667m² 50～60kg，每 667m² 有 5kg 左右的草鱼起捕（1.5kg/尾以上）；5～6 月份第二次轮放鲤、鲫夏花。

（3）7 月份第二次轮捕：与第一次相隔 25d，捕出达规格的鲢、鳙、草鱼，起捕量每 667m² 60kg；第三次轮放在 6 月底至 7 月中旬：轮放鲢、鳙夏花和小斤两鲢鳙。

（4）第三次轮捕：在 8 月上旬开始，捕出达规格的鲢、鳙、草鱼，起捕质量每 667m² 50～60kg。

（5）第四次轮捕 9 月上旬开始，除鲢、鳙、草鱼、鳊外，150g 以上的白鲫、罗非鱼也起捕上市。

（6）10 月进行第五次轮捕：捕捞重点是 100g 以上的白鲫、罗非鱼及少量的鲢、鳙、草鱼。5 次起捕量合计约：鲢、鳙 200kg；草鱼 50kg；鳊、白鲫、罗非鱼各 25kg 左右，合计成鱼每 667m² 起捕 360kg，占食用鱼产量的 45% 左右。

（7）11 月中旬进入冬季大捕捞，将达食用鱼规格的各种鱼全部起捕上市，不满上市规格的鱼种按种类、大小过数分类放入越冬池饲养。

以上是每 667m² 净产 750kg 的池塘，产量越高，鱼种放养的越多，每次起捕的重量越大。

起捕"热水鱼"操作技术要点

轮捕轮放可以提高鱼产量，但也伴随着一些新问题。即有一部分轮捕必须在夏天进行。在天气炎热的夏秋季节捕鱼，俗称捕"热水鱼"。因为水温高，鱼的活动能力强，捕捞较困难，加之鱼类耗氧量大，不能忍受较长时间的密集，而网中捕获的鱼大部分要回池，如在网中时间过长，很容易受伤或缺氧闷死。因此，在水温高时捕鱼工作技术性较强，要求操作细致、熟练、轻快。

（1）捕鱼要选择天气凉爽，池水溶氧量较高，鱼类活动正常的时候进行，一般多在下半夜、黎明或早晨捕捞，这样也便于供应早市；若要供应夜市则在下午捕捞。如果池鱼有"浮头"征兆或正在"浮头"，严禁拉网捕鱼。傍晚也不能拉网，以免引起上、下水层提早对流，加速池水溶氧消耗并造成池鱼"浮头"。

（2）轮捕前1d，适当减少投饵量，以免鱼饱食后，捕捞时受惊跳跃而易伤亡。此外可以泼洒维生素C等抗应激的药物，以减少拉网过程应激造成的伤亡。

（3）捕捞时网上应加稀网（又称筛网及四指网、五指网），稀网长度一般占总网长的1/5左右，稀网网目大小，以捕捞鱼的最小规格而定，以便于能漏出未达商品规格鱼种。捕捞时下网一般在浅水处、上风头，收网最好选择在深水处、下风头，可防鱼搁浅窒息。

（4）捕鱼人员技术娴熟，彼此配合默契，围捕时操作要迅速，尽量缩短捕鱼持续时间，以防因密集过久而受伤或缺氧致死。把鱼围拢后，应先迅速而轻快地将网中尚未达到上市规格的小鱼放出，再拣上市的大鱼，或边选上市鱼边放回留塘鱼种，切忌一味挑选上市鱼而使小规格留塘鱼种在网中，因挤压而受伤或窒息死亡。

（5）捕捞后，鱼经过剧烈运动，体表分泌大量黏液，同时池水混浊，耗氧量增大。因此必须立即加注新水或开增氧机，使鱼有一段顶水时间，以冲洗过多的黏液，防止"浮头"。白天捕"热水鱼"，一般加水或开增氧机2h左右即可；夜间捕鱼，加水或开增氧机一般要待日出后才能停泵停机。

（6）池塘消毒。没有引注新水的肥水塘，在拉网前可用生石灰兑水泼洒全塘，每$667m^2$水面用生石灰$8\sim10kg$，或在拉网后用漂白粉兑水（每立方米水体用$1g$漂白粉）泼洒、消毒。

任务三　饲养管理

任务描述

了解食用鱼养殖饲养管理的基本要求；熟悉饲养管理的基本内容；掌握食用鱼养殖的投饵施肥、池塘水质的管理方法和常见鱼类疾病的防治；能运用饲养管理的基本原理和方法解决生产过程中遇到的常见问题。

任务实施

"管"是八字精养法的最后一个字，一切养鱼的物质条件和技术措施最后都要通过池塘日常管理，才能发挥效能，获得高产。渔谚有"增产措施千条线，通过管理一根针"的说法，形象地说明了管理工作的重要性。

基于池塘管理工作的重要性，对生产管理人员而言，应该具有较为丰富的专业知识和技术经验水平，对养殖鱼类的生活习性、饵、肥的营养价值、池塘水质情况有较深的认识。因为池塘养鱼是一项技术复杂的生产活动，它涉及气象、饲料、水质、营养、鱼的自身情况等各种因素，而且这些因素相互影响、时刻变化。因此，管理人员要精心细致，持之以恒，及时发现情况，采取相应措施，并在管理中不断摸索规律，积累经验。如果管理中粗心疏忽，或管理时紧时松，不能及时发现问题，将给生产造成损失。俗话说："有收无收在于放，收多收少在于管"，就是这个道理。

（一）饲养管理的基本要求

精养鱼池要想取得高产，必须给鱼类提供优良水质和充足饵料，即要求我们一方面要不断地为鱼类创造良好的生活环境，另一方面又要不断地给鱼类提供优质足量的天然饵料和人工饵料。在实际生产中，要提高产量，就要投喂大量饵料和施以充足的肥料，这样带来的后果往往是水环境恶化，鱼类"浮头"泛池；而不施肥、少投饵，虽然池水理化条件好，但鱼体消瘦，生长缓慢，所谓"清水白汤白养鱼"，产量很低。在池塘管理中为处理好这一主要矛盾，生产上的主要经验是：水质保持"肥、活、爽"，投饵（以滤食性鱼类为主养鱼的池塘还包括施肥）保持"匀、好、足"。

"肥"：表示水中浮游生物量多，有机物与营养盐类丰富。

"活"：表示水色经常在变化。水色有月变化和日变化（即上、下午和上、下风的变化）。表明浮游植物优势种交替出现，特别是鱼类容易消化的浮游植物数量多，质量好，且出现频率高。

"爽"：表示池水透明度适中（25～40cm），水中溶解氧条件好。

"匀"：表示1年中应连续不断地投以足够数量的饵料。在正常情况下，1d之中前后两次投饵之间投饵量和时间间隔均应相差不大，以保证投饵量既能满足池鱼摄食的需要，又不过量而影响水质。

"好"：表示饵料、肥料的质量是最佳的。优质的饵料营养价值高，鱼能充分利用，残饵和排泄物减少，有利于保持优良的水质。

"足"：表示施肥投饵量适当，在规定的时间内鱼将饲料吃完，不使鱼过饥过饱。

生产实践证明为提高单位面积产量，必须促进鱼类快速生长，这就需要大量的饵料（包括肥料），而控制水质的目的也是为了更有效地投饵和施肥。因此，在池塘管理中，必须时刻掌握投饵、施肥的主动权。生产上运用看水色、防"浮头"的知识，采用、使用水质改良剂、加注新水、合理使用增氧机与水质改良机械等方法来改善水质，使水质保持"肥、活、爽"；又采用"四看""四定"等措施来控制投饵（施肥）的数量和次数，使投饵保持"匀、好、足"，以利于水质稳定。池塘管理的主要技术措施，都是围绕这一矛盾进行的。管理中只有抓住主要矛盾的主要方面，兼顾其他矛盾，才能夺取高产。

（二）饲养管理的基本内容

1. 经常巡视池塘，观察池鱼动态 每天要早、中、晚巡视池塘3次。黎明是一天中溶

氧量最低的时候，要观察池鱼有无"浮头"现象，"浮头"的程度如何；中午可结合投饵和测水温等工作，检查池鱼活动和吃食情况；近黄昏时检查全天吃食情况，有无残饵，有无"浮头"预兆。酷暑季节，天气突变时，鱼类易发生严重"浮头"，还应在半夜前后巡塘，以便及时制止严重"浮头"，防止泛池发生。

此外，巡塘时要注意观察鱼类的活动情况，如有无离群独游或急剧游动、骚动不安等现象，若发现鱼类活动异常，应查明原因，及时采取相应措施。同时还要观察池塘水质、底质的变化情况，及时采取改善水质和底质的措施。

2. 保持水质清新和池塘环境卫生　池塘水质既要较肥又要清新，含氧量较高。因此，除了根据施肥情况和水质变化，经常适量注入新水，调节水质水量外，还要随时捞去水中污物、残渣，割除池边杂草，以免污染水质，影响溶氧量。

3. 及时防除病害　细致地做好清塘的工作是防病的重要环节，必须严格认真的完成；平时根据天气、水温、水质、鱼类生长和吃食情况确定投饵数量并做好疾病的预防工作；养殖过程中一旦发现病死鱼，要及时诊断原因并对症治疗。

4. 合理使用渔业机械，搞好渔机设备的维修保养　渔业机械是养殖高产稳产的重要保障，一旦损坏轻则影响鱼类的生长，重则导致鱼类大量死亡，因此，平时要定期的检查线路、电机等并及时清理投饵机的残渣剩饵。

5. 做好池塘管理记录和统计分析　每口鱼池都有养鱼日记，对各类鱼种的放养及每次成鱼的收获日期、尾数、规格、重量，每天投饵、施肥的种类和数量以及水质管理和病害防治等情况，都应有相应的表格记录在案，以便统计分析，及时调整养殖措施，并为以后制订生产计划，改进养殖方法打下扎实的基础。

（三）合理投饵

投饵是饲养管理的工作中心，方法合理，可以节约饲料，降低饲料系数和成本。

鱼种放养后投饵之前往往需要进行驯食，鱼种刚刚放入池塘后有不适应的反应，不会立即觅取食物。经过 2～3d 的时间，待其适应时，在池塘的四周先设 3～4 个驯饵点，每日 2 次进行驯食投喂，经过 1 周左右的驯化投喂，大部分鱼都能来点上结群摄食，然后再到事先设好的食场集中喂食。具体操作方式见鱼种驯养方法。

1. 饲料的选用　在食用鱼高密度的养殖过程中，除了靠天然饲料供给鱼类营养需要外，还必须投放大量人工饲料，其中饲料成本占到养殖成本的 60%～70%。因此投喂优质足量的饵料，是养鱼高产、优质、高效的重要技术措施。目前食用鱼的养殖多选用配合饲料，市场上主要有硬颗粒饲料与膨化饲料两种。膨化饲料因其消化利用率高、水稳定时间长、便于直观观察和控制鱼的摄食、高温高湿热的瞬间强力揉搓杀灭了原料中的有害病菌、使蛋白质钝化和破除部分抗营养因子等优点在养殖中使用越来越多，但使用成本较高。各地应根据当地实情合理选用饲料品种。

2. 投饵数量的确定

（1）全年投饵计划和各月分配。为了做到有计划的生产，保证饲料及时供应，做到根据鱼类生长需要，均匀、适量地投喂饵料，必须在年初规划好全年的投饵计划。具体做法如下：计算 667m² 净产量；根据饵料系数或综合饵肥料系数计算出全年投饵量；根据月投饵百分比，制定每月的计划投饵量。每月的投饵量不是平均分配，应根据当月的水温（水温在

25～30℃是鱼类快速生长期)、鱼类生长情况以及饵料供应情况来制定。

例如长江流域主养草鱼的池塘，整个饵料数量设为100，1月份水温低，可以不投。3月份水温达到10℃以上时，可以少投、全月投饵量占2％，4月份占6％、5月份占9％、6月份占12％、7月份占16％、8月份占18％、9月份占21％，10月份占14％，11月份占2％，12月份可不投。

(2) 每日投饵量的确定。每日的实际投饵量主要根据当地的水温、水色、天气和鱼类吃食情况（即群众称为"四看"）而定。一般日投饵率在3％～6％。

①水温。在10℃以上即可开食，随水温的上升逐步增加投饵量，6～9月份水温达到25～30℃时为投饵量最高季节，而10月份之后，水温逐渐下降，投饵量也相应减少。

②水色。池塘水色以黄褐色或油绿色为好，可正常投饵；水色清淡，应增加投喂量；如水色过浓转黑，表示水质要变坏，应减少投饵量，及时加注新水。

③天气。天气晴朗，池水溶解氧条件好，应多投。而阴雨天溶解氧条件差，则少投。天气闷热，无风欲下雷阵雨应停止投饵。天气变化大，鱼食欲减退，应减少投喂数量。当遇到台风等极端天气时，可停止投饵，不用担心鱼谚"一日不吃，三日不长"之说，因为鱼类普遍存在补偿生长的现象，即鱼类在自然环境条件下，由于温度变化、季节更替、性腺发育成熟或自然界食物空间上分布的不均匀性等原因，经常面对摄食量不足或饥饿状况，但是当恢复摄食后其生长率高于正常摄食状态，体重增加最终达到或超过正常投喂鱼的体重增加现象。

④鱼类吃食情况。这是决定和调整投饵量的直接依据。每天早晚巡塘时检查食场，了解鱼类吃食情况。如投饵后很快吃完，应适当增加投饵量；如投饵后长时间未吃完，应减少投饵量。另外，在鱼病高发季节必须适当控制投饵量，并及时清扫残饵，以防恶化水质。

3. 投饵技术 在投饵技术上，应实行"四定"投饵原则。

(1) 定质。饲料必须质优无霉变，营养成分完全，搭配比例适中，且饲料颗粒大小要适口，方便鱼儿吞食，以减少饲料浪费。

(2) 定量。投饵应掌握适当的数量，不可过多或忽多忽少，使鱼类吃食均匀，以提高鱼类对饵料的消化吸收率，减少疾病，有利于鱼类生长。在通常情况下，控制投饵机投饵时长为0.5h投完为适宜。

(3) 定时。投饵必须定时进行，以养成鱼类按时吃食习惯，提高饵料利用率，同时，选择水温较适宜，溶氧量较高的时间投饵，可以提高鱼的摄食量，有利于鱼类生长。根据生产经验，4月份每日投饵1～2次（9：00，15：00），5月每日3次（7：00，12：00，16：00），6～9月每日4次（6：00，10：00，14：00，18：00），10月每日3次，11月每日2～3次（即1d的投饵量分成上述次数投喂）。

(4) 定位。投饵必须有固定的位置，使鱼类集中在一定的地点吃食，这样不但可减少饵料浪费，而且便于检查鱼的摄食情况，便于清除残饵和进行食场消毒，保证鱼类吃食卫生，在发病季节便于进行药物消毒，防治鱼病。

4. 降低饲料系数，增加养殖效益 目前饲料成本是养殖成本的主体，如何降低饵料系数成为增加养殖效益的关键。目前国内食用鱼养殖的饵料系数一直偏高，平均在1.5～2.0，在现有的技术水平下可通过以下措施降低饵料系数。

改善池塘水质状况：增加溶氧量，溶氧量低于4mg/L饲料系数会明显升高；降低分子氨，可采取中午开增氧机、日常投沸石粉等方式；根据水温调节用料，适温范围内温度升

高，消化强度增加，高温季节可适当喂高蛋白质的饲料，有利于鱼类生长和降低饲料系数。

选择优良品种和适宜的规格：建鲤、澎泽鲫等新品种对饲料消化率高，利用好；规格越小，饲料系数越低。

正确的投饵方法和数量：按"四定""四看""八分饱"等原则投饵。

加强鱼病防治：定期进行水体消毒。

选择适口的饲料：选择嗜口性好、颗粒直径与鱼体规格相适应的饲料。

使用高品质的饲料：选择营养、氨基酸均衡、维生素、无机盐含量充足的饲料。

（四）池塘水质管理

水是鱼赖以生存的环境，水质的好坏直接影响到水产动物的生长发育和生存死亡，进而关系到养殖户产量和生产效益。所以水是人与鱼联系的桥梁，对池塘水质管理的最终目的就是通过对环境因子的控制，为鱼类创造最佳生长条件。渔谚有"养好一池鱼，首先要管好一池水"的说法，这是渔民的经验总结。

随着水产养殖业的迅猛发展，养殖方式由粗养转为集约化养殖，但在提高产量、增加效益的同时，也产生了负面影响：水质严重污染。首先是水体中有机物增多，BOD、COD增加，溶解氧下降；其次是氨氮、亚硝酸盐增加，水体富营养化，蓝藻大量繁殖；第三是水质酸性化，致病菌大量繁殖，鱼类病害频繁发生。因此食用鱼养殖为了获得高产、高效，必须做好严格的水质管理，给鱼类提供最适的生长环境。

水质管理的一般程序是先观察水色（颜色、色度、混浊度、透明度），再用水质检测设备对水质的各项指标做出检测，然后采取相应的措施。

1. 水色管理　水色管理要求保持水质"肥、活、嫩、爽"，而水色的变化主要表现为水中浮游生物种类和数量的变化。保持良好的水色不仅可以维护良好的水质指标，给鱼类提供最适的生长环境，还能提供给鱼类天然饵料促进鱼类生长，目前水色主要通过合理施肥、加注新水和使用水质改良剂等措施来调节。

（1）合理施肥。池塘施肥是为了补充水中的营养盐类及有机物质，增加腐屑食物链和牧食链的数量，作为滤食性鱼类、杂食性鱼类以及草食性鱼类的饵料。

新建池塘或瘦水池塘应多施有机肥，同时配合氨基酸肥水液使用，在清塘后一次放足。肥水池塘和池底淤泥较多的池塘，一般少施或不施基肥，以微生物为主进行有效分解利用。

主养鲢、鳙的池塘，施肥应贯穿春秋季，根据水温及投料情况，以施生物有机肥料或有机无机复合肥为主、带中间（夏季水温高时施用无机肥料）、重施基肥、巧施磷肥，以磷促氮，采用有机与复合及无机肥结合的方法合理进行施肥，可保持养鱼水体处于"肥、活、嫩、爽"状态。

以吃食性鱼类为主即以投喂人工饲料为主的池塘，当春季（3～5月份）水温上升时，水质转浓，池水中饲料生物就会大量繁殖，有利于鱼类生长，此时应根据水温情况施肥以生物有机无机复合肥及生物有机肥为主，对于水体特别瘦的还应配合氨基酸肥水液同时使用，应次少量多，高温季节6～9月份，是投饵量最大的时期，鱼体排泄物多，耗氧量大，此时段不施肥或只补充磷肥，以调水改底为主（因为饲料及鱼体的排泄物也是一种肥料，但一定要定期使用生物制剂进行快速分解利用，否则易造成耗氧最终溶解氧偏低引发氨氮及亚硝酸盐超标）。晚秋（10月中下旬后），由于此时鱼体吃食量已下降，池塘内的排泄物等有机质减少及为了来年做基肥，需针对不同的养殖对象施入相对量的生物有机肥。在每次施肥时，要根据水质情况而异，水质清淡要适当多施肥，水质肥浓施肥后要加注新水或及时使用水产专用菌调节水质。

（2）及时加注新水。经常及时地加水是培育和控制优良水质必不可少的措施。对精养鱼池而言，加水有 4 个作用：增加了池水的透明度，降低肥度，保持水质的活、嫩；增加水深，加大鱼类在池塘内的活动空间；冲淡了池水中新陈代谢的产物（如氨氮），加速了生物的新陈代谢，消除了不利影响；使池水垂直、水平流转直接增加水中溶解氧，解救或减轻鱼类"浮头"并增进食欲。具体做法是：春水浅（春天放鱼种时水深约 1m），夏勤加（每 10d 左右 1 次，每次 15~20cm），秋保水（保证水位稳定）。

（3）使用水质改良剂。依据池塘水质、底质、生物环境等，对症使用水质改良剂、底质改良剂和生物环境改良剂，能有效调节水中浮游生物的数量和组成，增加溶氧量，净化水质和调节 pH。例如当水质较瘦时，可投放生物有机肥与芽孢杆菌等生物制剂，及时促进有益藻类生长；当水质过肥时，可用生石灰、光合细菌、水质控制剂等杀灭部分藻类或竞争水中有机质等形式抑制藻类的生长。

2. 底质改善　精养池塘的底质主要是由残饵和鱼类粪便等有机物沉入水底及死亡的生物体遗骸发酵分解后与池底泥沙等物混合而成。池塘底质条件不好会造成池塘耗氧量增加；产生有毒物质：在底泥的有机物分解过程中，会产生氨、甲烷、亚硝酸盐、硫化氢等有毒物质，甲烷不溶于水，故可经常在鱼池中见到水底向水面冒气泡现象。

生产实践证明：鲢、鳙、罗非鱼池底泥厚度在 20~40cm；草鱼、鲂、鲤池底泥以 0~15cm 为宜。因此养殖一个周期后就需要及时清除池塘淤泥，并在冬季进行干塘、晒塘、消毒等措施处理底质。此外在养殖中期，由于大量投饵和粪便的残留底质也会变化，需要使用底质改良剂进行吸附絮凝（沸石粉、麦饭石、聚合氧化铝等）、化学降解（过氧复合物、臭氧等）、活菌降解（芽孢杆菌、硝化细菌等）来处理。

3. 水质调节　目前生产上主要关注的池塘水质指标有溶解氧、氨氮、亚硝酸盐、硫化氢和酸碱度（pH）。具体调控措施参见项目二中任务四水质调控。

（五）防止鱼类"浮头"和泛池

精养鱼池由于池水有机物多，故耗氧量大。当水中溶解氧降低到一定程度（一般 1mg/L 左右）。鱼类就会因水中缺氧而浮到水面，将空气和水一起吞入口内，这种现象称为"浮头"。"浮头"是鱼类对水中缺氧所采取的"应急"措施。吞入口内的空气在鱼鳃内分散成很多小气泡，这些小气泡中的溶解氧便溶于鳃腔内的水中，使其溶解氧相对增加，有助于鱼类的呼吸。因此"浮头"是鱼类缺氧的标志。随着时间的延长，水中溶解氧进一步下降，靠"浮头"也不能提供最低氧气的需要，鱼类就会窒息死亡。大批鱼类因缺氧而窒息死亡，就称为泛池，泛池往往给养鱼者带来毁灭性的打击。俗话说："养鱼有二怕，一怕鱼病死，二怕鱼泛池。"而且泛池的突发性比鱼病严重得多，危害更大，素有"一忽穷"之称。为了防止鱼类泛池，首先要防止鱼类"浮头"。

1. 鱼类"浮头"的原因

（1）因上下水层水温差产生急剧对流而引起的"浮头"。夏日晴天，精养鱼池水色较浓，光合作用导致白天上层水产生大量氧盈，下层水产生很多氧债，由于水的热阻力上下水层不

易对流。傍晚以后，如下雷阵雨或刮大风则表层水温急剧下降，上下水层急剧对流，上层水迅速对流至下层，溶解氧很快被下层水中有机物耗净，整个池塘的溶解氧迅速下降，造成缺氧"浮头"。

（2）因光合作用弱而引起的"浮头"。夏季如遇连绵阴雨，光照条件差，浮游植物光合作用强度弱，水中溶解氧的补给少，而池中各种生物呼吸和有机物质分解都不断地消耗氧气，以致水中溶解氧供不应求，引起鱼类"浮头"。

（3）因水质过浓或水质败坏而引起的"浮头"。夏季久晴未雨，池水温度高，加之大量投饵，水质肥，耗氧大。由于水的透明度小，增氧水层浅，耗氧水层深，水中溶解氧供不应求，就容易引起鱼类"浮头"。如不及时加注新水，水色将会转为黑色，此时极易造成水中浮游生物因缺氧而全部死亡，水色转清并伴有恶臭（俗称臭清水），则往往造成泛池事故。

（4）因浮游动物大量繁殖而引起的"浮头"。春季轮虫或溞类大量繁殖形成水华，它们大量滤食浮游植物。当水中浮游植物被滤食完后，池水清晰见底（渔民称"倒水"），池水溶解氧的补给只能依靠空气溶解，而浮游动物的耗氧大大增加，溶解氧远远不能满足水生动物耗氧的需要，引起鱼类"浮头"。

2. 预测"浮头"的方法　鱼类"浮头"必有原因，也必然会产生某些现象，根据这些预兆，可事先做好预测预报工作。鱼类发生"浮头"前，可根据4个方面的现象来预测。

（1）根据天气预报或当天天气情况进行预测。如夏季晴天傍晚下雷阵雨，容易引起严重"浮头"。夏秋季节晴天白天气温高，夜间气温突然下降，引起上下水层迅速对流，容易引起"浮头"。连绵阴雨，光照条件差，风力小、气压低，浮游植物光合作用减弱，致使水中溶解氧供不应求，容易引起"浮头"。此外，久晴未雨，池水温度高，加以大量投饵，水质肥，一旦天气转阴，就容易引起"浮头"。

（2）根据季节和水温的变化进行预测。春末夏初，水质转浓，池水耗氧增大，鱼类对缺氧环境尚未完全适应。因此天气稍有变化，清晨鱼类就会集中在水上层游动，可看到水面有阵阵水花，俗称"暗浮头"。这是池鱼第一次"浮头"，由于其体质娇嫩，对低氧环境的忍耐力弱，此时必须采取增氧措施，否则容易死鱼。在梅雨季节，由于光照强度弱，而水温较高，浮游植物造氧少，加之气压低、风力小，往往引起鱼类严重"浮头"。又如从夏天到秋天的季节转换时期，气温变化剧烈，多雷阵雨天气，鱼类容易"浮头"。

（3）观察水色进行预测。池塘水色浓，透明度小，或产生"水华"现象。如遇天气变化，容易造成池水浮游植物大量死亡（"转水"），水中耗氧大增，引起鱼类"浮头"泛池。

（4）检查鱼类吃食情况进行预测。经常检查食场，当发现饲料在规定时间内没有吃完，而又没有发现鱼病，那就说明池塘溶解氧条件差，第二天清晨鱼要"浮头"。

3. 防止"浮头"的方法　发现鱼类有"浮头"预兆，可采取以下方法预防：

（1）如果天气连绵阴雨，则应根据预测"浮头"技术，在鱼类"浮头"之前开动增氧机，改善溶解氧条件，防止鱼类"浮头"。

（2）如发现水质过浓，应及时加注新水，以增大透明度，改善水质，增加溶解氧。

（3）在夏季如果气象预报傍晚有雷阵雨，则可在晴天中午开增氧机。

（4）估计鱼类可能"浮头"时，根据具体情况，控制吃食量。

4. 观察"浮头"和衡量鱼类"浮头"轻重的办法　观察鱼类"浮头"，通常在夜间巡塘时进行。

（1）在池塘上风处用手电光照射水面，观察鱼是否受惊。在夜间池塘上风处的溶解氧比下风处高，因此鱼类开始"浮头"总是在上风处。用手电光照射水面，如上风处鱼受惊，则表示鱼已开始"浮头"；如只发现下风处鱼受惊，则说明鱼正在下风处吃食，不会"浮头"。

（2）用手电光照射池边，观察是否有螺、小杂鱼或虾类浮到池边。由于它们对氧环境较敏感，如发现它们浮在池边水面，螺有一半露出水面，标志着池水已缺氧，鱼类已开始"浮头"。

（3）对着月光或手电光观察水面是否有"浮头"水花，或静听是否有"吧咕、吧咕"的"浮头"声音。

鱼类发生了"浮头"，还要判断"浮头"的轻重缓急，以便采取相应的措施加以解救。判断"浮头"轻重，可根据鱼类"浮头"的时间、地点、"浮头"面积大小、"浮头"鱼的种类和鱼类"浮头"动态等情况来判别（表8-7）。

表8-7 鱼类"浮头"轻重程度判别

"浮头"时间	池内地点	鱼类动态	"浮头"程度
早上	中央、上风	鱼在水上层游动，可见阵阵水花	"暗浮头"
黎明	中央、上风	罗非鱼、团头鲂、野杂鱼在岸边"浮头"	轻
黎明前后	中央、上风	罗非鱼、团头鲂、鲢、鳙"浮头"，稍受惊动即下沉	一般
半夜2：00以后	中央	罗非鱼、团头鲂、鲢、鳙、草鱼或青鱼（如青鱼饵料吃得多）"浮头"，稍受惊动即下沉	较重
午夜	由中央扩大到岸边	罗非鱼、团头鲂、鲢、鳙、草鱼、青鱼、鲤、鲫浮头，但青鱼、草鱼体色未变，受惊动不下沉	重
午夜至前半夜	青鱼、草鱼集中在岸边	池鱼全部"浮头"，呼吸急促，游动无力，青鱼体色发白，草鱼体色发黄，并开始出现死亡	泛池

5. 解救"浮头"的措施 发生"浮头"时应及时采取增氧措施。发生"浮头"时应及时采取增氧措施。必须强调指出，由于池塘水体大，用水泵或增氧机的增氧效果比较慢。"浮头"后开机、开泵，只能使局部范围内的池水有较高的溶氧量，此时开动增氧机或水泵加水主要起集鱼、救鱼的作用。因此，水泵加水时，其水流必须平水面冲出，使水流冲得越远越好，以便尽快把"浮头"鱼引集到这一路溶氧量较高的新水中以避免死鱼。在抢救"浮头"时，切勿中途停机、停泵，否则反而会加速"浮头"死鱼。一般开增氧机或水泵冲水需待日出后方能停机停泵。

发生严重"浮头"或泛池时，也可用化学增氧方法，其增氧救鱼效果迅速。具体药物可采用复方增氧剂。其主要成分为过碳酸钠（$2Na_2CO_3 \cdot H_2O_2$）和沸石粉，含有效氧为12%～13%。使用方法以局部水面为好，将该药粉直接撒在鱼类"浮头"最严重的水面，浓度为30～40mg/L，1次用量每666.7m² 为46kg，一般30min后就可平息"浮头"，有效时间可保持6h。但该药物需注意保存，防止潮解失效。

6. 发生鱼类泛池时应注意的事项

（1）当发生泛池时，池边严禁喧哗，人不要走近池边，也不必去捞取死鱼，以防"浮头"鱼受惊死亡。只有待开机开泵后，才能捞取个别未被流水收集而即将死亡的鱼，可将它们放在溶氧量较高的清水中抢救。

（2）通常池鱼窒息死亡后，浮在水面的时间不长，即沉于池底。根据渔民经验，泛池后一般捞到的死鱼数仅为整个死鱼数的 1/2 左右，即还有 1/2 死鱼已沉于池底。为此，待"浮头"停止后，应及时拉网捞取死鱼或下水摸取死鱼。

（3）鱼场发生泛池时，应立即组织两支队伍：一部分人专门负责增氧、救鱼和捞取死鱼等工作，另一部分人负责鱼货销售，准备好交通工具等，及时将鱼货处理好，以挽回一部分损失。

（六）防治病害

对于病害要坚持"全面预防，积极治疗，防重于治"的方针。

（1）做好池塘清整，加强饲养管理。

（2）保持池塘四周和塘内的清洁卫生，经常清除塘边杂草，捞出池内残饵等污物。

（3）防止有毒污水或其他发病池塘的污水流入塘内，以免引起中毒或感染。

（4）注重消毒工作，鱼种进塘需消毒，常用工具及时消毒，保证各种饵料优质无毒。

（5）提前预防。坚持定期进行药物泼洒消毒池水，一般每 15～20d 可全池泼洒 1 次生石灰、漂白粉等消毒药物。定期在饲料中拌喂维生素 C、多聚糖等免疫增强剂和中草药进行药物预防。

（6）发生鱼病，应分析原因，找出病因，采取恰当的治疗措施，同时应及时捞出死鱼。

任务探究

食用鱼养殖中死鱼原因的分析和处理

随着水域环境的日渐恶化和水产养殖集约化的不断提高，池塘养殖死鱼事件时有发生，并有逐年上升的趋势。例如养殖季节的泛塘、突发性鱼病、中毒等意外风险损失时常发生，给广大渔户带来了较大损失，甚至是毁灭性的损失，其场面可谓触目惊心，令人惋惜。现就食用鱼养殖中常见的一些意外情况及处理措施做以下介绍。

1. 死鱼事件发生的原因分析

（1）管理不当。主要包括：一是越冬时池塘水体太瘦，鱼类缺氧"浮头"死亡；二是越冬期体能消耗过大，鱼体抗疾病能力降低，开春后陆续死亡；三是养殖场水源紧缺，高温季节因补、换水不及时造成池鱼死亡；四是池塘水体过肥，雷阵雨引起水变导致死亡，养殖中表现为"浮头"死鱼；五是底质恶化引起坏水导致池鱼死亡；六是连日阴雨造成池塘溶氧量过低，引起池鱼"浮头"死亡；七是泵水进塘时操作不当造成缺氧或氨氮等有害物质超标而引起中毒死亡。

（2）药物致死。药物致死类型主要包括：一是生产厂家的药品质量和标识问题或渔药店技术员的诊断和处方问题而导致用错药物、药量过大等不妥用药行为，直接造成鱼类死亡；二是由于养殖户自己乱用药，不懂用药配伍禁忌，导致鱼类死亡；三是不注意用药方式（比如内服杀虫剂时没有拌和均匀、泼洒方法不当、洒药物后即喂食等）形成药物致死事故；四是用药后麻痹大意，未考虑天气、水质、渔情等因素的变化，导致养殖对象中毒、"浮头"死亡；五是高温天气时用药致死。

（3）污染导致养殖对象死亡。由于池塘附近（旁边）有排污性工厂，非法排出废气或废

水引起鱼类死亡。或者由于池塘换水时抽进水质不达标的水，引起死亡。

（4）不可避免的应激反应导致养殖对象死亡。由于分塘或者捕捞拉网致伤而导致死亡。

（5）饲料和饲料添加剂等农业投入品的质量出现问题导致鱼类死亡。

（6）人为恶意投毒造成死亡。

（7）发生疾病而死亡。

（8）电力、水利等部门管理失误或临时停电导致发生死鱼。

2. 发生死鱼事件时的应对措施 一旦发现鱼类不是正常死亡的现象后，不管是使用渔药，还是抽水入塘或其他原因造成，养殖户首先是要保护现场，并尽可能在有人证明的情况下采集水样和鱼样保存。如果怀疑是使用药物引起的死亡，迅速通知所购渔药的渔药店；如果怀疑是抽水灌塘污染，或怀疑有人投毒或其他不明原因引起死亡，则要通知派出所进行现场取证，通知环保部门抽取鱼塘水及河流水进行污染物检测。同时，要通知所在地的村委（或股份社），在有第三方（作为公正方）的情况下共同提取样品，包括鱼药包装袋（或包装瓶）、鱼塘水及濒死鱼（要保存于冰箱中），因为这是判断引起死亡原因的重要证据；然后针对发生的情况，采取措施进行抢救，并有公正方在场的情况下确认损失的数量或重量。有接到报告的当地村委会（或股份社）应及时上报所在镇（或街道办）相关部门（水产技术服务部门等），再由其根据初步判断通知上级相关部门，然后由上级相关部门根据本身职能进行检测鉴定。还需要提醒的是，养殖户在购买渔药后最好保存好处方单及购买渔药收据，学会保护自己利益。不少养殖户带病鱼去渔药店看鱼病、开药，很少索取处方单及收据。发生问题后，"公说公有理，婆说婆有理"，到那时就没有足够的证据确认是哪方的责任。

投饵机投饵过程中异常情况的处理

正常摄食时鱼类在听到投饵机开动的声响时，从四面游过来，有时在水面上形成鱼类游动的波纹，到了投饵机前，鱼类主动抢食，游动迅速，鱼大量集中时，鱼体在水体中翻动其身体，露出其尾鳍，迅捷地寻找食物，进行摄食，水面上不时被搅起波浪，发出持续的"哗哗"响声。

1. 闷食 鱼不露头，只在水体中活动，有时只能见到池塘底部有被鱼搅起的泥沙，或只看到鱼在水体中搅起的水波浪，见不到鱼在水面上活动。

原因：驯化不到位或温度不够或反复受到某种刺激。

解决方案：这说明鱼类的活动能力较强，体质状况是好的，只要进行正确的驯化，或待气温回升，鱼类很快就能上至水面进行抢食。另外，池塘内鱼体过大往往也会有此种情况出现。

2. 跳食 投喂量不足或没有按时投喂或投饵机布设不足，池塘内鱼较多、密度太大，吃食时鱼太拥挤。如果鱼没有足量摄食，或没有及时投喂，则鱼类在摄食时，强烈抢食，在饲料颗粒还没有到达水面时常跃起到水面上抢食，摆动其尾鳍，击打水面，在水体表面激起较大的水花，并发出阵阵"哗哗"的声响。

解决方案：发现这种情况，应及时调整投喂的总量，并每天坚持定时投喂。如果是因投饵机布设不足引起鱼类的跳跃，往往是鱼类的抢食情况与前者相似，只是鱼群太拥挤，形成

"叠鱼"现象，即鱼与鱼挤在一起，呈团状分布，上下翻滚。只要增加一些投饵机，保证每3 300～5 000m² 水面1台投饵机即可改变这种情况。

3. 慢食 饵料不适口、过量投喂、鱼有病、持续阴雨天气或水体缺氧以及水体水质突变等都有可能引起这种情况的发生。如果投喂量过多时，则鱼体体色正常，鱼的活动也较为正常，只不过鱼在投饵机前，表现出摄食能力或抢食能力不足而已。这时鱼类只在投饵机前游动或很缓慢地开口摄食少量的饲料，鱼类游动自然而很悠闲。

解决方案：天气不良或水体缺氧是在特定的天气条件下出现的情况，这时应结合当时的天气与气候情况做出判断，采取相应的措施后再恢复投喂，一般阴雨天不要投饵或少量投饵，闷热天气最好不要投喂或少量投喂。水体中如果积压了一定量的残饵，使得水体发出一定的腐臭味，也会引起鱼类不肯摄食。

4. 惊吓 鱼受到强烈刺激，常惊慌乱窜，在水中激起浪花，发出强烈响声。一是可能投饵机摆放不正确，投饵机的开口过于向下或太平直了。二是可能受外部环境的影响，如工地上的强烈打击声等。

解决方案：一是在设置投饵机时，投饵机应向内侧倾斜一定的角度（10°～15°），即将投饵机的外侧用一小木条垫起2～3cm使投饵机的出料口稍向上倾斜，抛饵料时，能呈抛物线状抛出即可。二是选择池塘时尽量避免施工工地或人员较为集中的地区，如必须选择这些鱼比较易受惊扰的鱼塘，则在投喂时，应尽量避免在工作状态时投饵。

任务四　捕捞上市

任务描述

了解常见的捕捞工具和使用方法；熟悉食用鱼的捕捞时间和捕捞时的注意事项；掌握食用鱼的捕捞方法；能根据养殖品种和市场行情组织食用鱼的捕捞。

任务实施

食用鱼捕捞上市是收获养殖果实的重要手段，但如果捕捞时间和方法不当，不仅影响养鱼效益，还易造成来年鱼病的发生。因此，食用鱼捕捞既要考虑当年的养鱼效益，又要考虑来年的养鱼增收，就要注意和掌握以下一些捕捞要素。

（一）捕捞工具的介绍

1. 捕捞用具 目前在渔业生产中应用最广泛的是大拉网、单层刺网（图8-2）和三层刺网（图8-3）3种。

（1）大拉网。大拉网是主要起捕渔具之一，适宜7hm² 以下的池塘。可根据水域的大小，任意增加网的长度，捕捞对象也十分广泛。大拉网的网线一股用锦纶和聚乙烯等制成。聚乙烯线纺织的大拉网成本低，操作方便，不吸水，因而被广泛采用。大拉网的长度、高度可随湖荡、河道的宽狭和深度而定，一般网长应为水域宽度的2倍，网高为水深的3倍。

（2）单层刺网。单层刺网是用同种规格网线、网目尺寸编成的单层网片，网目为8～12cm，也可根据起捕对象采用更粗大的网目。网片的上、下缘装有浮、沉子纲，并配有适

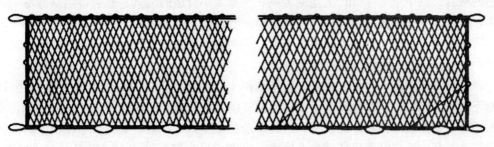

图 8-2　单层刺网

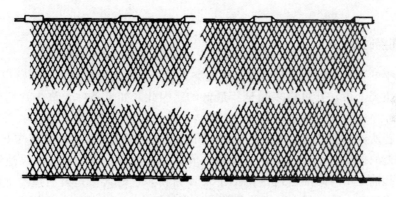

图 8-3　三层刺网

量的浮、沉子。

①长度。为方便作业一般取单位网具长度为 30～50cm，再根据作业水面的宽窄和作业规模，把若干顶单位网具连成一条网列使用。

②高度。由于单层刺网的捕捞对象为鲤、鲫、鲮等底层鱼类，又多采用定置性的作业方式，故一般高度取 1.5m 左右。

（3）三层刺网。三层刺网由 3 层网衣构成。即 2 层相同的大网目网衣（外网衣）中间夹着 1 层小网目网衣（内网衣）。网片一般长 50m，高 5～15m，要随水深而定。网衣用锦纶尼龙丝编织而成。三层刺网分浮网和沉网两种，浮网浮子的浮力相当于网衣、钢索和沉子在水中重量的 1.5～2.0 倍，而每片浮网所用的沉子重约 0.5kg。三层刺网的这种特殊结构，不仅能缠绕计划起捕规格的鱼类，而且能缠绕比计划起捕规格大得多的鱼类。

（4）扳罾网。扳罾网一般呈正方形，网衣用乙纶或锦纶线编结，其四角分别连接在"×"字形撑杆两端，以维持网具正常展开的作业状态。撑杆交叉处缚线连接提杆，构成网具整体。

2. 捕捞用具的使用方法

（1）网具的修补。捕捞之前应先检查网具是否有破损，发现破损应该及时进行修补，防止发生不必要的损失。

（2）网具的准备。在捕捞前几天要把捕捞用具准备好，有条件的地方最好把网具拉开、铺平。

（3）网具的使用。在池塘捕捞的时候，首先要根据池塘水面的大小以及捕捞的对象选择

合适的网具。以1个7 000m²的池塘为例，选择大小合适的网具。然后将网从池塘一边放入水中，两队人分列在池塘两边，然后在对岸向池塘的另一端牵拉。一队人在岸上操作，边踏下纲边拉动网具，另一队人拉动网具上纲，使网具呈圆弧形的轨迹运动，当两队人集中在一起时，就可以把池塘里面的鱼捕捞起来了。

（4）网具的贮藏。渔网贮藏前，应把渔网上的污泥、鱼腻等附着物洗干净，然后晾干，并拆下沉子分别贮藏，以免铁沉子生锈而损坏网衣。贮藏场所应保持空气流通，无日光直接照射，对于数量少而体积小的渔网，可扎缚悬挂在屋梁上；对于数量多而体积大的渔网，可贮藏在地基高、有良好通风条件的仓库中。渔网不可直接放地面上，应卷捆在离地面0.5m以上高的木架上或放在大木箱里。但经桐油染制的网不宜捆卷，应散搭在较高的网架上，以防发热自燃。

（二）捕捞时间

一般每年的冬至以后至春节前为养殖鱼类的捕捞上市高峰期，大多养殖户都抢在这个时候捕捞鲜活鱼类上市，其价格多是全年最低的。因此，如果条件允许，我们应该错开这个时期。

例如，若所养鱼类已达上市规格，我们可以提前在国庆节和中秋节捕捞上市，这时期既不是鲜活鱼类的捕捞上市高峰期，又逢两大节日，其价格肯定不错。如果池塘条件允许的话，也可把起捕上市时间推迟到春节后的3、4月份，这时大多是鲜活鱼类上市的淡季，市场活鱼少，价格高。除非是在冬至前鱼类未达商品规格，或遇到天气特别寒冷，有些品种不能耐低温，又没有加热设备，如罗氏沼虾的临界温度为14℃，罗非鱼的临界温度为8℃，白鲤的临界温度为10℃等，必须在冬至以后至春节前上市外，最好不要在鱼多价低的季节捕捞上市。

另外，还有一个好办法就是在养殖过程中，实行轮捕轮放，分散均衡上市，可使养殖户收到较好的经济效益。

（三）捕捞方法

食用鱼的捕捞方法很多，最常用的方法有两种，一种是干塘捕捞法；另一种是带水拉网捕捞法；此外还有一些较实用方法一并介绍。

1. 干塘捕捞法 在那些水源条件好，排灌方便，无须捕大留小的池塘所采用的一种捕捞方法。该法捕鱼彻底，省时省力，同时还方便清除塘底淤泥和晒塘消毒。

采用干塘捕捞法起捕后的活鱼，一定要及时将这些活鱼转移到其他暂养水体（如水池、吊池）中，如果是活鱼太多，暂养的水体太小或太少，有条件的话，要安装临时的增氧设备，进行增氧；没有条件的话，则要及时将所起捕的活鱼分批运到市场或目的地，尽可能避免鱼类损伤和死亡。

2. 带水拉网捕捞法 在那些没有水源保证，需要继续养鱼，且排灌不方便和需要捕大留小的池塘所采用的一种捕捞方法。该法起捕部分成鱼，需要多少就捕捞多少，机动灵活，同时可节约养鱼用水，但缺点是比较费时费力，并对存塘的鱼种的正常生长造成一定的影响。操作时要求用大拉网进行捕捞的地点水深适宜，起网岸边坡度平缓，网围底部较平坦。拉网人员可确定在10~40人。

采用该法捕鱼时最好选择在晴天的早上拉网，如果是阴雨天或是气温高的中午拉网，则容易造成存塘鱼种死亡。同时，带水拉网捕捞时要轻下网，快起网，尽量缩短活鱼离开水中的时间，避免活鱼因离水时间过长而窒息死亡。另外，鱼塘缺氧时不能拉网捕鱼。还要避免连日持续作业，因冬季气温低，鱼体抵抗力差，如果短时间内使不需起捕的鱼反复受伤，则伤口难以愈合，将导致水霉病等乘虚而入，造成来年发病，减产减收。

3. 大扳罾网捕法 网目根据捕捞鱼的规格而定。捕捞时先将网衣沉入水中，捕鱼前敲击发出声响，少量投喂颗粒饲料。当鱼群抢食时，将扳罾网快速提起，鱼即进入网中。利用此法简单，可随需随捕，保证活鱼上市，鱼体不受伤，值得推广。

4. 丝网捕捞法 丝网由许多长方形的单位网片连接而成，一般上纲装有浮子，下纲装有沉子。丝网下在鱼类经常栖息或洄流的通道上，使鱼刺入网目或缠在网上而被捕捞。网目规格不同，所捕鱼的大小和品种也不同。各种鱼类都可以用此法捕获。

（四）捕捞注意事项

（1）清除杂物。池塘中为防盗设置的木桩、未经清理的大石块和水面上的水葫芦、水花生等会影响正常拉网。捕捞前一定要先清除池水中的障碍物，以便于拉网操作。

（2）正确选用网具。网的长度要达到鱼池宽的 1.4 倍以上，网的高度要达水深的 2 倍以上。网目大小根据捕鱼的规格确定。网目太小会把小规格的鱼也拖起，造成不必要的损伤。

（3）选好下网、收网地点。浅水处下网，深水处起网；有风时在下风处的池塘一端下网，迎风拖网。拖网时底纲与池底形成一个角度。起网点应选择埂边坡度与水平面成30°～40°角的地方，并且保证该处斜面无杂物。

（4）轻下网，快起网。下网前先将渔网整理好，放在池塘一侧，然后依次将底网、网衣、浮纲沿池塘轻轻放入水中，从两边同时拉网。拉网时，在鱼塘水面的前 1/2 范围内要缓慢前行，拉网至塘面的后半部分时要迅速收网、起网，以减少鱼的碰网损伤和逃脱数量。两边拖网人员用力要协调一致，拖动时速度要基本保持匀速，不要时快时慢。

（5）上、下纲要协调。拖网时上纲轻下纲重，上纲必须随下纲移动，上纲位要比下纲位稍靠前。上纲太靠后鱼容易跳逃，上纲太靠前容易带起下纲脱离池底造成"翻纲"，使鱼大量逃脱。接近起网时，上纲要逐渐拉紧抬高防鱼跳出。

（6）避免连日持续作业。尤其是冬季气温低，鱼体抵抗力差，如果短时间内使不需捕起的鱼反复受伤，则伤口难以愈合，将导致水霉菌乘虚而入，造成来年发病，减产减收。因此，不要图眼前利益而连日持续作业。

（7）其他注意事项。捕鱼宜选择天气晴朗时进行，如池塘水质不良，拖网时间选在早晨或上午为好。拖网前要停食 1d，以免造成鱼受伤。拖网前可以全池泼洒抗应激药物，以减少应激引起的伤亡。池塘缺氧时不能拖网。捕捞后要将亲鱼与未达到商品规格的小鱼选出。用 3%～4%食盐水浸洗 10min，消毒防病后再放回池塘中。

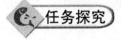

夏季捕鱼后引起草鱼死亡的原因及对策

在生产中主养草鱼的池塘，时常发生起捕"热水鱼"后 2～3d 有草鱼死亡现象。少则每

天几尾，多则每天十几尾，死鱼持续时间在7～10d，长的延续半月以上，给养殖生产带来较大损失。

1. 死鱼症状　死鱼大小规格不一，大的体重几千克，小的只有几十克。主要症状为：鳃盖、眼眶四周发红充血，胸鳍、臀鳍基部充血，肛门红肿，外流黄水，尾柄两侧肌肉发红，腹部膨胀。解剖检查可见胆囊膨大，腹腔积黄色腹水，肠内有食物，肠壁有轻度充血现象。由此判定该病为草鱼应激性综合出血病。

2. 死鱼原因

（1）6～9月份水温高，往往水质状况也差，拉网后池塘底质污泥泛起，平时沉积在水底的氨氮、亚硝酸盐、硫化氢等有害物质随之漂浮到水的中上层，引起水质恶变加剧，鱼在不良环境下抗病力下降，各种致病细菌、微生物乘虚侵入鱼体，致草鱼患病。

（2）养殖者为增加捕鱼重量，贪图卖出好价钱，在捕鱼前1d给鱼饱食，甚至给鱼喂夜食，受拉网应激刺激和鱼在网兜中受外力挤压双重作用，易引发草鱼应激出血性肠炎病。

（3）拉网受伤引起继发感染及应激反应，诱发加重本病发生，拉网次数越多，死鱼也越严重。

3. 预防对策

（1）鱼种放养前10～15d要进行清塘消毒，铲除过多淤泥，留淤泥深10～20cm，并每667m² 用生石灰75～100kg全池泼洒消毒。鱼种入塘时用3‰的食盐溶液浸洗5～10min，并给草鱼鱼种注射"四联"免疫疫苗，是预防本病的最有效方法。

（2）改革饲喂方法，采用精青饲料结合投喂。单一投喂全价配合饲料，鱼生长速度快，肌肉松弛，体质及抗病力差，拉网鳞片易松动受伤，产生继发性感染，容易诱发本病发生。而用青饲料喂养的草鱼肌肉长得结实，体质健壮，应激抗病力强，拉网后很少发生鱼病。因此，以主养草鱼的池塘，平常应搭配水、旱嫩草投喂，以增强草鱼的抗病免疫力。

（3）捕鱼前1d停食或少食，不给鱼喂夜食。捕鱼时间尽量选择晴天清晨进行，此时天气凉爽、水温低。捕鱼动作要轻、快，减少捕鱼时间。捕鱼结束后及时用流水冲灌，如放水不便可开增氧机至日出，或抛洒增氧剂增氧。

（4）选择质地柔软的尼龙亲鱼拉网或成鱼拉网捕鱼，少用质地粗硬的聚乙烯拉网，否则，会加重鱼的机械创伤，引起继发感染。

（5）轮捕次数不要过多过频，应间隔30d左右轮捕1次，若过频轮捕会使池鱼过度惊吓刺激，加重应激反应，影响鱼的摄食、生长。

（6）药物预防。捕鱼当日下午用强氯精0.5g/m³ 全池泼洒杀菌消毒，次日再全池泼洒生石灰20～30g/m³。改善水质，并用"恩诺沙星＋维生素C＋抗应激药物（如三黄粉）"拌料制成药饵预防，连服4～6d为一疗程。

练习与思考

1. 简述池塘养鱼"八字精养法"的含义和相互关系。
2. 简述食用鱼养殖中混养的定义和优点。
3. 混养的生物学基础是什么？
4. 混养的类型有哪些？

5. 食用鱼养殖过程中确定合适的放养密度的意义是什么？

6. 轮捕轮放有何积极意义？

7. 轮捕轮放的对象是什么？方法有哪些？

8. 成鱼池套养鱼种的优点有哪些？

9. 食用鱼养殖饲养管理有何基本要求？

10. 鱼类"浮头"的原因是什么？怎样预防、解救鱼类"浮头"？

11. "80∶20"池塘养鱼的优越性有哪些？

12. 简述食用鱼捕捞的时间和方法。

抬网捕鱼

项目九　综合养鱼

知识目标

具备稻田养鱼、养鱼与养禽、养鱼与养畜结合等多种形式的综合养殖的知识与日常管理。

技能目标

能够进行稻田养鱼、养鱼与养禽、养鱼与养畜等形式的养鱼技能，能够进行正确的放养、日常管理等。

思政目标

培养学生和谐共生意识，创新养殖技术，提高综合养鱼的经济效益，合理利用水体资源。

任务一　稻田养鱼

任务描述

稻田养鱼应以水稻为主，兼顾养鱼。根据稻鱼共生理论，达到水稻增产鱼丰收的目的。

任务实施

一、养鱼稻田的选择和工程建设

（一）养鱼稻田的选择

1. 土质好　一方面保水力强，无污染，无浸水、不漏水（无浸水的沙壤土田埂加高后可用尼龙薄膜覆盖护坡），能保持稻田水质条件相对稳定；另一方面要求稻田土壤肥沃，呈弱碱性，有机质丰富，稻田底栖生物群落丰富，能为鱼类提供丰富多种的饵料生物原种。

2. 水源好　水源水质良好无污染，水量充足，有独立的排灌渠道，排灌方便，旱不干、涝不淹，能确保稻田水质可及时、到位的控制。

3. 面积适宜　面积大小可根据养殖模式、品种、规格和养殖习惯、时间来选定。用于苗种培育的田块面积可小些，一般的为 $200\sim2\,000m^2$，培育大规格鱼种的田块面积应掌握在 $2\,000\sim3\,000m^2$，成鱼养殖可大些。

4. 光照条件好　光照充足，同时又有一定的遮阳条件。稻谷的生长要良好的光照条件进行光合作用，鱼类生长也要良好的光照，因此养鱼的稻田一定要有良好的光照条件。但在我国南方地区，夏季十分炎热，稻田水又浅，午后烈日下的稻田水温常常可达 40～50℃，而 35℃ 即可严重影响鱼类的正常生长，因此鱼凼上方有一定的遮阳条件是必需的。

（二）稻田养鱼工程建设

为了防逃、护鱼、便于饲料管理和捕鱼起水，养鱼稻田按要求修建并且制备一些简易设备和工具。

1. 田埂的修整　田埂要加高加固，一般要高达到 30cm 以上，捶打结实、不塌不漏。鱼类有跳跃的习性，如鲤有时就会跳越田埂；另外，一些食鱼的鸟也会在田埂上将鱼啄走；同时，稻田时常有黄鳝、田鼠、水蛇打洞穿埂引起漏水跑鱼。因此，农田整修时，须将田埂加高增宽，夯实打牢，必要时采用条石或三合土护坡。田埂高度视不同地区、不同类型稻田而定，一般有 40～50cm、50～70cm、70～110cm 等几种。养殖成鱼的田埂比养殖鱼种的田埂要高，轮作养鱼稻田的田埂比兼作养鱼的高，湖区低洼田和围水田的田埂要高，还有常年降水量大的地区要比降水量小的地区高。根据有关省区鱼田工程标准田埂高为 80cm，田埂宽一般为 30～40cm。

2. 开挖鱼沟和鱼溜　为了满足水稻浅灌、晒田、施药治虫、施化肥等生产需要，或遇干旱缺水时，使鱼有比较安全的躲避场所，必须开挖鱼溜和鱼沟。开挖鱼溜和鱼沟是稻田养鱼的重要工程建设。

（1）鱼沟。是鱼从鱼溜进入大田的通道，早稻田鱼沟一般是在秧苗移栽后 7d 左右，即秧苗返青时开挖，既稻田可在插秧前挖好，鱼沟宽 30～60cm，深 30～60cm，可开成 1～2 条纵沟，也可开成"十"字形、"井"字形或"目"字形等不同形状。鱼沟与鱼凼连接。

（2）鱼溜。鱼溜是稻田中较深的水坑，一般开挖在田中央、进排水处或靠一边田埂，有利于鱼的栖息活动，是水流通畅和易起捕的地方。鱼溜形状随田的形状而不同，一般为长方形、方形、圆形。现在的稻田养鱼在已有的鱼溜的基础上发展成小池、鱼凼、宽沟等，形成了沟池式稻田养鱼、鱼凼式稻田养鱼和宽沟式稻田养鱼等，并促使沟中的水变活，成为流水沟式稻田养鱼。鱼沟、鱼溜等水面占稻田面积为 5%～10%。面积小的稻田只需开挖一个鱼溜，面积大的可开挖两个。

3. 开好进、排水口　稻田养鱼要选好进、排水口。进、排水口的地点应选择在稻田相对两角的田埂上，这样，进、排水时，可使整个稻田的水顺利流转。进、排水口要设置拦鱼栅，避免跑鱼，拦鱼栅可用竹、木、沙网、尼龙网、铁丝网等制作，孔目大小视鱼体大小而定，以不逃鱼为准。拦鱼栅的高度，上端需比田埂高 33cm，下端扎入田底 20cm，其宽度要与进、排水相适应，安装后无缝隙。安装时使其呈弧形，凸面向田内，左右两侧嵌入田埂口子的两边，拦栅务必扎实牢固。

4. 搭设鱼棚　夏热冬寒，稻田水温变化很大，虽有鱼溜、鱼沟，对鱼的正常生活仍有一定影响，因此，可在鱼凼上用稻草搭棚，让鱼夏避暑，冬防寒，以利鱼正常生长。

二、养鱼稻田的基本模式

稻田养鱼的模式根据稻田养鱼工程模式可分为稻田鱼凼式、稻田回沟式、垄稻沟鱼式和鱼沟、宽沟式；根据养鱼生产季节模式可分为单季稻田养鱼、双季稻田养鱼、冬闲稻田

养鱼。

1. 稻田鱼凼式　此种养殖方式的特点是在稻田内按田面积的一定比例开挖一个"鱼凼"。鱼凼的开挖面积一般为田面积的5%～8%，深1.0～1.5m，鱼凼一般设在田中央或背阴处。但不能设在稻田的进、排水口处及田的死角处。鱼凼的形状以椭圆锅底或长方形为好。这种稻田养鱼工程模式有两种养鱼模式：

（1）培育鱼苗鱼种。这种模式不开挖鱼沟，可用于鱼苗发花及苗种培育。根据稻田浮游生物条件和养殖技术条件每667m^{2}可投放水花3万～5万尾，至寸子时疏稀鱼种密度至1万～1.5万尾，要想获得大规格春片鱼种还要在之后的养殖中视鱼种的生长情况分1～2次疏稀鱼种密度。

（2）养殖小个体成鱼或大规格鱼种。这种模式要开挖鱼沟，但鱼沟的宽度只要30～40cm，呈1～2条纵行沟或"十"字形沟即可。一般设计产量为750～1 050kg/hm^2。

2. 稻田回沟式　此种方式要求加高、加固田埂，田埂高50～70cm，顶宽50cm左右。田内开挖鱼沟或鱼溜，沟深30～50cm，沟的上面宽30～50cm。沟的设计形式为在稻田内距田埂30cm处开挖一条环沟，面积较大的稻田还要在田中央开挖"十"字形中央沟。中央沟与环沟相通，环沟相对两端与进、排水口相连，整个沟的开挖面积占田面积的5%～8%。根据需要养殖对象可以是成鱼也可以是大规格鱼种，鱼的设计单产可在450kg/hm^{2}左右。南方若在第一季种稻养鱼后，第二季只养鱼而不种稻时，设计产量为1 200～1 500kg/hm^2。

3. 垄稻沟鱼式　方法是在稻田的四周开挖一条主沟，沟宽50～100cm、深70～80cm。垄上种稻，一般每垄种6行左右水稻，垄之间搭垄沟，沟宽小于主沟。若稻田面积较大，可在稻田中央挖一条主沟。用于成鱼商品鱼养殖，设计养鱼产量为1 500～2 250kg/hm^2。

4. 沟池式　此种方式是小池和鱼沟同时建设。总开挖面积占田面积的5%～10%，小池设在稻田进水口一端，开挖面积占田面积的5%～8%，呈长方形，深1～1.5m，上设遮阳篷。池与田交界处筑一高20cm、宽30cm的小埂。田内可据稻田面积大小建设环沟及中央沟，沟宽30～40cm、深25～30cm。中央沟呈"十"字形或"井"字形。沟池相通。根据需要养殖对象可以是成鱼也可以是大规格鱼种，鱼的设计单产可在900～1 125kg/hm^2。若已养对象无肉食性（含杂食性鲫、鲤），或暂时圈养在鱼凼内，可套养培育15万～20万尾夏花。至鱼苗长至安全规格（相对于鲫、鲤1.7cm以上即为安全规格），即可与成鱼混养。

5. 单季稻田养鱼　单季稻收割后，开始修建稻田养鱼工程，工程模式可根据养殖模式选择，以上4种模式皆适用。

6. 双季稻田养鱼　晚稻收割后，开始修建稻田养鱼工程，工程模式可根据养殖模式选择，以上4种模式皆适用。

7. 冬闲田养鱼　它是利用晚稻收割以后到翌年春季早稻生产前的一段稻田休闲期养鱼。也有在水稻插秧后就放鱼，一直养到农历春节前起鱼。是交通不便地区解决自家和邻居吃鱼难问题的好办法。冬闲田养鱼，应选择蓄水深、当阳避风、靠近住宅、便于管理的稻田。冬闲田养鱼，水温低，天然饵料少，除重施基肥、及时追肥外，还要投喂菜饼、糠饼、棉饼、熟红薯之类的精饲料。此外还应搭棚防寒。一般养殖抗冻耐寒的鲤鲫，设计产鲜鱼225～357kg/hm^2；也可为池塘培养鱼种，设计产6 000～9 000尾/hm^2，规格13.3cm左右。在交通便利地区，这种方式可用于暂养或囤养商品鱼，利用商品鱼的冬春差价创收。

三、稻田养鱼的生产技术

（一）种类选择

一般养食用鱼以鲤为主，培育鱼种以草鱼为主，适当搭配鲤、鲢、鳙及鳊、团头鲂等。养食用鱼之所以要以鲤为主，这是因为其具有食性广、生长快、适应性强的优点，特别是苗种来源广泛，肉质又好，很受群众喜爱。有条件的地方，也可养杂交鲤、罗非鱼、鲫等。在选择稻田养鱼种类时，应根据需要，因地制宜地选择。

（二）鱼种放养

1. 放养种类及规格 放养鲤，一般都放养当年鱼种，3.3cm以上即可放养，2个月后可长到50g，3个月后可长到100g，杂交鲤可长到150g，如放养50g左右的隔年鱼种3个月可长到250g以上。鲫在3cm左右即可放养，一季稻田可在当年养成50g左右的食用鱼。

2. 放养密度与时间 稻田养鱼是一种粗放养殖方式，一般说来，稻田每666.7m² 放3.3~6.6cm的鲤种200~300尾，1.0~1.4cm长的鲤苗500~800尾，气温高、生长期长、养鱼条件好的则可多放，反之，应酌情少放。放养时间，如当年鱼种应力争早放，一般在秧苗返青后即可放入，早放可延长鱼在稻田中的生长期。放养隔年鱼种不宜过早，在栽秧后20d左右放养为宜，放养过早鱼会吃稻秧，过迟对鱼、稻生长不利。

3. 鱼种投放前的稻田消毒 养鱼稻田一定要清田消毒，以清除鱼类的敌害生物（如黄鳝、田鼠等）和病原体（主要是细菌、寄生虫类）。清田消毒药物主要有生石灰、漂白粉等。生石灰有改善pH的作用，尤其适用于酸性土壤。秋冬季的无水稻田每666.7m² 用生石灰70kg左右，加水搅拌后，立即均匀泼洒；若稻田带水消毒则每666.7m² 生石灰100kg左右，加水搅拌后，立即均匀泼洒。用漂白粉清田消毒，水深10cm时，每666.7m² 用漂白粉4~5kg。用时先将漂白粉放入木桶内加水稀释搅拌后，立即均匀泼洒。

4. 鱼种投放前的鱼种消毒 放养鱼可用3‰食盐水浸泡5~10min，鱼种成鱼的稻田在6~7月份应套养500~1 000尾夏花。夏花放养前一般用2‰~3‰的食盐水浸泡10~15min消毒，再缓缓倒入鱼溜中。

5. 注意事项

（1）放鱼时，要特别注意水温差，即运鱼器具内的水温与稻田的水温相差不能大于3℃，因此在运输鱼苗或鱼种器具中，先加入一些稻田清水，必要时反复加几次水，使其水温基本一致时，再把鱼缓慢倒入鱼溜或鱼沟里，让鱼自由地游到稻田各处，这一操作必须慎重以免因水温相差大，使本来健壮的鱼苗鱼种放入稻田后发生大量死亡。

（2）如用化肥做底肥的稻田应在化肥毒性消失后再放鱼种，放鱼前先用少数鱼苗试水，如不发生死亡就可放养。

（3）在养成鱼的稻田套养鱼苗时同样要将鱼苗先围于鱼凼内，待鱼苗长到不会被成鱼误食时，再撤去围栏。

（4）考虑水稻分蘖生长，可将鱼种先围于鱼凼内，待有效分蘖结束，再撤去围栏。

（5）选择水稻品种时应考虑耐肥力、抗倒伏性和抗病性，要选择耐肥力强，秸秆坚硬，不易倒伏，抗病力强的品种。

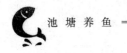

（三）日常管理

管理工作是稻田养鱼成败的关键，为了取得较好的养殖效果，必须抓好以下几项工作：

1. 防逃除害，坚持巡田　养鱼稻田要有专人管理，坚持每天检查巡视两次。田间常有黄鳝、田鼠、水蛇等打洞穿埂，还会捕捉鱼类为食，因此，一旦发现其踪迹，应及时消灭。另外，还要及时驱赶、诱捕吃鱼的水鸟。

稻田的田埂和进水口、排水口的拦鱼设施要严密坚固，经常巡查，严防堤埂破损和漏洞。时常清理进水口、排水口的拦鱼设备，加固拦鱼保护设施，发现塌方、破漏要及时修补。经常保持鱼沟畅通。尤其在晒田、打药前要疏通鱼沟和鱼溜，田埂漏水要及时堵塞修补，确保鱼不外逃。暴雨或洪水来临前，要再次检查进、排水口拦鱼设备及田埂，防止下暴雨或泄洪时田水漫埂、冲垮拦鱼设备，造成大量逃鱼。

2. 适时调节水深　养鱼稻田水深最好保持 7～16cm 深，养鱼苗或当年鱼种水深保持10cm 左右，到禾苗发蔸拔节以后水深应加到 13～17cm。养 2 龄鱼的水则应保持 15～20cm。若利用稻田发花，在养殖初期，鱼体很小，保持稻田水位 4～6cm 即可。随着水稻生长，鱼体长大，适当增加水位，一般控制稻田水位 10cm 以上。

一般稻田因保水不及池塘，需定期加水，高温季节需每周换水 1 次，并注意调高水位。平时经常巡田，清理鱼沟鱼溜内杂物。

3. 科学投饵　饵料是鱼类生长的基本保证，最廉价的饵料是草。鲫虽食性杂，但喜爱底栖动物，尤以软体动物为最爱，有机腐殖质也可接受。鲤则不太挑食，无论粗细，一概全收。稻田养鱼前期以萍、草、虫等天然饲料及农家下脚料为主；中后期以商品饲料为主，主要有麦麸、豆饼、菜籽饼、小麦、米糠等。

投饵应严格按照"四定""三看"（定时、定质、定量、定位，看鱼、看水、看天）原则，并根据实际情况灵活掌握，一般坚持定点在鱼凼内食台上投饵，生长旺季日投两次：8：00～9：00，16：00～17：00，量以 1～2h 吃完为度。精饲料投放量为鱼种体重的 5%～10%，有条件可适当投喂米糠、麦麸、豆饼、菜饼、酒糟和配合饲料等，以促进生长，提高鱼的产量。

4. 及时追肥　为确保稻谷和鱼类的生长，应根据稻、鱼的生长情况及时追肥，追肥要少量多次。一般每次施发酵腐熟农家肥 375～450kg/hm²，以保持坑凼中水色呈油绿、绿青色即可，既可作为水稻肥料，又可做杂食性鱼类的饲料。

5. 做好防暑降温工作　稻田中水温在盛夏期常达 38～40℃，已超过鲤致死温度（当年鲤 38～39℃，2 年鲤 30～37℃），因此当水温达到 35℃ 以上时，应及时换水降温。

（1）调节水温。当稻田水温上升到 32～35℃ 时，应及时灌注新水降温。先打开平水缺口，边灌边排，待水温下降后再加高挡水缺口，将水位升高到 10～20cm。

（2）防止缺氧。经常往稻田中加注新水，可增加水体溶氧量，防止鱼类"浮头"。若"浮头"现象已经发生，则应增加新水的注入量。

（3）避免干死。稻田排水或晒田时，应先清理好鱼沟（鱼坑、鱼窝），使之保持一定的蓄水深度，然后逐渐排水，让鱼自由游进鱼沟中。切忌排水过急而造成鱼搁浅干死。

6. 病害防治　养鱼稻田应施用低毒高效农药，如敌百虫、乐果、稻瘟净等。粉剂农药宜在早晨有露水时施入；水剂农药宜在无露水情况下喷施于叶面上。

（1）水稻农药施用。水稻施用农药应选择对鱼类毒性小、药效好的农药，如井冈霉素、杀虫手、扑虱灵、托布津等，必须按比例浓度用药。避免使用"1605""1059"，禁用鱼藤精、甲基对硫磷等对鱼类毒性大的农药。由于稻田养鱼后，鱼吃掉了一部分害虫，水稻病害有所减轻，单季稻田施药可适当减少1～2次。施药前，疏通鱼沟，加深田水至7～10cm。粉剂趁早晨稻禾沾有露水时用喷粉器喷；水剂、乳剂宜在晴天露水干后或在傍晚喷药；下雨前不要喷药，以防雨水将农药冲入水中。施药时可以把稻田的进出水口打开，让田水流动，先从出水口一头施。药物应尽量喷在稻禾上，减少药物落入水中，提高防病治虫效果，减低农药对鱼类的危害。

（2）鱼病防治。稻田养鱼主要是利用鱼稻共生的条件，提高农田效益。相对池塘养鱼，鱼病较少。稻田中危害鱼类的敌害有泥苔、水网藻、水蜈蚣、蜻蜓幼虫、水斧虫、红娘华、黄鳝、水蛇、田鼠等，随时威胁着鱼的安全。实际上大部分地区在鱼病防治中主要是防治赤皮病、烂鳃病、细菌性肠炎、寄生虫性鳃病等。掌握鱼病流行季节，在发病前定期采取药物预防，能有效地防止鱼病发生。少数地区鼠害是稻田养鱼失败的原因。

鱼病防治坚持"以防为主，以治为辅"的原则，在鱼病易发季节，加强预防，出现病害及时治疗，要做好清田消毒、鱼种和饲料消毒、水质调节和药物的预防等工作。高温季节每半月用10～20g/m³生石灰或1g/m³漂白粉沿鱼沟、鱼坑均匀泼洒1次。若有条件将上述两种药物交替使用，可杜绝细菌性和寄生虫性鱼病。

7. 捕捞收获　捕鱼前先把鱼溜、鱼沟疏通，使水流畅通，捕鱼时于夜间排水，等天亮时排干，使鱼自动进入鱼沟、鱼溜，使用小网在排水口处就能收鱼，收鱼的季节一般天气较热可在早、晚进行。挖有鱼凼的稻田则于夜间可把水位降至鱼沟以下，鱼会自动进入鱼凼。若还有鱼留在鱼沟中，则灌水后再重复排水1次即可，然后以片网捕捞。

若捕捞在水稻收割前进行，为了便于把鱼捕捞干净，又不影响水稻生长，可进行排水捕捞。在排水前先要疏通鱼沟，然后慢慢放水，让鱼自动进入鱼沟随着水流排出而捕获。如1次捕不干净，可重新灌水，再重复捕捞1次。

任务探究

1. 稻田养鱼如何清除敌害　稻田中易生水网藻和青泥苔，可用草木灰覆盖，或用0.7g/m³的硫酸铜杀灭。还要注意捕捉在田埂打洞的水鼠等敌害。

2. 稻田养鱼如何进行农药的施用　养鱼稻田必须使用农药时，应选用高效低毒农药，如140、1711、7216、井冈霉素等。施药前，先疏通鱼沟、鱼溜，加深田水至7～10cm，粉剂趁早晨稻禾沾有露水时用喷粉器喷，水剂宜在晴天露水干后用喷雾器以雾状喷出，应把药喷洒在稻禾上，减少药物落入水中。

任务二　养鱼与养畜结合

任务描述

渔畜结合目前生产上有鱼—猪、鱼—牛、鱼—羊、鱼—兔4种模式，其中以鱼—猪综合经营最有代表性，是构成我国综合养鱼复合生态结构中一个重要的组成部分。

任务实施

（一）养鱼与养畜结合的优点

1. 解决了肥料和饲料，降低了生产成本　首先，综合养鱼可以为养鱼解决肥料。畜的粪便可以肥水。粪便入池后，可以培养多种饵料生物，主要为浮游植物和浮游动物，还有细菌、底栖生物等。浮游植物是鲢的主要食物，浮游动物是鳙的主要食物，而底栖生物是鲤、鲫、青鱼等鱼类喜欢的食物。其次，综合养鱼还可以为养鱼直接提供饲料。一方面畜的粪肥中混有大量未消化的饲料，被畜禽弄洒的饲料和消化道分泌物，这些都可以为鱼类所利用。

2. 增加收入，降低了经营风险，提高了市场竞争能力　鱼与养畜结合除了养鱼以外，还增加了养猪、养牛等经营项目，可提供鲜鱼以外的其他产品，如肉、奶等，增加了收入，提高了经营抗风险能力。

3. 减少废弃物污染，保护并美化环境　随着畜牧业生产集约化程度的提高，专业化程度的加强，生产规模的扩大，生产中形成的废弃物也不断增加，发展养鱼与养畜结合，利用鱼类在生长过程中对农畜废物的净化能力，可把综合养鱼场变成"废弃物处理场"，既减少了污染，保护了环境，还增加了健康食品和经济效益。

（二）施猪粪的方法及措施

施肥时间最好在上午8：00～12：00，这段时间更有利于粪肥的分解。分解过程中所消耗的氧气也可由光合作用得到补充。施肥鱼池应考虑放养滤食浮游植物的鱼类，避免浮游植物自遮而阻碍光合产量。如果因施用猪粪鱼池里长出较多的水草，应放养适量草食性鱼类。

养猪废弃物不直接冲洗入池，而是先把猪圈肥料通过管道引进化粪池，而后用比较科学的办法施入鱼池。有的养殖场先把猪粪引入沉淀池，固态部分沉淀到底层，上层液态部分作为养鱼肥料。进入沉淀池的包括猪粪、尿、冲圈水或垫料，但沉淀是不完全的。液态部分中包括粪尿里的可溶性物质、胶体颗粒及悬浮颗粒等，也可称作"浓缩污水"。规模较大的池塘综合养鱼场，是将沉淀池里的大量液态肥料，通过管道系统引至塘口，利用喷头进行喷洒。一只喷头每分钟平均喷洒200L粪水。喷头最好固定在离水面0.5～1.0m处，喷洒时保证肥料能与空气充分接触，喷洒装置最好还能用于喷洒池水，以起到充氧或改善水质的作用。

小鱼塘或家庭养鱼不一定使用机械设备，将粪肥稀释并把较大团块打碎后，可用人工沿池边周围泼洒。较大的鱼池，为使施肥均匀，应尽量利用船只、机械装备。有两种方法：一是使用装有船尾机的施肥船。船边悬挂装粪铁笼。笼子铁栅间距2.0～2.5cm，笼子容量根据施肥量而定。将笼子装满猪粪以后挂在船边，没入水面以下10～20cm处。当船于水面行驶时，形成的水流冲击笼内猪粪，就能达到鱼池均匀施肥的目的。二是船上装水泵，粪料通过漏斗先在船舱里稀释，然后利用船上喷头泼洒全池。

利用猪粪养鱼要注意两个问题，一是肥料过量缺氧，二是水质变瘦。必须随时进行鱼池水质的监测。

（三）鱼—猪配合方式

鱼—猪综合经营的主要目的在于利用猪粪养鱼。因此，养猪与养鱼需要密切配合。

1. 单位面积鱼池与猪的饲养数量　单位面积鱼池搭配多少头猪，从理论上容易计算，每养成 1 头肉猪能养出鲜鱼 41～47kg，要使池塘生产出 6 000～7 500kg/hm² 的鱼，只需搭养 150 头肉猪就足够了。但事实上也许不会这样准确。因为生产中的生物、物理、化学诸因素存在着相当复杂的关系，同时还涉及鱼的种类、气候条件和饲养管理水平。实际调查数字说明，综合养殖场搭配猪的头数为 15～75 头/hm²，这是因为综合养鱼场不可能仅利用单一的肥料或饲料。

2. 养猪与养鱼的周年配合　在鱼—猪综合经营模式中，以养肉猪居多。因此，把养猪周期与养鱼密切配合起来较为容易。肉猪每年饲养两圈，每圈饲养 5～6 个月。养鱼用肥量的 60% 集中于上半年，施肥高峰期为 2～3 月份施基肥，5～9 月份施追肥，此后的施肥量则逐月下降，至 10 月下旬一般不再施肥。所以，两圈猪饲养期的安排应为：2 月中旬至 8 月中旬为第一圈；7 月中旬至翌年 1 月中旬为第二圈。采用这样的安排，第一圈猪后期体重达到高峰，其排泄量也达高峰时，恰好为鱼池大量追肥时期所用。11 月到翌年 1 月的积肥，又恰好作为下一个养鱼周期的基肥。基肥用量一般占全年用肥总量的 40% 左右。

（四）鱼—猪模式及养鱼种类

根据鱼—猪综合经营的特点及其在鱼池中形成的饵料基础，显然应以养殖鲢、鳙、罗非鱼为主，放养量可占 75%，另外 25% 可搭配放养鲤、草鱼、鲫等。具体讲，可放养每千克 40 尾规格的鲢 120kg/hm²，同样规格的鳙 22.5kg/hm²，3.3cm 罗非鱼 3 750 尾/hm²；也可放养每千克 60 尾的鲤 15kg/hm²，每千克 20 尾的草鱼 6kg/hm²，并可适量投放鲫、鳊等。每年养 2 圈肉猪，每圈 30～45 头，这样搭养 60～90 头/hm² 猪，可获 3 000～3 750kg/hm² 的鲜鱼。

鱼—猪综合经营要特别注意施肥方法和鱼池日常管理工作。因为施猪粪的鱼池水质容易转化，往往出现两个极端的现象，即水质变瘦或水质恶化。据中国水产科学研究院淡水渔业研究中心测定，水温 19.6～24.6℃ 时，池水里总氮含量在施猪粪的第二天达到高峰；浮游细菌和浮游植物的生物量在第三天达到高峰；浮游动物生物量在第四天达到高峰。猪粪施入鱼池中的肥效大约是 100h。所以，水温在 20～25℃ 时，大致每隔 4d 施 1 次猪粪，猪粪的施肥量（以干重计）为池鱼总体重的 3%。水温升高，施猪粪间隔时间应相应缩短，以保持池水呈茶褐色，透明度为 20～40cm。

（五）鱼—猪模式的发展

鱼—猪综合经营的方式已得到了进一步发展，有的养殖场增加养鸡，形成鸡—猪—鱼模式；有的猪粪先用于种草，转换为青饲料，形成猪—草—鱼模式。这就进一步扩大了鱼—猪模式的综合效益。

任务三　养鱼与养禽结合

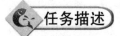

渔禽相结合是渔牧业系统中一个类型，目前有鱼—鸭、鱼—鹅、鱼—鸡 3 个模式，以

鱼—鸭模式发展比较完善，而且在国内外已广泛采用。因为鸭子既可陆地饲养，也适应水面生活，利用鱼、鸭两者之间互利的生物学关系，不仅有利于促进鸭子的肥育，也提供养鱼的饵、肥基础。

任务实施

（一）鱼鸭混养的优点

1. 鱼塘养鸭可以为鱼增氧　通过鸭在水面不停浮游、梳洗、嬉戏，将空气不断压入水中，同时也将上层饱和溶解氧水搅入水的中下层，有利于改善鱼塘中、下层水中溶解氧环境，可省去用活水或安装增氧机的费用。

2. 有利于改善塘内生态体系营养环境　由于长期施肥、投饵和池鱼排泄，容易造成鱼塘底沉积物，且多为有机质，通过鸭子不断搅动塘水，可促其有机质分解，加速塘中有机碎屑和细菌聚凝物的扩散，使其作为鱼饵。

3. 鸭可以为鱼类提供有机饵料　鸭粪中含有大量的有机物，并含有 30％以上的粗蛋白质，皆为优质鱼饵。某些成分经细菌分解释放出的无机盐又正好是浮游生物的营养源，促其繁殖，成为鲢、鳙的良好饵料。

4. 有利于鱼、鸭寄生虫病的防治　鸭能及时采食漂浮在鱼塘中的死鱼和鱼体病灶脱落物，从而减少病原扩散蔓延；鸭能吞食很多鱼类敌害，如水蜈蚣等；鸭还能清除因清塘不彻底而生长的青苔、藻类；鱼塘养鸭，有害水鸟也不敢任意降落；鸭子游泳洗毛，使鸭体寄生虫和皮屑脱落于水中，为池鱼食用，从而减少鸭本身寄生虫病的感染。

据报道：鸭鱼混养每个劳动日的纯收入是单养鸭的 4.73 倍，每 667m² 平均收入混养是单养鱼的 2.5 倍，在不增加饲料、肥料的条件下，每 667m² 水面可多产鱼 100～250kg，增产 15％～35％，还可多产鸭蛋和鸭肉。

（二）鱼池养鸭方式

现阶段实行鱼鸭综合经营主要有 3 种方式：一是放牧式。即将鸭群散放于池塘或湖泊水面，傍晚赶回鸭棚。这种方式有利于大水面鱼类养殖，也可节省一部分鸭饲料，但对鱼增产效果不大。二是塘外养鸭。即在鱼池附近建鸭棚，并设置水泥活动场、活动池，每天将活动场上的鸭粪、残余饲料冲洗到鱼池中。这种方式便于鸭群集中管理，但不能充分发挥鱼鸭共生互利的长处。三是直接混养。用网片、纱窗布等材料在鱼塘坝埂内侧或鱼塘一角，围成一个半圆形鸭棚，作为鸭群的运动场或运动池，把鸭直接放养在鱼池上。鸭棚朝鱼塘的一面，要留有宽敞的棚门，便于放鸭下水和清粪。大水面和鸭数多的鱼塘可不设围栏。这种方式能较好地发挥鱼鸭共生互利的生态效应，是国内外常见的鱼鸭综合经营方式。

（三）鱼鸭共养的合理搭配

鱼池养鸭一般通常每公顷鱼池搭配 1 200～2 250 只鸭比较适宜。若放鸭过多。鸭粪沉积，水质过浓，会造成鱼塘缺氧，甚至造成鱼种死亡。若放鸭过少，则水质过淡，产生的浮游生物少，耗料多，也会影响鱼塘的经济效益。同时，鱼塘里宜放养上、中、下 3 层鱼，分层吞食饵，避免浪费。以每只鸭年产粪 40～50kg 计，养鸭鱼池比不养鸭的每 667m² 要多产生 3 600～7 500kg 肥料，以培肥塘水，繁殖大量浮游生物，为鲢、鳙生长提供充足的饲料。养鸭鱼池如以鲢、鳙为主，每 667m² 可投放鱼种 50～75kg，1 000～1 500 尾。如以养草鱼、青鱼为主，每 667m² 放鱼种 75～150kg，1 000～1 500 尾。饲养得法，每 667m² 净产鱼可达 400kg 以上。

（四）日常管理

为了便于鸭群的集中管理，可用旧网片、纱窗布等材料围一部分鱼池作为鸭的活动池，以每平方米水面养 2～4 只鸭为好，网片高度在水面上下各 40～50cm，以便鱼自由进出觅食，即使套养小鱼种也可减少损失。每天早晚在池埂活动场给鸭投饲，傍晚待鸭进棚后，将场地鸭粪清扫入池。早晨赶鸭出棚，捡蛋后要将棚内鸭粪清扫入池。夏季鸭群排粪量大，水质过肥，要及时加注新水，并减少施肥量。鸭龄大、排粪多时，鸭塘要半水半干，使鸭有一部分在陆地上排粪。此外，夏季还要注意换水增氧。

（五）鱼—鸭模式的发展

在鱼牧业系统里，鱼—鸭综合经营是经济效益较高的综合养鱼模式。它还可横向发展，即利用堤岸或斜坡种植青饲料；利用生活废弃物培养蚯蚓等；对鱼、鸭、蛋进行深加工。鱼—鸭综合经营还可发展成鱼—鸭—草或鱼—鸭—稻等三元或多元模式。

练习与思考

1. 稻田养鱼有哪些类型？
2. 稻田养鱼鱼种放养应注意哪些事项？
3. 鱼、猪综合经营的科学依据是什么？
4. 如何正确确定鱼、猪之间的定量关系？
5. 鱼、猪模式适宜养殖哪些鱼类品种？
6. 鱼、鸭综合经营的科学依据是什么？
7. 怎样科学地进行鱼、鸭同池混养？
8. 怎样确定鱼、鸭之间的定量关系？

项目十　蓄养运输

知识目标

掌握蓄养鱼类的方法，熟悉活鱼运输的常见工具和方法，掌握活鱼运输的技术要点。

技能目标

能利用活鱼运输的基本知识，独立或组织他人开展活鱼运输工作，提高活鱼运输的效率和成活率。

思政目标

坚持为人民服务的宗旨，利用先进的运输技术为人民提供优质的水产品，培养学生认真细致的工作态度，增强学生综合职业素养的提高。

任务一　蓄　　养

鱼类的蓄养是指鱼离开原来的养殖水体或在原来的水体中，在一定时间内进行集中囤养的过程，也称暂养。根据蓄养的时机，可分为运输前蓄养与运输后蓄养。根据蓄养的对象，可分为鱼苗蓄养、鱼种蓄养和食用鱼蓄养。运输前的蓄养，一般可以用网箱或将鱼类集中到一个池塘内进行短期内的饲养管理，主要便于集中鱼产品，等待大规模运输。运输后蓄养主要出现在一些大的宾馆、酒楼，为了保持鱼类的鲜活而对食用鱼进行短暂的蓄养，同时也起到供人观赏的目的。近年来，随着经济的发展，保持鱼类鲜活已经发展成为一项新型的养殖技术，蓄养也成为使鱼类再增值的一种手段。这里我们重点介绍食用鱼的水族箱蓄养技术。

任务描述

食用鱼水族箱蓄养技术要点。

任务实施

（一）蓄养设备

1. 水族箱　水族箱又称蓄养池，它的建造要因地制宜，根据各地的经济条件和所需规模，可由专门设计水族箱的科研单位进行设计。水族箱的材料既要不易溶化，又要不会使水质恶化而影响水产品存活率，且能保证蓄养的水产品符合食品卫生标准，如玻璃、水泥、不锈钢等。水族箱全部建造安装好后，应进行试水，水要装到比蓄养鱼时更高的水位，这样可试验水族箱的牢固程度和材料强度，以防止蓄养鱼类时发生意外，然后运转各箱的水循环系统进行试用。1周后把水全部排掉，将水族箱消毒，再注入配好的蓄养用水，进行水循环，便可蓄养鱼类。

2. 过滤材料　为了保持水族箱内良好的水质，往往采用一些吸附效果好的过滤材料，将鱼类的代谢产物以及残饵等过滤掉。过滤材料的种类繁多，不同的过滤材料对水的透明度、硬度及酸碱度有不同程度的影响。好的过滤材料是保证过滤水质的必备条件。常见的过滤材料有以下几种：

（1）泡沫（化学纤维制成）。具有不易腐烂、耐泡的特性，可以过滤水中较大颗粒的杂质、吸附污垢；能让硝化细菌附着，可以分解水中的有机物质，所以也具有生物过滤的功能。当污垢积存太多时，只要加以清洗即可继续使用。清洗时要消毒，在阳光下晒干后再使用。

（2）活性炭。具有脱臭和脱色的功能，而且净化水质的效果好而快，但要注意每次使用的时间不宜过久。当过滤池水清澈无臭后，即可将活性炭取出，用盐水冲洗后再置于太阳下暴晒，留待下次使用。使用新购的活性炭时，一定要先用清水稍加冲洗，以免大量炭粉冲入水箱中。将活性炭置于滤槽中时，最好能在上方覆盖泡沫，这样过滤的效果更好。

（3）沙石。沙石能够过滤或吸附水中的颗粒物质。当其表面吸附硝化细菌等微生物后，可以帮助分解消化水中的有机物质。沙石的种类很多，不同的沙石对于水的硬度及酸碱度有着不同程度的影响。常见的沙石有：珊瑚砂、彩玉石（三色石）、天然宝石、麦饭石、陶瓷、树脂等。

3. 充气设备　在暂养过程中，鱼类等需要氧气进行呼吸，由于暂养池容量有限，暂养的鱼类密度要比自然水域中高1倍以上，因此，必须用人工方式不断增加水中的溶氧量，以保证暂养的鱼产品不会因水中缺氧而死亡。用气泵在水中充气可增加水中的溶氧量，以供应暂养池中鱼类的呼吸所需。

气泵供氧的原理是：气泵所输送的空气呈泡状进入水中，使氧气不断地溶解，水泡不断振动也可以使水产生波动以增加水与空气的接触面积，提高水中的溶氧量。如果蓄养池中的水呈静止状态，水与空气的接触面积小，水中容易缺氧，这样会加速有机物的腐败。所以用气泵在水中充气，使水在水族箱内产生对流，可以改善缺氧状况。水的对流又可以使加热器的热量均匀分布于整个水族箱内，也可提高过滤材料的过滤功能。可见，气泵在鱼类蓄养中起着相当重要的作用，是蓄养鱼类的必备器材。使用气泵要注意不能把气泵放在低于正常水面以下的位置，否则在停电或清扫水族箱而切断电源时，水族箱的水会逆流到气泵之中，从而使气泵发生故障，还可能造成漏电，对人造成危害。另外，气泵一般要24h连续运转，不能间断，否则水体中容易因缺氧而致鱼类死亡。

4. 加热器　适宜鱼类暂养的水温，因种类不同而不同。一般鱼类水温要求控制在20℃左右，如果低于20℃就要加温。目前，水族箱常用的加热器有3种：外挂式恒温器、沉水式恒温器和温度自动调节器。

5. 照明设备　照明设备在高档的酒店水族箱中是不可缺少的，一则可以使暂养的鱼类显得更加鲜艳夺目，利于观赏；二则便于食客在水族箱中挑选自己所喜食的品种。这样可以增加食客的吸引力。目前，国内多选择日光灯或霓虹灯做照明使用。

6. 其他饲养器具　在暂养中用到的其他器具有：水温计、捞鱼网、虹吸管、吸管、镊子、剪刀、密度计、石蕊试纸、pH试剂等。

（二）暂养池的水环境及其管理

暂养鱼类前首先要了解它们在自然环境中所需的生活条件，如对水温、盐度、酸碱度等

的适应能力。因为各种鱼类有其生活的适宜条件，若水温、盐度突然变动太大或超过鱼类的适应范围，则不利于鱼类的生存。所以，暂养鱼类是一项专业性很强的技术工作，需要专人管理。在每一水族箱内要放置水温计，注意水温变化情况，并经常测定水的盐度和酸碱度。下面着重介绍鱼类暂养的水环境要求及管理要点。

1. 适宜的水温　水温是影响鱼类暂养存活率的重要因素。鱼类适宜的水温各不相同，但保持鱼类在短时间正常存活，一般需保持在18～23℃的水温，这样对大多数鱼类来讲是适宜的。这一方面是由鱼类本身对温度的要求所决定，同时也因为温度升高，水中的溶氧量即会减少，这样就会直接影响到水质的变化，甚至引起缺氧，使鱼类"浮头"乃至死亡。水温升高还会促进水中细菌的生长繁殖，因此，温度过高对暂养的鱼类很不利，往往会引起病害，造成损失。

水温过低时，则要用加热器提高水温。一般小型的水族箱，最经济的方法是在水族箱底部使用电热棒加热。此时要经常测定水温，将其变化控制在一定范围内，以免伤害蓄养的鱼类。使用电热棒加热时必须注意如下事项：

（1）通电加热前要检查电热棒是否破损，如有破损应停止使用，以防漏电。

（2）应将电热棒放入水族箱后才通电，以防电热棒加热后入水发生爆裂。

（3）使用电热棒应密切注意水族箱的温度，以防水温过高。

2. 水质管理

（1）自来水去氯。自来水用于鱼类暂养时，一定要去氯后方可使用。消除氯的方法，最简单的是晾晒法，即把水在有光照的地方预先放置3d后再用；在缺乏光照的地方要存放1周才可使用。另外，可采用化学去氯法，即用硫代硫酸钠加入水中去氯。其反应方程式为：

$$Na_2S_2O_3 + 4Cl_2 + 5H_2O = 2NaHSO_4 + 8HCl$$

在一般条件下，这个反应速度非常快。硫代硫酸钠在水中溶解后，稍加搅拌，反应即可完成。硫代硫酸钠的用量要根据水中游离氯的含量而定，一般用量为10kg自来水加入1g硫代硫酸钠。

（2）水的硬度及其调节。在鱼类蓄养中，硬度和酸碱度是两个最重要的水质因子。决定水的硬度大小的重要因素是水中金属离子的含量。当水中钙盐的含量达到65mg/L时，为中性水；小于65mg/L时为软水；大于65mg/L时为硬水。判断硬水、软水最简单的方法是将水煮沸，若水壶底有积水碱的是硬水，否则是软水。在暂养时要根据暂养对象的要求来调节水的硬度。

（3）水的酸碱度及其调节。酸碱度即pH，是氢离子浓度大小的尺度。水的酸碱度与各种鱼类的生存息息相关，当水的酸性过强时，鱼会呼吸困难甚至死亡；许多毒物的毒性也随pH的下降而增强。当水的碱性过强时，鱼的鳃组织便会受到腐蚀，从而影响鱼的正常生活。在蓄养过程中，由于喂养饲料过多，残余的食物浸渍在水中，腐烂分解会使水质恶化，产生腐臭味，并使水变成白色或灰白色。此时应将水全部更换，清池消毒，把蓄养的鱼类捞出用浓度为0.3g/m³的二氯异氰尿酸钠消毒后，再放入新配制过水的水箱中。同时应酌情减少饲料投喂或停止喂食。若再发现箱底积存饲料残渣，可用虹吸管及时把残渣吸出，清除干净；若换水后水仍混浊，则应对水族箱内的沙石进行一次彻底消毒。另外，水族箱内蓄养的鱼类密度过大，也会引起水变混浊，因为鱼类排出的粪便堆积，会使水的酸性增强，鱼类的游动又使残物漂浮，使水又浑又脏，此时应用虹吸管清除粪便，并适当减少放养量。

调节水的酸碱度主要用化学药品，最常用的是磷酸二氢钠和碳酸氢钠，在使用前要把这两种药品分别溶解在纯水中，配成 1：100 的溶液使用。磷酸二氢钠用于降低 pH，即增大水的酸性；碳酸氢钠用于提高 pH，即增大水的碱性。使用时，可根据需要把配制好的溶液逐渐滴加到水里，充分搅拌，要不断用 pH 试纸测试，直到水的酸碱度达到要求为止。水的酸碱性变化应控制在 ±0.1 范围；因为 pH 的剧烈变化对蓄养很不利。有经验的饲养管理人员，从鱼类的游泳方式、食欲和水色，便可大体判断水质是否变坏。一旦发现有异常，务必立即测定 pH。如果水质确实不适宜蓄养鱼类时，应立即换水。

（4）溶解氧。鱼类通过鳃呼吸水中的溶解氧。蓄养期间若发现鱼"浮头"，说明水中缺氧，应立即采取增氧措施增加水中溶氧量，否则会导致蓄养鱼类的死亡。氧气对鱼类生存的影响可分为 3 类：水中溶氧量大于 5.0g/m³，鱼生存适宜；在 3.0～4.9g/m³，鱼勉强可生存；0.3～2.9g/m³，不适合鱼生存。水中溶氧量受水族箱中各种有机物质的多少、气压的高低等诸因素的影响。改良水质，增加光照时间，配备增氧装置，增加换水次数，减少蓄养的密度，过滤水族箱里的水，采用水循环系统，均可增加水中溶氧量。

（5）有毒物质控制。在蓄养过程中，常会发生蓄养生物慢性中毒的现象，这是由于水中含有毒物所致。一般在短期内多数不会有明显的症状，通常在 2～13d 便会死亡。

为防止中毒，应注意不使毒物进入水族箱，要认真检查在运输过程中容器有否被某些药物所污染等。一旦发现这种情况，应立即对鱼进行处理，切不可作为食用鱼食用。

（6）换水。有水混浊、发生异臭、鱼有"浮头"症状或鱼患病等情况时，需要将水族箱的水全部换出。

（三）闭合式循环系统

1. 闭合式循环系统的原理及主要技术参数 闭合式循环系统采用目前世界上流行的环保处理技术，模拟和探索自然水域的生态系统，应用于水族箱蓄养。整个系统集物理过滤、化学调节及生物净化于一体，使各个环节既能充分发挥各自性能，又可相互调节，以达到净化水质的效果。整个水体系统可以长期运行，避免水质恶化，可以减少不断换水的麻烦，节省人力和物力，体现出运用现代水族科技蓄养鱼类的作用。由南海水产研究所广州市海神水族科技服务公司设计建设的闭合式循环蓄养系统（图 10-1）的主要技术参数如下：

蓄养量：长期的（1 周以上）：15kg/m³；

短期的（1 周以内）：30kg/m³。

循环量：水体 3 倍/h 以上；

水体使用时间：6 个月以上；

pH：适合范围之内；

氨氮：适合范围之内；

盐度：可调配在 1～40；

水温：10～25℃。

2. 蓄养前的准备 蓄养前必须检查循环系统运行是否正常，水的温度、pH、盐度、水体容量是否达到要求。鱼类运抵目的地后，先要进行清拣，剔除那些死亡、严重受伤及患病的鱼类；然后进行冲洗，淡水鱼用海水或 1g/m³ 高锰酸钾溶液冲洗约 1min，待冲洗好后再放入循环系统的蓄养池中蓄养。

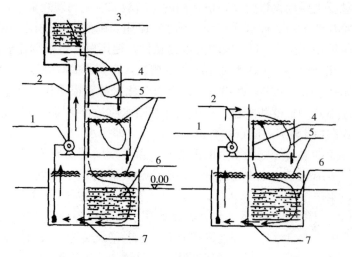

图 10-1　循环示意

1. 水泵、冷机　2. 进水管　3. 生物净化床　4. 溢漏管　5. 鱼池　6. 过滤床　7. 回水管

3. 蓄养管理　闭合式循环水产蓄养系统，是依赖水体循环而使系统净化功能起作用的。所以鱼类一经放到蓄养系统内，系统的各个环节就不能停止运行（包括充气、水循环、温度控制等）。要获得理想的蓄养效果，从配制调节盐度、水温，到鱼类的蓄养前消毒，以及循环系统的运转前检查，整个管理工作都是十分重要的。管理好闭合式循环系统，需要做到"三勤"，即勤检查、勤清理、勤观察。

（1）勤检查。检查系统设备运行是否正常，充气是否足够，水流是否顺畅。

（2）勤清理。及时清理蓄养池内死亡的鱼类，避免由于死鱼腐烂而引起水质恶化。

（3）勤观察。要经常观察蓄养鱼类是否有不正常的反应，水质状况是否保持良好。遇到情况应及时查出原因，立即进行处理。

另外，要保持蓄养系统四周的环境卫生，尤其在系统的蓄养池中避免有杂物，一定要杜绝外来不清洁水及其他化学物质介入过滤床，上层纱网必须定期清洗（一般每周1次），过滤床使用6个月要全面清洗1次。

（四）水族箱增氧循环系统

随着经济的发展，水族科技已引起各国的关注，许多发达国家对水族箱的研造越来越讲究，并有所创新。如今水族箱已进入家庭，供人们欣赏。水族箱的设计，既讲究美观，又要求科学，并为蓄养的生物提供如自然环境一样的生活环境。增氧循环系统（图10-2），具有增氧、循环、物理过滤作用，箱体无金属框架，全透明，既实用，又便于观赏。

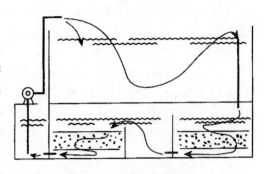

图 10-2　增氧循环示意

增氧循环系统的具体工作过程如下：由空气压缩机输出的空气，由于受到狭小管壁的限制，气泡上浮，迫使管内的水随其上升，到达吸水管上部的管口后，再自上而下地冲流入水

族箱。由于流入水族箱的水是由气泡带动的，所以这种水溶氧量较高。隔框中的水被抽吸后水位下降，与水族箱内水位形成水位差。根据物理学上连通器的原理，水族箱中的水凭借自身的重力，渗过珊瑚砂，过滤干净后再渗过玻璃条缝隙进入箱底蓄水区，再经导水管和隔板玻璃条缝隙流入隔框内。如此循环往复，水可不断重复使用。有些增氧循环系统的水族箱可用于饲养名贵的观赏鱼类。在循环使用半年多、不换水和砂的情况下，鱼存活良好。

影响循环水量的因素如下：

（1）循环系统运行受阻。应立即检查水泵是否正常，循环管道是否通畅，如有故障，要及时排除。

（2）蓄养量超过蓄养池的承受能力。必须降低蓄养量，加强充气及循环次数。

（3）由于鱼类死亡会引起水质恶化，要随时注意观察，发现有死亡或病残的鱼要及时清除。

（4）外界污染物介入。在充分洗涤循环系统后，更换、添加合适的水供蓄养用。

（5）过滤床受污染或老化。可排干水体，挖出过滤材料，充分清洗消毒后，再逐层铺入过滤床内，并加入调配好的水。如过滤床使用时间较长，清洗有困难，可考虑更换过滤材料。新的过滤材料一定要反复清洗干净后，才可铺入过滤床内。

（五）被蓄养鱼类卫生标准

被蓄养的食用鱼类应达到无公害食品的要求。如对青鱼、草鱼、鲢、鳙、鲤规格要求见表 10-1。

表 10-1　主要食用鱼类规格要求

品名	青鱼	草鱼	鲢	鳙	鲤
大/g	1 500	1 500	1 000	1 000	1 000
中/g	1 000	1000	500	500	500
小/g	>500	>500	>250	>250	>250

主要鱼类的感官要求见表 10-2。

表 10-2　主要食用鱼类感官标准

鱼体部位	一级品	二级品
体表	鱼体具有固有色泽和光泽，鳞片完整，不易脱落，体态匀称，不畸形	光泽稍差，鳞片不完整，不畸形
鳃	色鲜红或紫红，鳃丝清晰、无异味，无黏液或有少量透明黏液	色泽红或暗红，黏液发暗，但仍透明，鳃丝稍有粘连，无异味及腐败臭味
眼	眼球明亮饱满，稍突出，角膜透明	眼球平坦，角膜略混浊
肌肉	结实，有弹性	肉质稍松弛，弹性略差
肛门	紧缩不外突	稍软，稍突出
内脏	无印胆现象	允许轻微印胆

食用鱼除了以上规格和感官上的要求外，对鱼类的产地环境、饲料、水质等方面的要求，都要符合国家有关标准方可食用。

任务二　活鱼运输

任务描述

活鱼运输是养鱼生产过程中经常遇到的一项技术性较强的工作，它包括鱼苗、鱼种、亲鱼和食用鱼的运输。活鱼运输的关键是提高鱼类运输的效率和成活率。

任务实施

一、影响鱼类运输成活率的因素

影响鱼类运输成活率的因素是多方面的，彼此之间相互关联，最主要的影响因素有：溶氧量、装运密度、水温、水质、鱼的体质、运输时间及运输过程中的管理措施等。

（一）溶氧量

在开放式运输中，活鱼运输的密度主要取决于水中溶氧量的多少。而水中溶氧量的高低与鱼的耗氧率关系密切，所谓耗氧率是指在单位时间（常用小时）内单位重量的鱼苗、鱼种、成鱼所消耗的氧的毫克数。实验测定，种类不同的鱼类耗氧率不同，即使是同一种鱼类，也会因鱼的个体不同、水质不一、水温不同而有较大差别。池塘中主养鱼的耗氧率高低次序为：鲢＞鳙＞草鱼＞青鱼＞鲤＞鲫。对同种鱼类，个体越小其耗氧率越大，而个体大的耗氧率反而小。在不同的季节和不同的水温条件下，鱼类耗氧特性也不同，在低温情况下，鱼类的耗氧率大大降低，而在高温季节，鱼类的耗氧率处于比较高的水平。据测定，鲢、鳙和草鱼夏季的耗氧率约为冬季的 6 倍。常见养殖鱼类鱼苗和鱼种的耗氧率可见表 10 - 3。

表 10 - 3　常见养殖鱼类鱼苗、鱼种的耗氧率

种类	体重（g）	水温（℃）	耗氧率 [mg/（g·h）]
鲢	0.002 33～0.002 89	19.7～25.7	1.89～3.09
	0.63～0.89	20.4～26.6	0.35～0.64
	5.20～6.07	17.7～25.4	0.33～0.14
鳙	0.002 33	18.2	1.16
	1.06～1.10	26.3～26.6	0.37～0.43
	4.67～5.27	26.1～27.7	0.28～0.32
草鱼	1.11	26.7～27.2	0.37～0.38
	9.60	27.6	0.28
青鱼	0.002 3～0.002 89	21.6～26.4	1.67～1.88
	0.58～0.67	26.7～27.2	0.44～0.54
	1.31	27.6	0.40

（续）

种类	体重（g）	水温（℃）	耗氧率 [mg/ (g·h)]
鲤	3.60	26.4～26.9	0.24～0.33
鲫	3.32	26.4～26.9	0.26～0.38

　　各种鱼类生存的最低溶氧量也不同，一般鲢、鳙、草鱼、青鱼苗生存的最低溶氧量为2.0～2.5mg/L，而鱼种生存的最低溶氧量则为1.5～2.0mg/L。

　　在活鱼运输时，从鱼类的需氧量而言，在活鱼装运后的前2h内是最关键的时刻，这时鱼处于高度兴奋状态，需氧量上升很快，以适应生存环境的突然变化。而在随后的正常运输中，鱼类为了保持身体平稳，也会随着水的不停摇动而运动。所以在运输过程中，鱼类的耗氧量要比正常情况下高出数倍。故在活鱼运输过程中，要充分考虑这种情况，以防鱼类因缺氧而造成死亡。

　　在开放式运输过程中，除了人工增氧外，空气中的氧也会不断地向水中溶解而进行自然增氧，特别是在晃动的状态下，溶解速度会加快。

　　而在封闭式运输时，要注意由于氧分压太高而引起的危害。实验证明，鱼苗在高浓度氧的短时间作用下，也会产生有害影响。随着水中的溶氧量快速升高，鱼苗出现不安、呼吸急促状态，然后呼吸频率会急剧降低，呼吸次数也可减少80%，活动大大减弱，最后导致麻痹状态出现，体表黏液增加，鱼体侧卧，直致呼吸停止。因此，要注意在封闭式充氧运输鱼苗时，不能充过多的氧气，这样只会有害无益。

（二）装运密度

　　装运密度与运输成本和运输成活率有很大关系。随着运输密度的增加，运输成本会降低，但运输过程中鱼的耗氧量会加大，同时也会加快水质恶化，从而造成水中的溶氧量降低，使运输成活率下降。因此，合理的装运密度要根据运输方法、运输工具、运输对象、气象情况、水温、水质及运输时间等具体情况灵活确定。正常情况下，为预防运输过程中的突发事故，要按计划运输时间延长1倍的时间来确定装运密度。对运输的试验鱼或珍贵稀有品种，为确保运输的成功，要降低装运密度。而运输一般的常见养殖鱼类，考虑到运输成本，在安全适可的范围内要尽量增加装运密度。

　　此外，活鱼运输过程中的空间的因素也要考虑。装运密度与运输水体比例可执行以下标准：封闭式运输鱼苗时为1：（100～200）；封闭式运输鱼种或亲鱼时为1：（3～4）；开放式运输食用鱼可为1：（2～3）。

（三）水温

　　水温与水中的溶氧量呈反比关系，而鱼类的耗氧量却与水温呈正比关系。即水温升高时，水中溶氧量减少而鱼的耗氧量增加，当水温降低时，水中的溶氧量增加而鱼的耗氧量减少。一般情况下，水温每升高10℃，鱼的耗氧量大约增加1倍。所以在装运鱼类时，水温每升高1℃，鱼的装运密度大约就要降低5%。

　　温度升高，鱼类的活动能力加强，鱼的呼吸频率增加，以满足对氧的需求，这样会增加

鱼的疲劳，同时在狭小的运输容器中鱼体容易碰伤，严重时可引起鱼类死亡。碰伤的鱼类由于皮肤擦伤会引起肌肉组织吸水，造成渗透压调节困难而使鱼代谢失调。而且，由于鱼皮肤受到机械刺激，会增加表皮黏液细胞的分泌，鱼类分泌的黏液不但会促使细菌的繁殖，污染水质、消耗水中溶氧，还会粘连鳃丝，迫使鱼类通过鳃盖强烈开闭，以清除和排出鳃中的污物，这就更增加了鱼的呼吸困难和疲劳。尤其是鲢等性情急躁、耗氧率高的鱼类，更易造成死亡而降低运输成活率。水温升高，还会加强细菌的繁殖与活动，从而加速水质的恶化而降低水中的溶氧量。所以，要避免在高温条件下运输，尽可能降低运输时的水温，但要保证水温在鱼类能适应的范围内。

鱼种和成鱼运输的最适温度范围大致为：春、秋两季，冷水性鱼类为 3～5℃，温水性鱼类为 5～6℃；夏季运输时，冷水性鱼类为 6～8℃，温水性鱼类为 10～12℃；冬季运输时均为 1～2℃。鱼苗运输的最适温度为：温水性鱼类为 15～20℃，不宜低于 15℃；冷水性鱼类为 10℃，不宜高出 15℃。在运输过程中当发现水温过高时，可以用冰块进行降温，但冰块不可直接放进运鱼的水中，而是将冰块装在小塑料袋内，然后把装冰块的塑料袋放在运鱼的容器内，从而起到降温作用。

特别要注意的是，当换水或用冰块降温时，容器中的水温一般不能发生 3℃ 以上的温差变化，否则鱼类不能很快适应水温的剧烈变化，从而引起鱼的内部器官活动失调而发生"感冒"病，严重时可引起死亡。

（四）水质

在活鱼运输时，因密度大，鱼类排入水中的代谢废物和死鱼的尸体会在很短时间内腐烂，从而引起细菌大量增殖，这样不但会大量消耗水中的溶氧量，而且能分解生成氨、甲烷及硫化氢等有害物质，导致水质变化。水温越高，这种变化也越快。所以，在运输途中需要及时清除死鱼和污物，并要及时更换新水，以保持水质清新。有人试验在运输的水体中加入适量的抗生素、硫酸铜或食盐等，能在一定程度上缓解水体变质，这对提高运输成活率起一定作用。所以，运输用水必须选择水质清新、含有机质和浮游生物数量少、中性或碱性、不含有毒物质的水。一般河流、湖泊、水库等大水面的水较清新，比较适宜作为运输用水；而鱼池水较肥，一般不采用；自来水多含有一定浓度的氯，最好要放置 2～3d 后再使用。

在运输过程中，鱼类会不断向水中排出二氧化碳和氨等代谢产物，随着这些物质在水中积累的浓度越来越高，会产生毒害作用，从而可能引起鱼的麻痹甚至死亡。有时运输时鱼类的死亡不是由于缺氧，而是因为产生了高浓度二氧化碳而对鱼类造成毒害。运输活鱼时，可通过适当降低运输水温，或向水中添加缓冲剂以调节水的 pH，减少二氧化碳的积累，或加入天然沸石来吸附水中的氨等有害气体。

（五）鱼的体质

决定运输成活率的首要条件是鱼的体质，特别是在长途运输时更为重要。那些体质弱、受伤或有病的鱼，其忍耐和抵御能力差，经受不住长距离、长时间的运输，即使装运密度很低，也会出现死亡现象。因此，对即将运输的鱼必须做好精细饲养管理工作，使鱼体健壮无病无伤。在运输前还要进行挑选，要选择体质好的鱼进行运输，以保证较高的运输成活率。

运输鱼苗，一般要选择受精率和孵化率较高者，这种鱼苗体质好。鱼苗要在眼点、腰点出现能平游后进行装运比较适宜。如果鱼苗孵出5～6d后，在网箱中经较长时间的暂养则会逐渐消瘦，身体发黑而成"老苗"，这种鱼苗不适宜长途运输。同一批鱼种，由于个体、强弱不同，应将个体瘦弱者分出另行饲养，而选择体质强壮者进行运输。

为了提高活鱼运输的成活率，在活鱼运输之前，除了鱼苗外，其他鱼类都必须按要求进行拉网密集锻炼。拉网可增强鱼的体质，减少运输途中排出的黏液和粪便，同时还可增强鱼类对低氧和震动的忍耐力。由于鱼苗身体纤弱，体内贮存能量少，所以一般不进行锻炼；而夏花和鱼种一般需经2～3次拉网锻炼，对长途运输的鱼类还要在清水池中"吊养"一晚才能起运；食用鱼和亲鱼在运输前7～10d就要停止施肥，运输前1～2d要停止投饵，并经拉网密集锻炼或蓄养才可运输。

（六）运输时间

运输时间的长短和运输时间的选择也是决定活鱼运输成败另一关键因素。通常，运输时间越长，鱼类的成活率越低。如果缩短运输时间可提高鱼类的成活率。而运输时间的长短与装运密度成反比，而与运输成本成正比，即运输的时间越长，鱼的装运密度越小，而运输成本越高，反之，如果运输时间短，则鱼的装密度加大，运输的成本也就降低了。所以，在条件许可的情况下，要可能缩短运输时间，提高运输成活率。

确定运输时间时，要注意早春和晚秋尽量避免寒潮的影响；在交通不便的地方，要避开雨天，以免交通阻塞，中途停车；而在气温较高的季节进行运输时，要选择气温较低的后半夜或清晨太阳出来之前起运，并注意途中降温。

二、运输前的准备和运输工具

担任活鱼运输工作的人员，是否有高度的责任心和是否充分做好运输前的准备工作，是获得活鱼运输成功的根本保证。如果准备不充分，往往会因运输途中工具损坏、漏水、漏气或车船衔接不紧密，造成运输成活率降低，死亡率提高，从而导致运输失败，造成较大的经济损失。

（一）要制订科学周密的运输计划

1. 确定运输方法　首先要根据运输鱼的种类、数量、规格、体质和运输距离的远近等确定最经济、最方便、最稳妥的运输方法，其次要提前安排好车辆或船只，并与交通主管部门或其他相关部门主动协调或办理有关手续，以便及时运输和转运。

2. 事先做好沿途的用水换水调查、准备及协商工作　在运输前对运输路线的水源、水质情况必须预先调查了解，再根据水源、水质情况安排好换水或补水地点，并与有关方面进行协商，准备充足的换补用水，做到"水等鱼到"，确保及时换补新水，提高运输成活率。备水时要特别注意对水质及水温的要求，凡是使用漂白粉消过毒的自来水，要先测定其含氯量，一般含氯量不能超过0.2mg/L。对含氯量过多的水，要提前2～3d注入容器中存放，让氯气自然挥发。如果急需用水，可用硫代硫酸钠除氯，用量一般是5～10mg/L。

3. 要科学配备参与运输的工作人员 在人员配备上，既要节省人力，降低运输成本，还要确保运输中的每个环节都有专人负责。这就需要在运输之前做好人员组织安排，包括起运点、转运点、换补水点和目的地的人员均要分工明确，互相配合，做到"人等鱼到、塘等鱼放"，从而保证运输顺利进行。

4. 其他事项 在起运前要确定具体的运输路线，最好能与交通、气象等部门再一次联系，根据获取的交通信息和气象信息，再制定或调整运输计划。

（二）要备齐各种运输工具

在进行活鱼运输之前，要将一切运输工具准备齐全，所有工具事先都要经过检查和试用，发现损坏或缺失，要及时进行维修或购置，以免途中修理或购置困难而影响正常运输。

活鱼运输需要准备的工具种类较多，目前常用的工具有：

1. 塑料袋 目前多使用白色透明聚乙烯薄膜通过电熨加工而成的塑料袋，一般只用1次就作废。运输鱼苗、鱼种的塑料袋规格大多为长80cm，宽40cm，容积大约20L（图10-3），而运输亲鱼或成鱼时，可根据鱼体大小，选用不同规格的塑料袋，塑料袋一般只使用1次。

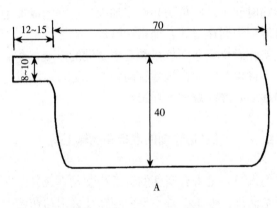

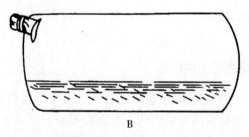

图10-3 塑料袋示意（单位：cm）
A. 塑料袋平面 B. 盛鱼后充氧密封情况

2. 塑料桶 多用白色硬质聚乙烯制成，可根据需要选用不同大小的塑料桶（图10-4）。常见的塑料桶长35.3cm，宽17.5cm，高44cm，桶壁厚0.2～0.3cm，容积约为26L。塑料桶上装有充气阀门、排水阀门和观察镜，充气阀位于离桶口的较远一端，排水阀位于桶口附近，两者的距离应大于桶长的1/2，以免充氧与排水互相干扰。观察镜由透明塑料制成塑料桶的内外盖即成，用以观察桶内鱼的动态。

3. 鱼篓 多用竹篾编成（图10-5），呈上圆下方形状，内用棉纸柿油粘贴，使其不漏水。鱼篓的规格各地不同，一般口径约为90cm，高77cm，底边长70cm，运鱼时可装水400L。鱼篓的制作成本便宜，但不经久耐用，近年来一些单位用油布、橡胶布或塑料袋挂在篓内使用，效果也不错。

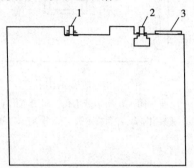

图10-4 塑料桶结构示意

1. 充气阀 2. 排水阀 3. 观察镜

图10-5 鱼篓示意

4. 帆布桶 由帆布袋和铁架或木架组成，一般呈口小底大的圆柱形、四角柱形或椭圆形（图10-6）。帆布袋口径约90cm，底径110cm，高110cm，运鱼时可盛水500L。篓口内缘有一宽17cm的挡水板，用来防止剧烈震荡时水被溅出。篓的底部安装有放水用的排水管。帆布桶可以拆除折叠，携带方便，经久耐用。

5. 木桶 口小底大，一般用1cm厚的木板箍成，桶高100cm，口径70cm，底径90cm，有桶盖用来防止水溅出桶外（图10-7）。桶盖上中央位置开有一直径约为35cm的圆孔，击水板由此插入桶中击水增氧。击水板的十字交叉板长40cm，宽10cm，柄长80cm。在距桶底约17cm的地方挖有一圆孔，直径大约为5cm，塞以木栓，用来排水。

图10-6 帆布桶示意

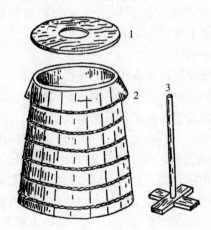

图10-7 木桶示意

1. 桶盖 2. 桶身 3. 击水板

6. 胶囊 胶囊由帆布或合成纤维挂胶制成，用于汽车运输的胶囊一般长2.9m，宽2.45m，高0.68m，总容量可达3.5t，自重45kg。胶囊上装有装鱼孔、卸鱼排水孔、充氧阀门、排气阀门和观察窗（图10-8）。

7. 挑篓 为挑运鱼苗、鱼种之用，其形状、构造地不一，一般用竹篾编织而成，口圆底方，篓内壁糊以柿油纸，篓身高约 33cm，口径约为 20cm。

8. 巴篓 是用白铁皮制成的舀水工具，口上装有圆柱形的握柄。巴篓口径约为 35cm，底径约为 23cm，高约为 20cm。

9. 出水 为换水用的滤水器，用用竹篾编制而成，外面包以麻布，涂以桐油。一般口径约为 23cm，高约为 20cm。

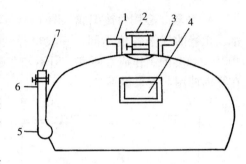

图 10-8 胶囊结构示意

1. 排气阀 2. 装鱼装水孔 3. 充气阀卡箍
4. 观察窗 5. 卸鱼排水孔 6. 软管 7. 卸鱼孔

三、运输方法

目前活鱼运输的方法主要有封闭式运输和开放式运输两种。另外，还有无水湿法运输和麻醉运输两种特殊的运输方法。

（一）封闭式运输

封闭式运输是将鱼和水置于密封充氧的容器（如塑料袋、塑料桶）中进行运输，它适合汽车、火车、轮船和飞机等多种交通工具装运。

1. 封闭式运输方法的优缺点

（1）优点。

①质量轻，体积小，携运方便。

②装运密度大，运输成本低。

③管理方便，劳动强度小，一般不需中途换水。

④鱼体不易受伤，成活率高。

（2）缺点。

①大规模运输亲鱼或成鱼操作难度大。

②如果运输途中出现问题，处理起来比较麻烦。

③塑料袋容易破损，不能反复使用。

④运输时间不能太长，一次充氧能使鱼在容器中保持 30h 左右。

塑料袋密闭
充氧运输

2. 运输方法 封闭式运输方法多适用长途运输大数量的苗种较为便利。目前主要使用塑料袋，也有人用塑料筒或胶皮袋运输。

（1）塑料袋充氧运输。运输活鱼的塑料袋有多种，最常见的是口袋形或圆筒形，规格多是长 80～110cm，宽 35～45cm。为防止破裂，可用双套袋运输，即将两个袋套在一起，内层装水充氧。装水量（连鱼一起）为袋总容量的 2/5～1/2，如果装水过多会减少充氧的空间，并增加运输的重量，而装水过少又会导致运鱼量减少。袋中用水必须清洁，以减少水中有机物的耗氧量。充氧方法是：先将水和鱼放进塑料袋，再将袋内空气排出，然后通入氧气。充氧要注意不能太足，一般以塑料袋表面接近饱满而有弹性为度。而在空运时充氧量要降为陆运时的 60% 左右，如果充氧过足，由于高空气压低，会造成袋内氧气膨胀而使塑料袋破裂。在运输途中，为防止塑料袋损坏，可将塑料袋装在纸箱、木桶或泡沫塑料箱中。

塑料袋装运鱼苗、鱼种的密度与运输时间、温度、鱼体规格、鱼的体质、锻炼程度和鱼的种类等密切相关。一般来讲，温度低、规格小、鱼体健壮、进行过多次拉网锻炼且耗氧较少的鱼类运输密度可适当大些，反之则应小些。

长 80cm、宽 40cm 的塑料袋装水 7.5～10.0kg，在水温 25℃时装运鱼苗、鱼种的密度可参考表 10-4。

用塑料袋运输鱼苗、鱼种，到达目的地时，要采取过渡放养的方法，做好温度调节和降低鱼体血液内的二氧化碳后再放养，也就是连水带鱼轻缓地倒入大容器内，然后每隔 10min 加一巴箩新水，直到将水温调节到与放养水体的温度基本一致再放养，以免温度急剧变化造成苗种伤亡。

常用的塑料袋运输亲鱼，每袋可装亲鱼一尾。塑料袋的规格要适合鱼体大小，袋内装水量超过亲鱼鳃盖即可。利用火车、客车行李车厢运输时，可将塑料袋装在木条箱里运输；利用货车运输时，可在车厢两侧各装 1 只用帆布或人造革制成的大袋箱（箱壁三面贴在车厢壁），大袋箱内盛水，将装有亲鱼的塑料袋全部泡在水里，这样可保持袋内鱼体平衡。在袋箱靠车门口的一边下方，离底约 15cm 处，开一口径约 12cm 的圆孔，孔的内侧套一阻鱼外流的竹制套筒，外接帆布出水管。

表 10-4　塑料袋装运鱼苗、鱼种密度

运输时间（h）	装运密度（尾/袋）		
	鱼苗（万）	夏花	8.3～10.0cm 鱼种
10～15	15～18	2 500～3 000	500～600
15～20	10～12	1 500～2 000	300～500
20～25	7～8	1 200～1 500	—
25～30	5～6	800～1 000	—

运输中保持鱼体正常姿态很重要，然而在长途运输中，亲鱼往往在塑料袋内失去平衡而侧卧。因此，在客车运输时，装塑料袋的木条箱宽度要窄些，以夹住塑料袋使鱼不易卧倒，保持平衡。在货车进行运输时，如果出现鱼体失去平衡而人工难以帮助恢复时，必须打开塑料袋，让鱼主动游入袋箱中。如果袋箱中水温过低，也可不解袋，只需在袋上开一些小孔，以便让袋内的水和袋外的水进行交流，此时塑料袋可保护鱼体不受箱壁擦伤，这对运输亲鱼很重要。

在运距较远、运时较长的情况下，可以排气并中途换水倒袋，重新充氧。据试验，途中重新充氧，可延长运输时间 20%～40%；如果换 1/2 新水再重新充氧，则可延长时间 50%～60%；如全部重新换水充氧，鱼的成活时间可延长 1 倍以上。

（2）塑料桶或胶囊运输。在道路崎岖不平的山区，由于运输时颠簸剧烈，塑料袋容易破裂，这时可考虑使用聚乙烯塑料桶或胶囊充氧运输鱼苗、鱼种。

用塑料桶运鱼时，首先要在桶内盛水放鱼，并将水注满，再按上内外桶盖使之密封，然后将桶侧卧，使充氧阀在上，排水阀在下，最后通入氧气，迫使水从排水阀流出。排水量需要控制在总水量的 1/2～3/5，然后停止充氧，关闭排水阀即可运输。运输时，塑料桶要平放，这样桶中氧气与水的接触面大，既能增加水中溶解氧，又能减少鱼体与桶壁的碰撞。在水温 29～30℃时，每桶可装运 3～4cm 长的草鱼、鳙 7 000 尾左右，鲢鱼种可适当减少一

些，在 13h 内成活率可达 95% 以上。

如果用胶囊运输活鱼，可将整个胶囊的外层涂成白色，以防止吸热。装运时，先由装鱼孔向胶囊内加水，装水量为胶囊总容量的 1/3～1/2，然后装鱼。装鱼时动作要迅速（如遇天气炎热或装运时间较长，必须边装鱼边徐徐充氧），以防缺氧"浮头"。装鱼完毕后，即可密封装鱼孔，开始充氧，充至轻压胶囊富有弹性为止，便可运输。在水温 13～20℃ 时，每升水可装 10cm 长的草鱼、鲢鱼种 40 尾左右，短途运输（24h 内）还可增加 25% 的装运量，成活率可达 95%。

（二）开放式运输法

开放式运输

开放式运输是指将鱼和水放置在敞口的容器中进行运输，是大批运输亲鱼、成鱼或鱼种的常用方法。

1. 开放式运输的优缺点

（1）优点。

①简单易行，运输量大。

②方便观察和检查，发现问题能及时进行处理。

③采取换水、增氧等措施比较方便。

④运输所用的容器可反复使用，从而降低了运输成本，比较适合长时间的运输。

（2）缺点。

①比较笨重，所占空间较大，用水量大。

②劳动强度大，所需要人员多。

③鱼体容易碰伤或擦伤。

④装运密度相对比较低。

2. 开放式运输方法

（1）肩挑运输。目前在运输距离较近或交通不便且运输量不大时，可采取人工挑运。常见的挑运工具有：挑篓、木桶、铁桶等。挑运时挑运者的动作要匀称协调，使篓中水随步伐有规则的起伏波动，借以增加水中溶氧量。一般行程 1～2d 的，每担可盛水 25～40kg，可装入 1.3cm 以下的鱼苗 4 万尾；1.5～2cm 的鱼苗 0.8 万～1.2 万尾，2.5cm 的鱼苗 0.5 万～0.6 万尾；3.5cm 的鱼种 0.3 万尾，5cm 左右的鱼种 0.2 万尾；6.5～8.0cm 的鱼种 500 尾；10cm 的鱼种 300～400 尾。冬季水温较低，装运密度可适当增加。挑运途中如果鱼"浮头"不下沉，必须换水，换水量不超过总水量的 1/2。如果中途过夜，需要将鱼暂时蓄养在池中的网箱内。挑运缺点运输量较小，人比较辛苦，运输鱼的成活率也难以保证。

（2）活鱼船运输。在水路交通方便的地方，长距离运输可使用活鱼船。活鱼船是在船舱底部的前后两端或左右两侧开孔，孔上装有纱窗，船在河中前进时，河水自前面的孔流入，自后面的孔排出，自行换水，从而使船舱中的水质保持新鲜，溶氧量充足。两广地区用活鱼船运鱼苗比较普遍，而浙江地区多用活鱼船运输夏花或鱼种。长 3.3m 的船，每船可以装鱼苗 400 万～500 万尾，多的可达 1 000 万尾。水温 20～24℃ 时，运程 1d 的活鱼船，每吨水可装乌仔 3.0 万～3.8 万尾；如水温在 10℃ 以下，每吨水可装 1 万尾左右 7～8cm 的鲢、鳙、青鱼鱼种或 10cm 的鱼种约 8 000 尾或 13cm 的鱼种 5 000～6 000 尾。

活鱼船装运亲鱼时，为了使鱼体不被碰伤，可在舱的四壁垫上一些塑料布、棉布、水草等较软的东西，也可将亲鱼装在有孔的塑料袋中，运输密度一般每吨水可装亲鱼100～200kg。

利用活鱼船运输时，首先要了解沿途水质状况，要在活鱼船通过污水区域时把进水口堵住，以防污水进入舱内毒死苗种，但时间不能太久，否则可采取人工送气或击水等措施增氧。其次在停船时，船头要逆水流方向，使水流能顺利流入舱内。

目前，比较先进的HYC-20型活鱼运输船安装了具有增氧、水净化、制冷3个功能的装置，其运输时间、鱼的装载密度、运输成活率都比较高，而且不受季节变化和航道水质好坏的影响。

（3）汽车运输。汽车运输机动灵活、迅速，适用于公路交通方便的地方。汽车运输所用的容器有帆布桶、油布篓等，载重4t的汽车，每车可装4～6只，分立车厢两侧，中间留一通道。运输过程中可用击水器经常击水增氧或采用送气、淋水等方法增氧。如途中鱼类"浮头"严重或水质变坏，应及时停车换水。运输途中需要2～3人照管，装运密度随水温高低、路途长短、鱼的种类、规格、鱼的体质及运输技术等有所变化。一般盛水400～500L的篓、桶（装水量只能占容器总量的3/4）可装鱼苗40万尾，夏花和鱼种的装运密度可参考表10-5。

表10-5　夏花和鱼种装运密度

规格（cm）	温度（℃）	密度（尾/L）	时间（d）
2.2左右	25～30	75～90	1～2
3.3	25～30	65～70	1～2
5.0	25～30	45～50	1～2
8.2～10.0	10～15	25～30	1～2
13.2	10～15	10～15	1～2

目前，我国比较先进的汽车载活鱼运输箱有HY-4型活鱼运输箱和SC-1型乳化液活鱼运输箱。HY-4型活鱼运输箱主要是利用射流原理和循环喷水原理，使箱内不会缺氧。每箱可装活鱼1 200～1 800kg，鱼水比为1∶1.2。

SC-1型乳化液活鱼运输箱，主要利用溶气罐将氧气瓶内的氧气形成微气泡扩散到活鱼运输箱的水体中，使水成为乳化状的液体。每箱可装运成鱼1 000～1 500kg或装鱼种500～800kg，连续运输12h，成活率达95%。

（4）轮船运输。主要利用客货轮船运输鱼苗和鱼种，其特点是换水方便，航行稳妥，运费低廉。例如利用长江定期大型客轮运输鱼苗时，盛水400kg的鱼篓，在水温15～25℃时，每篓可装鱼苗20万～30万尾。在运输过程中需要专人管理，每天喂食1次，每篓喂1.0～1.5个煮熟的鸭蛋黄。在喂食时，可将鸭蛋黄包在纱布内，然后放在盛水的巴篓中轻轻漂洗，洗出的蛋黄液均匀地洒入篓中。一般在城市附近不能换水，以免换入污水影响鱼苗运输的成活率。

（5）火车运输。火车装载量大，运费较低，适用于运输量较大的长途运输。如果用货车厢装运，1节载重50t的货车车厢可装普通鱼篓21只或大鱼篓18只，水温15℃左右时可运鱼苗500万尾左右。火车运输途中一般采用送气法增加水中溶解氧。

近几年，也有一些单位采用大袋箱装运鱼苗、鱼种和亲鱼。每只袋箱盛水70%左右，在水温15℃时可装运长约3.3cm的夏花40万～50万尾或长约10cm的鱼种6万～7万尾。

在水温 2～10℃时，每个袋箱可运输体重 10kg 左右的亲鱼 70 尾左右。运输过程中可采取到中间站及时换水的方法补充氧气，而在火车运行时整个车厢内最好保持黑暗，使鱼安稳，减少耗氧和防止撞伤。

（6）飞机运输。飞机运输速度快，装运密度大。装鱼的用具一般以油布篓为佳，篓内侧有圆环形挡布，用以防止鱼和水溅出篓外，每机可装 6 只篓，分立于机舱两侧，并用绳索进行固定，防止滑动。装运密度为在水温 20℃ 以下时，每升水装鱼苗 2 500～3 000 尾，经过 10h 空运，成活率可达 95％左右；水温 8～10℃时，每升水可装 6.7～7.2cm 的鱼种 50～85 尾。在飞机起飞前要防止鱼发生"浮头"，为补充氧气在途中应及时送气、淋水、击水，防止缺氧"浮头"。近年来，飞机运输鱼类已很少用于开放式运输，多采用密封充氧的塑料袋运输。

四、其他运输方法

（一）无水湿法运输

鱼儿离开水都能在空气中生存一定的时间，但不同的鱼类在空气中维持生命的时间不相同。例如，鲫在 18～20℃时能在潮湿的地方维持生命 10d，当温度降低到 3～5℃时，则能维持 20d；鲤在 21℃时能够在潮湿处维持生命 2d。

鱼类之所以离水后能生存一段时间，是因为鱼类的皮肤在潮湿时，可直接通过皮肤的微血管进行气体交换。不同的鱼类，利用皮肤呼吸的比值不同。即使是同种鱼类利用皮肤呼吸的比值也会随着年龄的增长和水温的升高而减少（表 10-6）。

表 10-6 不同鱼类的皮肤呼吸量

鱼类	体重（g）	水温（℃）	皮肤呼吸量 [mg/（kg·h）]	皮肤呼吸占总呼吸量 百分比（%）
当年鲤	20～30	10～11	29.0	23.5
鲤	40～240	17	8.2	8.7
2 龄鳞鲤	300～390	8～11	7.9	11.9
2 龄镜鲤	300	8～9	5.9	12.6
鲫	28	19.5	25.5	17.0
鳗	90～330	8～10	19.9	9.1
鳗	100～570	13～16	7.9	8.0

据测定，鲤、鲫、鲇、鳗等鱼类的皮肤呼吸量，平均可达总呼吸量的 13％～32％。凡皮肤呼吸量超过总呼吸量 8％～10％的鱼类，都可利用鱼类的这种生理特殊性进行无水湿法运输，即鱼不需盛放在水中，只要维持潮湿的环境使鱼的皮肤和鳃部润湿便可运输，也称干法运输。从表 10-6 可以看出鲤、鲫、鳗等鱼类都可采用这种方法运输。但对耗氧率高、性情急躁的鲢就不宜采用这种方法运输。

黄鳝、乌鱼、泥鳅等都具有辅助呼吸器官，能呼吸空气中的氧气，只要体表和鳃部保持一定的湿度，便可能较长时间的生活，因此也可以进行无水湿法运输。

采用无水湿法运输时，可将鱼类用潮湿水草包围起来，按一层草一层鱼铺放，运输途中要经常淋水，使鱼体保持湿润。但要注意运输时温度不能太高，温度过高，鱼类在潮湿环境中维持生命的时间较短。故采用无水湿法运输时，要在早晚或夜间天气凉爽时运输，也可用冷水或冰块降低温度。但用冰块降温时要注意不能让冰块接触鱼体，只要保持水的温度不高于 15℃，最好在 10℃左右最好。

日本曾试验用湿的泡沫塑料碎片充填在鱼体周围进行运输，可以防止鱼类在运输过程中因振动而受伤，又不妨碍气体流通，运输效果较好。

（二）麻醉运输

麻醉运输是指用麻醉剂注射鱼体或将鱼种放在一定浓度的麻醉剂溶液中运输，使鱼处于昏迷状态，导致其活动减少，降低代谢强度和耗氧率，以求增加装运密度和减少机械损伤，从而有利于鱼类长途运输的方法。

目前国内外麻醉运输活鱼的方法使用比较少，一般只用于亲鱼的运输，苗种运输不采用，食用鱼的运输禁止使用药物麻醉剂，特别是对具有毒性作用的奎纳丁、氨基甲酸乙酯等更禁止使用。在国外，食用鱼的麻醉运输多采用二氧化碳、碳酸氢钠或低温冷水麻醉。国内有些地方用 60° 的白酒可使食用鱼麻醉 2～3h。

采用麻醉运输方法运输亲鱼时，只有在水温高于 15℃以上才使用。一般是先用正常的剂量将亲鱼麻醉，然后装入运输容器内，再加入新水把麻醉剂的浓度冲稀到原浓度的 50%，这时亲鱼处于麻醉状态，运达目的地后，换入清水使鱼恢复正常。

现将几种最常用的麻醉药物和使用方法介绍如下：

1. 二氧化碳　用 50% 的二氧化碳和 50% 的氧气混合后通入活鱼容器内，使鱼逐渐麻醉，运达目的地后再通入纯氧，使鱼复苏。

2. 碳酸氢钠　可将碳酸氢钠配制成浓度为 642mg/L 的溶液，放入鱼类，鲤经 4～12min、虹鳟经 2～5min 麻醉。到达目的地后直接放入清水中，鲤 15min 后复苏，虹鳟10min 后复苏。

3. 乙醚　在 100mL 水中溶入 7.52g 的乙醚，可使活鱼在 1～2min 内麻醉，经 2～3h，放入清水 3～20min 后即可复苏。

4. 氯代乙醇　100mL 水溶解 0.89g，经测试大麻哈鱼幼鱼经 2～3min 麻醉，放入清水后 3～8min 复苏。

5. 氯醛水合物　100mL 水中溶入 21.17g，麻醉时间 2～3min，放入清水后 2～5min复苏。

6. 甲基戊醇　100mL 水可溶入 12g，时间 2～4min，放入清水后 2～4min 复苏。

7. 间氨基苯甲酸乙酯甲烷磺酸（MS - 222）　麻醉使用浓度为 0.1～0.2g/L，2～4min麻醉，放清水中 3～5min 复苏。

8. 苯氧基乙醇　100mL 水可溶解 2.672 5g，麻醉时间需要 2～4min，放清水后复苏时间为 3～6min。

9. 奎纳丁　麻醉使用浓度为 15～30mg/L，麻醉时间为 1～6min，复苏时间为 3～5min。

10. 巴比妥钠　将鱼放在 10～15mg/kg 的巴比妥钠溶液中运输。在水温为 10℃时，能使鱼麻醉 10 多个小时。被麻醉的鱼仰游在水面，鳃盖缓动，浅度呼吸。下塘后 5～10min 复苏。也可用巴比妥钠注射亲鱼，剂量为每千克鱼用 0.1mg 药物，注射方法与催产注射相同。

注射后将亲鱼留在布夹中放置 15～20min 后装运。运输途中如有跳跃冲撞，应再注射药剂麻醉。如运输途中发现鱼呼吸强度衰弱，应及时肌内注射兴奋剂尼可刹米（可拉明）或安钠咖，每尾亲鱼注射 25％的注射液 1mL。

由于许多麻醉剂对鱼的肝有损害作用，加上麻醉剂的效果还不稳定，技术上还不完善，有的麻醉剂价格也较昂贵，因此在使用麻醉剂时，要先用少数鱼做预备性实验，从而根据鱼的种类、大小、生理状况以及水温、水质等确定适用的麻醉剂和适宜的浓度，以及麻醉处理的时间长短，力求安全可靠。

五、运输途中的管理

（一）及时补充水中的溶氧量

在开放式运输中，始终保持水中有足够的溶氧量是提高鱼类运输成活率的关键措施。一般可采用换水、击水、送气、淋水或投放化学增氧剂等方法来增加水中的溶氧量。

1. 换水法　在运输中如果鱼类出现"浮头"、密集在水的表面，且游泳无力，体色变淡或发现水中泡沫过多，水质变黏恶化带有腥臭气味时，应立即排出部分老水加注一些新水，以改善水质和补充氧气，从而保持鱼类运输的适宜环境。换水量的多少，要根据具体情况而定，一般换水量可为 30％～80％。换水时操作要细致，先将老水舀出再轻轻加入新水，不能将新水直接冲入篓（桶）中，以免鱼体受到冲击造成伤亡。换入的新水要求无毒清新、溶氧量充足、温度适宜。池塘肥水、工厂排出的污水、城市下水道水以及沼泽池塘的锈水等严禁使用。过瘦的清凉水（如井水、冷泉水）以及盐碱水等也不宜使用。如果临时急用自来水，要用硫代硫酸钠除去氯。具体方法是硫代硫酸钠可按需要预先称量在小纸包中，用时溶解后加入自来水中即可。

使用换水法换入的新水温度与装鱼容器内的水温不能相差太大，原则上鱼苗不超过 2℃，鱼种、成鱼不超过 3～5℃。如温差过大，要设法将加入的水进行变温处理或者徐徐加入，以防止水温的剧变。

另外，鱼苗运输中如需投饵，应在投饵前换水，喂食后需隔 4～5h 才可换水，否则饱食后换水，鱼苗易发生死亡。

2. 击水法　击水法设备简便，但增氧效果较低，仅能维持运输鱼类对氧气的最低需要，而且劳动强度大，应在有电源或动力的情况下，改用小型增氧机代替。在鱼苗、鱼种放进木桶等容器装上车后，就开始用击水板击水，运输途中一般要不停地击水。击水时击水板不离开水面做上下振动，让水面有波浪上下起伏即可，以增加空气中氧气的溶解。击水动作注意轻重缓急，不能过急过猛，力求均匀，也不能打击水面，以免鱼体受伤。

3. 送气法　送气法一般使用小型空气压缩机或打气机，通过置于水底的砂滤器，让空气呈小的气泡从水底冒出，以达到提高水中溶解氧的目的。在送气时送气量不宜太猛，应大小均匀适中，否则鱼苗易受震昏迷甚至死亡。一般送气以能激动全部水量的 1/2 或 2/3 为度。送气时间也不能过长，以鱼不"浮头"为限。如果送气过久，鱼苗顶水，体力消耗大，也易造成鱼苗死亡。近年来，多采用送纯氧的方法，即携带高压氧瓶，通过橡皮管和砂滤器向水中增氧，效果更好。

4. 淋水法　淋水法是利用有许多小孔喷嘴的容水器，采用人工降雨的方式进行淋水增氧。淋水时力求水珠细小，水珠由高处降落，从而充分接触空气，增加溶氧量。

5. 化学增氧法　化学增氧法是指向水中加入二硫酸铵、过氧化钙或过氧化氢等增氧剂，它们在水中分解后会释放出氧气，从而提高水中溶氧量。工业用的双氧水（过氧化氢）价格较低，增氧效果较好。一般每吨水可加 30％的双氧水 50mL，可以增氧 7mg/L，同时再加 2％的硫酸亚铁 5～7mL，用以除去鱼体分泌的黏液。但要注意双氧水有腐蚀作用，不能直接向水中倾倒，而应先溶解在少量水中，稀释后再倒入盛鱼的水中。

（二）减少耗氧因子，保持良好的水质

在开放式运输中，要经常清除死鱼、粪便及剩余饵料，以免引起腐败分解，导致水质恶化。清除污物可用吸筒或虹吸管。实践证明，采用药物保持水质也是可行的，即用 2 000～4 000IU/L浓度的青霉素，就可有效地抑制微生物滋生。为了防止由二氧化碳增加而引起的 pH 降低，可用 1.3～2.6g/L 浓度的三羟甲基氨基甲烷缓冲剂使水体的 pH 保持稳定。封闭式运输可用 1～2g/L 浓度的碳酸钙减少游离二氧化碳的含量，也可用 2～4g/L 的三羟甲基氨基甲烷缓冲剂控制 pH 保持在 7～8 的正常水平上。以上浓度的青霉素对封闭式运输也同样适用。还有人用离子交换树脂、活性炭或天然沸石等吸附水中有害物质和气体。10～14g/L 浓度的天然沸石就可有效控制氨的浓度。

为了保持良好的水质，被运输的成鱼还必须在运输前停食 1～2d（最好在网箱中暂养 1～2d）空腹进行运输，这样可以减少鱼的粪便排出量，防止容器内水质恶化。

（三）运输途中的喂食

在长途运输中，为了不影响鱼苗的体质，应适当投饵，运输鱼苗时可每天投喂 1 次，每 20 万～30 万尾投喂熟鸭蛋黄 1 个。每次喂食后不能惊动鱼苗，因鱼苗饱食后如果受到惊扰，游泳的速度会加快，很容易造成窒息死亡。在喂食后 5～6h，可将排泄物、水底污物与残饵等清除，并换进适量新水。鱼种运输一般不喂食，因其体内贮有一定营养物质，特别是在水温较低的春秋季节运输，鱼种基本不摄食或摄食很少。但在运输时间过长时，可适当投喂一些猪大油，让其漂浮在水面任鱼种摄食，这样即可保持鱼种体质，又可使鱼体有光泽。

（四）经常观察鱼的活动情况

在运输途中要经常观察鱼类的活动是否正常，如鱼在运输容器中始终朝一定方向有秩序地游泳，表明鱼体健康，活动正常；如果是散游乱窜，无一定方向或浮于水面，说明鱼不正常或者水中缺氧。如果发现鱼苗头部变红色、腹部有气泡、身体翻转等现象，则表明水质已恶化，应立即换注新水进行解救。

综上所述，提高活鱼运输成活率的基本要求是：

（1）要求鱼体健壮无病，运输前最好经过拉网锻炼。

（2）要保持水质清新，溶氧量较高，且不含有毒有害物质。

（3）运输时装鱼密度要适当，既不能装得太少浪费资源，也不能装得太多而影响鱼类呼吸造成损失。

（4）入池时要经过"缓鱼"的过程。

（5）操作要细致温和，最好低温运输。

（6）尽量要缩短运输时间。

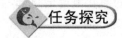
任务探究

影响鱼类运输成活率的因素

影响鱼类运输成活率的因素是多方面的，各种因素互相联系、互相影响，因而在活鱼运输过程中应全面考虑这些因素。主要因素有：溶氧量、二氧化碳、水温、水质、鱼的体质、鱼类的装运密度、运输时间及运输过程中的管理措施等。

知识拓展

活鱼运输的方法

目前运输活鱼的方法主要有封闭式运输和开放式运输两种。另外，还有无水湿法动力和麻醉运输两种特殊的运输方法。封闭式运输是将鱼和水置于密封充氧的容器中进行运输。开放式运输是将鱼和水置于敞口的容器中进行运输。无水湿法运输是指有些鱼类的皮肤具有较好的呼吸功能或具有其他的辅助呼吸器官，它们能在潮湿空气中存活一定的时间。利用鱼类的这种生理特殊性可进行无水湿法运输，即鱼不需盛放在水中，只要维持潮湿的环境，使鱼的皮肤和鳃部湿润便可运输。麻醉运输是指用麻醉剂注射鱼体或将鱼种放在一定浓度的麻醉剂溶液中运输，使鱼处于昏迷状态，活动较少，降低代谢强度和耗氧率，因而有利于鱼类长途运输的进行，目前，一般只用于亲鱼的运输。

练习与思考

1. 如何利用冬闲鱼塘蓄养鱼类？
2. 影响鱼类运输成活率的主要因素有哪些？
3. 活鱼运输的主要工具有哪些？
4. 活鱼运输的主要方法有哪几种？
5. 活鱼运输途中的管理工作主要有哪些？

项目十一　鱼　类　越　冬

知识目标

通过完成学习任务，使学生具有越冬增氧的知识，能够根据越冬水体的特点采取的越冬管理措施，对水体进行增氧。

技能目标

能够根据实际情况进行越冬增氧，并采取合理有效的管理措施，对水体进行增氧。

思政目标

通过越冬管理养成学生吃苦耐劳、任劳任怨的品质，甘愿付出，为渔业的丰收保驾护航，树立做最美渔技人员职业目标。

任务一　鱼类越冬方法

任务描述

鱼类越冬中关键技术就是合理增氧，掌握各种越冬增氧方法保证安全越冬具有重要意义。

任务实施

（一）越冬池增氧的基本方法

在北方地区鱼类越冬池，特别是止水越冬池，因缺氧而使鱼类死亡的现象经常发生，因此，鱼类越冬期间只有采取一定的增氧措施，鱼类安全越冬才有保证。现将常见的补氧方法介绍如下，各地可根据具体情况和条件，采取有效的补氧方法，使鱼类安全越冬。

1. 注水补氧　注水补氧就是利用靠近鱼类越冬池的适宜水源，在越冬池缺水或缺氧时，将溶氧量较高的新水注入越冬池。这是小型止水越冬池较好的一种补氧方法，特别是对渗漏量较大的止水越冬池，注水补氧更是必须具备的条件。

注水补氧方法应注意早注水、勤注水，以免注水时间太长，或者一次性注水量过大，引起水温大幅度降低，以及鱼类的活动量过大等。

（1）引取江河、湖泊、水库的水补氧。凡靠近江河、湖泊、水库的止水越冬池，越冬期间发生缺水或缺氧时，可直接引水入池。不能自流注入的，可用水泵提取注入越冬池。如果其水流有一定的落差，或者增加一段流程后注入越冬池，其增氧效果会更好。

应该指出：在注水口要设控制流量的闸门和拦鱼设备，以便掌握注水量和防止越冬鱼类

上溯逃走及野杂鱼随水注入越冬池。但混有污水的水源，不能引入越冬池。

（2）引用泉水补氧。应注意泉水的水质，如果发现泉水发黑、发黄或者含有许多气泡及具有特殊气味时，说明泉水中含有过多的矿物质或者有害气体，最好不采用。如必须作为补水水源，应进行曝气、沉淀和增加一定的流程后，经水质分析证明确实对鱼类无害时方可使用。对于温泉，应注意越冬池水温最好不要超过 4℃。

（3）提取地下水（机井补水），是注水越冬池最常见的一种方法，它主要是利用水泵等其他机械，提取井水或地下水，补充到越冬池中，起到补水增氧的效果。使用地下水应注意其有害、有毒气体或物质，最好是采用曝气、氧化、沉淀、增加流程或落差等方法，使其有害、有毒物质减少，溶氧量增加。地下水中缺少浮游植物，应采取早注、勤注，并施入部分化肥等方法，使越冬池中保持一定的浮游植物数量。使用地下水应特别注意亚铁离子含量不能过高，如发现地下水有微蓝色或者有异味，应特别引起注意。

（4）引用工矿企业的冷却水补氧。凡靠近工矿企业有冷却水的越冬池，只要水中不含有毒物质，也可作为越冬池的水源，但要控制适宜的越冬水温。

2. 循环水补氧　在越冬池水量充足或缺少水源的止水越冬池，发生缺氧后，也可采用原塘循环水的方法补氧。

（1）用水泵抽水循环补氧。用潜水泵或机带水泵将原越冬池水抽出，经过一段流程和扬程落差，扩大水与空气的接触面积，在注水口的下面设一个带有横隔的扇形木板，或用哈尔滨市水产研究所依据自来水厂充气除铁的装置射流泵或加气阀（水射器）设计了射流增氧器，使用时，可将射流增氧器直接连接在水泵的出水管上，但必须要连接牢固，以免被水冲掉。增氧效果可达 552.5g/h。经在水库进行越冬补氧试验表明，在补氧时可造成很大一片明水区，水的交换量大，增氧范围大，同时还不因挂冰而影响使用。由于增氧器本身的体积小、重量轻，也便于移动。

（2）利用桨叶轮补氧。借桨叶轮的转动，拨动水流并激起浪花，从而达到增加越冬池水中溶解氧和放散部分有害气体的目的。温室越冬池则可利用小型增氧机进行补氧，单纯使用桨叶轮方法补氧作用不大，应尽量改为更有效的补氧方法，以提高补氧的效果。

以上两种增氧器的问世，为较大面积越冬池的补氧提供了可能。

采用原塘水循环补氧法时，应该按照"早补、勤补、少补"的原则进行。一般当底层的溶氧量下降到 2mg/L 时，就可开始循环水，每次循环水的时间不要过长，当溶氧量上升到 4～6mg/L 时就停止循环，溶氧量只要能维持在 3～5mg/L 即可；黑龙江水产研究所松浦水产试验站三角泡越冬池，利用潜水泵循环水补氧，如果循环时间过长，水温就可能下降到对越冬鱼类不利的程度。

3. 充气补氧　利用风车或其他动力带动气泵，将空气压入设置在冰下水中的胶管中，通过砂滤器让空气呈很小的气泡扩散到水中，增加水中的溶氧量。近年来，有些小型止水越冬池或越冬温室，在发现水中缺氧时，利用氧气瓶直接将纯氧气通过胶管和砂滤器，呈细小气泡扩散溶于水中，进行增氧时的临时急救。

4. 打冰眼　有些止水越冬池，在鱼类的越冬期间，喜欢用打冰眼的办法补充水中的溶氧量。但经试验发现，空气中的氧向水中溶解扩散的速度很慢，且水面极易冻结，因此，在高寒地区当越冬池发生缺氧时，只靠打冰眼补氧是无济于事的，必须要结合其他更有效的补氧方法同时进行。有人说冬天打冰眼会放走"元气"，而进去"冷气"，就会死鱼，这种说法是不科学的。经科学测定，打冰眼后放走的只是有害气体，如硫化氢、氨和二氧化碳等，而溶解进去的却是氧气，这对越冬鱼类是有利无害的，只是其作用非常小。同时，打冰眼还有利于观察水质和活动情况，以便发现问题，及时采取相应的补救措施，保证鱼类的安全越冬。至于打冰眼后，引起的水量减少和温度的降低，不会达到对越冬鱼类有害的程度。在高寒地区如果单纯靠打冰眼补氧则是不可取的。

（二）越冬生物增氧方法

利用冰下水体中适应低温、低光照的浮游植物，给其创造良好的繁殖和光照条件，使浮游植物能较好地进行光合作用产生氧气，补充越冬池氧的含量，达到鱼类安全越冬的目的。这是一种对越冬池冬季生态系统的科学利用，也是止水越冬池最经济、最简单有效的补氧方法。越冬池生物增氧是目前北方地区（特别是高寒地区）广泛采用的一种鱼类越冬方法。它具有鱼类越冬成活率高、越冬方法简单易行等特点，备受欢迎。它不仅可在池塘上应用，而且在湖泊、水库鱼类越冬中也有重要的参考价值。

1. 选塘和清塘 实行生物增氧的越冬池，在东北地区最大冰厚时能保持冰下有效平均水深80cm的池塘（包括鱼种池和成鱼池），一般都可选做越冬池。池底有机物太多及渗漏严重而又难以补水的池塘则不宜采用。

选定的越冬池最好放鱼前10～15d，将池水尽量排干，晾晒3～7d。在此期间用1 000～1 500kg/km^{2}生石灰浆全池泼洒，有条件者可以机耕池塘底泥，让生石灰能翻入底泥下，更有效地清除池塘的有害生物或鱼卵。同时，加固池埂，清除杂草。

2. 池塘注水 对难以排干池水或因缺水源而必须用原来池塘中水的越冬池，可按250～350kg/km^{2}的生石灰先溶解后，用渔船在池塘中进行全池泼洒，或用漂白粉（也可用相当浓度的漂白精）使池水成相当于有效氯1mg/L的浓度杀菌消毒，对无鱼的空池用药可酌量增加。

对不排水的坐塘越冬池，也可少量泼洒一些生石灰（150～250kg/km^2）和漂白粉（0.5～1.0mg/L），以调节水质。1～2d后有条件的地方最好再用晶体敌百虫全池遍洒，使池水呈1～2mg/L的浓度，以防浮游动物大量繁殖。封冰前3～5d使用效果更好。

3. 注水 通过注水调节池水肥度，深水越冬池要尽量灌注井水、河水或库水，使池水在封冻前保持清瘦，透明度在80～100cm，因泥沙或其他理化因子所引起的透明度变化水越冬池可灌注井水，井水与老水的比例应视池水肥度（含浮游植物量可用透明度表示）而定，一般使池水透明度达到50～80cm即可，通常新、老水比例按1∶1或2∶1便能达到要求。无井水时亦可回灌养过鱼的原塘老水或泡、沼、水库水。对于再次回灌原塘老水或泡沼水的越冬池，在封冰前几天，最好用晶体敌百虫遍洒全池，使池水成1～2mg/L浓度；用以除害、防病及控制大型浮游动物。

4. 鱼类放养 池水注满或注到一定深度后即可视最终贮水深度，按下列密度陆续放鱼：

深水越冬池（最大冰厚时的冰下平均水深超过2m，放鱼时照此有效水深计算）：0.3～0.4kg/m^3（相当于2.5m水深放0.75～1.00kg/m^2）。

浅水越冬池（最大冰厚时的平均水深不足1.5m，包括坐塘越冬池）：0.5～0.6kg/m^3（相当于1.5m水深放0.75～0.90kg/m^2）。

5. 施肥 对一些长期不能补水或是补水而水源营养盐含量极少的池塘，在封冻后不久就应着手追施无机肥。办法是：按1∶5mg/L有效氮和0.2mg/L有效磷，将硝酸铵和过磷

酸钙混合装入稀眼布袋，挂在冰下，挂袋深度应超过最大冰厚。实际施用量相当于 2m 水深施硝酸铵 75～100kg/km²，过磷酸钙 50～60kg/km²，即每立方米水施硝酸铵 4～5g、过磷酸钙 1.5～3.0g。

一些经常补注地表水的越冬池，营养盐能得到补充，可少施或不施肥；但在池中浮游植物长期大量繁殖的情况下，也可能出现营养盐不足。对此，可以实测，也可通过监测池水溶氧量、水色、浮游动物的变化来判断是否需要施肥（每周监测溶氧量、浮游动物两次）。例如在扫雪透光良好的池塘，水中没有大量浮游动物、水色又比较浓（透明度＜50cm）而溶氧量仍然大幅度下降时，就有可能是池水缺肥，便可按上述办法追施无机肥。

6. 控制浮游动物　越冬池在封冰期较少有浮游动物大量繁殖，但注入部分河水、湖水、泡、沼水或养过鱼的老水的越冬池，封冰一段时后，可能会引起浮游动物的大量繁殖，因此，应在监测溶氧量的同时，经常注意浮游动物的种类和数量。如果发现大量剑水蚤（100个/L 以上）时，可用晶体敌百虫杀灭，使池水成 1mg/L 浓度全池施用。施用时，先用开水溶化成溶液，再用水泵均匀地冲入池中。如发现大量犀轮虫（1 000 个/L 以上）且已严重影响池水溶氧量（小于 5mg/L）时，可将 2mg/L 的敌百虫按上法施用。

正常管理的越冬池一般不会出现大量的原生动物，个别有机质特别多的越冬池可能发生大量纤毛虫，当其大量发生而迅速消耗水体中氧气时，会给越冬鱼类带来危害。因此，当池水因原生动物过多导致溶氧量下降时，可抽掉部分底层水（大型纤毛虫多生活在底层）换成井水或邻近池塘含浮游植物丰富的高氧水。

7. 扫雪　池塘扫雪工作是利用生物增氧方法使鱼类安全越冬的一个重要手段，无论明冰或乌冰，冰上的积雪都应及时清除，以保证冰下足够的光照，冰面积尘过厚时也要扫掉，扫雪或除尘面积应占全池面积 70%～80%。

8. 补水　越冬池应在封冰前注满，越冬期池水如能保持一定深度（深水越冬池冰下水深 2m，浅水越冬池冰下水深 1m）可不必添水。对一些渗漏比较严重的池塘一要定期添注新水以保持水深，但补水量过大，则会抑制浮游植物的繁殖，影响光合作用产氧，同时还浪费电能。

9. 检修设备　及时检修好机械、增氧设备，以备缺氧时使用。

（三）其他增氧方法

1. 化学增氧法　对小型止水越冬池、水箱越冬和温室越冬等，在发生缺氧时，可加入化学药品增氧急救。目前，使用的化学药品可参照项目二中任务四水质调控部分。

2. 生化增氧法　使用各种新光源，促使浮游植物的光合作用增氧。无锡市河埒公社，用碘钨灯做光源，增加室内越冬池的溶氧量，提高罗非鱼和马来西亚大虾的越冬成活率。黑龙江水产研究所，试验利用大功率的电灯为光源，促使生物增氧。

3. 利用生物活性制剂或水质改良剂增氧　如微生态生物制剂的运用等。

另外，还有磁化增氧、光化增氧、液化增氧和电化增氧等。

任务探究

鱼池越冬增氧应急措施

（1）及时清雪。扫雪面积不小于冰面的 80%，增强浮游植物的光合作用。

（2）适当提高池塘水位。明冰池塘采取生物增氧，可按1.5mg/L有效氮和0.2mg/L有效磷，将硝酸铵和过磷酸钙混合后挂在冰下。乌冰池塘要破碎乌冰，冰层较厚的可打冰眼，补充水体溶氧量，避免鱼类缺氧死亡。

（3）机械增氧。利用空氧泵将空气压入水中增氧，在池塘内循环水增氧，在越冬池内用泵提水，使水管与冰面成45°角将水喷射到原池中。

（4）注水增氧。引取河水和大水面水注入越冬池塘中，注意水源水质要符合渔业水质标准，溶氧量要高。

（5）药物应急增氧。使用过氧碳酸钠（商品名：精氧），应急用量为每667m³用500~1 000g。打冰眼将药物直接施入池中，冰眼越多越好，切不可溶入水中使用。鱼类缺氧严重时最好将药物和机械增氧联合使用。

鱼类越冬池环境条件

在整个越冬期间，由于水面封冰，使水体与大气隔绝，水体内部必然要发生与未封冰前完全不同的变化。随着气温的下降和冰层加厚，水温也逐渐降低，水量减少。由于有机物分解和生物呼吸作用，当产氧少于耗氧时，水中溶解氧逐渐减少，有害气体不断增加且不能向外弥散，所以对鱼类越冬是不利的，甚至引起鱼类死亡。因此，欲求鱼类安全越冬，必须了解水体理化特性和生物学状况，以及越冬鱼类对环境条件变化的适应能力。

（一）水文和物理状况

1. 水位与水量 水域封水后，不冻层水位的变动主要取决于渗透流失和冰层的厚度。渗透流失主要依池塘底质而别，冰厚则是由于温度逐渐降低而增加。水位的下降使池水逐渐减少，使水温降低，溶氧量减少，鱼类相对密度增大。从而往往造成冻绝底，使鱼类死亡。因此，作为鱼类的越冬池必须要有一定的水深。一般情况下，越冬水体冰下水深为2m左右，最低水位（不冻水位）应不少于1m，对于渗漏的水体必须有补水条件。

2. 透明度 冰下水体的透明度通常比明水期大，一般在50~100cm。这是由于水温低和缺少营养盐类，使浮游植物生物量下降，另外，冰下水体不能形成风浪，泥沙及悬浮物减少，也增大了水体的透明度。但是，有些越冬池由于藻类大量繁殖，透明度则低于30cm。

3. 水温 因为水在4℃时密度最大，所以越是接近4℃的水越是向底层分布。水体封冰以后，气温的变化只影响到冰的厚度。冰下水温依据距离冰层的远近而呈垂直分层现象。不同深度，水温也不相同。

一般越冬封冰池水温多变化在1.0~3.5℃。在原池曝气增氧的越冬池中，水温会迅速下降，长期扬水底层温度也会降至0.2℃以下。

主要养殖的温水性鱼类，一般水温下降到5~6℃时停止摄食，活动微弱，水温再降低则处于半冬眠状态。当水温在2℃时鱼类越冬较合适，水温高一些，鱼类活动相对增加，易使鱼体消瘦，水温长期低于0.5℃时，鱼类易被冻死。鱼类对于低温的抗寒力依次为：鲫、鲤、草鱼、鲢、鳙、青鱼。鱼体太小所含脂肪也较少，而其新陈代谢水平则较高，因此其抗寒能力较差。在中原或更南部地区，由于封冰时间短，冰较薄，加之日光较强烈，有时会出

现上层水温超过10℃的现象。

4. 冰下照度　在正常情况下，冰下水体都会有一定的照度。照度的大小与冰的透明度有密切关系。明冰，透光率可达30%以上，最大为63%；乌冰，透光率一般为10%左右，最大为12%；覆雪20～30cm透光率大大降低，仅为0.15%。明冰下照度值在晴天中午前后最高，能满足藻类光合作用的需要。乌冰对水体透光率有一定影响，应加以改造。覆雪冰面对透光率影响最大，应予以铲除。

5. 底质　越冬水域的底质对水的化学成分有一定的影响，尤其是封冰后，底质对水质的影响就更大，主要表现在对水中气体状况和pH的影响。底质的有机物分解消耗氧气，产生二氧化碳、硫化氢等气体，同时也促使pH降低。淤泥的厚薄对底泥耗氧有影响，关键是泥的密实程度及泥中含易分解有机物的多少。如果底质较密实，扩散就很慢，稀泥耗氧则很严重。如果能在越冬注水前将池水排干，用生石灰消毒并晾晒一定时间，则可以减少耗氧量。

6. 水源与水质　对越冬池的水源要进行慎重调查，必要时要进行化学分析，水源必须水量充足，并且易于控制注水量，以便根据需要随时将新鲜清水注入越冬池。越冬池的水源，一般要求：

(1) 溶解氧保持在6mg/L以上。

(2) pH为7.0～8.5。

(3) 碳酸钙的含量不超过50mg/L。

(4) 二氧化碳含量不超过50mg/L；不含硫化氢；氨的含量不大于0.5mg/L。

(5) 含铁量应不超过0.2mg/L。

(6) 有机耗氧量不超过20mg/L。

如果水源不完全具备上述要求，只要采取一定措施，使水能达到要求的，则仍可作为越冬水源。否则，不能勉强将不符合要求的水注入越冬池，以免造成不良后果。含铁及有机物量高的水体应特别引起重视。

(二) 化学状况

1. 溶解氧　越冬水体溶解氧的来源，一是封冰时原水体所溶解的氧，二是水体中水生植物光合作用产生的氧。因为原水体溶氧量有限，所以越冬水体氧的来源主要是水生植物的光合作用，而其光合作用产氧能力与冰的透光性、水生植物的种类、数量密切相关。水域中溶氧量主要的消耗是：各种水生动、植物的呼吸（包括鱼类），水底有机物的分解作用，以及某些化合物的还原作用。封冰后，水体溶氧量的变化趋势，取决于日产氧能力和各种因素日耗氧能力的平衡状况，如果日产氧能力大于日耗氧能力，池水的溶氧量则逐日增加，如果日产氧能力小于日耗氧能力，池水溶氧量则逐日减少。一般情况下，浮游植物生物量在10mg/L以上，冰下水中溶氧量通常保持稳定，不会因缺氧而死鱼（在保持明冰的情况下）。绿藻（衣藻、小球藻等）、金藻（棕鞭藻、单鞭金藻等）、硅藻（针状菱形藻、角刺藻等）的光合作用强度大，日产氧量多，而隐藻产氧能力差一些。明冰透光比乌冰和覆雪冰强，因此在同等条件下，前者比后者产氧多。

如果越冬池冰的透光性不好或浮游植物较少，耗氧能力大于产氧能力，水体溶氧量逐渐减少，特别是底泥较多的止水越冬池，由于底泥耗氧使底层氧量明显少于上层氧量，使水中溶解氧呈自上向下明显递减。

因此，为了确切掌握越冬池溶氧量的变动情况，及时预告缺氧时间，在测氧采水样时，一定要采底层水或分上、下层采样，以便及时发现缺氧，采取补救措施，保证鱼类安全越冬。

鱼类在越冬期间，处于半休眠状态，受到惊动或不良状况的影响，就会有所活动。随着越冬水体溶解氧的日渐减少、到水底层发生缺氧状况时，鱼类就会被迫逐渐上移，以致出现分散游动而不集群的情况。如果发现越冬鱼类分散游动，就是底层缺氧或环境条件不适宜的标志。所以，冬季鱼类的栖息点往往并不是以水温的高低为依据，而是以溶氧的状况而变更栖息位置的。当冰下整个水体发生缺氧时，鱼类就上游接近冰层，产生了冰下鱼"浮头"现象。如果鱼类贴冰时间过长，受到低温影响发生麻痹，往往会被冻结在冰下或冰眼周围，出现了所谓"鱼上吊"现象。随着冰层的加厚，甚至整个鱼体都被冻在冰内，有些鱼类也可以窒息死亡而下沉水底。

越冬期间，有些水域溶氧量下降的速度在封冰初期并不快，每 $10\sim15d$ 降低 $0.5\sim1.0mg$，从冬至到大寒，随着日照时数的降低和光照强度的减弱，水中溶氧量下降较快，几乎每天要下降 $0.5mg/L$ 左右。到 1 月下旬，溶氧量就可达对鱼类有直接危害的最低点。许多水体这时的溶氧量一般仅在 $2\sim3mg/L$，有的甚至下降到 $1mg/L$ 左右。就连进行生物增氧的越冬池，有些池塘溶氧量也降到最低值。遇到雪封冰，或早期雪盖冰，到 12 月份就可达到危险指标，因此越冬的危险期一般在元旦至春节。

越冬水体溶氧量一般认为 $4\sim6mg/L$ 较为合适。生产中一般认为，越冬水体的溶氧量 $3mg/L$ 时为警戒界限，$2mg/L$ 时为抢救界限。

各种鱼类在一定条件下，对缺氧的忍耐力是不同的：塘鳢（俗称老头鱼）具有特殊的耐缺氧和抗寒的能力，当水中几乎没有氧或冰冻到池底的情况下也能暂时生存；其次是鲫、乌鳢等，它们也有较强的适应能力，在溶氧量为 $0.1\sim0.2mg/L$ 时还可存活；再次是鲇、鲤，它们能忍耐的溶氧量低限为 $0.3\sim0.5mg/L$；草鱼、鲢、鳙对缺氧的忍耐力较差，一般溶氧量在 $0.6\sim0.8mg/L$ 时就开始出现少数死亡；鳑鲏等小型杂鱼对缺氧的忍耐力更差，一般当溶氧量为 $2mg/L$ 升时出现"浮头"，溶氧量为 $1mg/L$ 时就已经死亡。

同一种鱼类，由于个体大小不同，染病、受伤程度、怀卵量多少等不同，越冬效果也不一样。鱼类个体小，或病、伤较重，或怀卵量较多，在越冬水体中往往容易死亡。

有些水生动物对水中溶氧量的降低非常敏感。如当水中溶氧量降至 $1.8mg/L$，在冰眼附近就可看到剑水蚤、松藻虫、水斧虫和牙虫等水生昆虫。因此，在打冰眼时，观察有无这些水生昆虫上浮，也可作为推断水中溶氧量多少的生物指标。

2. 二氧化碳 在整个越冬季节，由于有机物的分解，水中动植物的呼吸作用，使水中的二氧化碳含量逐渐增加。但在封冰的情况下，向空气中扩散的可能性非常小。因此，在浮游植物少的水域，二氧化碳的含量有很大的增长。条件差的水体，到 3 月下旬二氧化碳含量有的可高达 $175mg/L$。在缺氧状态下，二氧化碳的增加，会提高鱼类的窒息点，加快了鱼类的死亡。

越冬水体如果钙离子浓度较大时，可以吸收部分二氧化碳，起到降低水中二氧化碳的含量、减少对鱼类危害的作用。所以在越冬前进行生石灰清塘，或用生石灰调节水质，还可以降低越冬水体以后二氧化碳的含量。

3. 硫化氢 封冰后在缺氧的情况下，由于还原细菌的作用，水中的硫酸盐还原和有机

物（蛋白质）的分解产生硫化氢。硫化氢是一种有毒气体，对鱼类有直接毒害作用，同时它容易氧化，消耗水中氧气，易使溶氧量迅速下降。一般当水中硫化氢浓度达到 0.3mg/L 以上时，就能引起鱼类死亡，这一含量应作为鱼类越冬的危险指标。硫化氢具有一股臭味。越冬水体硫化氢的产生是底层缺氧的重要标志，应及时采取措施。

4. pH 越冬水体的 pH 变化没有夏季那样明显，相对比较稳定。一般情况下，pH 逐渐降低，由弱碱性变为中性或弱酸性，这是由于二氧化碳逐渐增加的缘故。但在利用生物增氧越冬的池塘，由于有些水体氧气不断积累，pH 有明显的升高。

5. 营养盐类 在冰下水体，由于有机物的分解矿化作用，可能会使营养盐类有一定的提高。但是在利用生物增氧越冬的水体，由于浮游植物的繁殖，会使水中营养盐类明显减少。向缺乏营养盐的越冬池中施化肥，会使浮游植物明显增加。

（三）生物状况

冰雪覆盖下的越冬池，由于缺少光照，绝大部分绿色植物难以存活，即使扫雪，长期循环水或频繁大量补注水的池塘中，由于水温很低，再加水流等因素的影响，浮游植物的种类和数量也是有限的，只有在实行生物增氧综合措施的越冬池中，生物状况才会有根本的改变。

1. 浮游植物 利用生物增氧的越冬池，冰下浮游植物的特点是种类少，生物量较高，鞭毛藻类多。一般认为，越冬水体透明度为 50～80cm，浮游植物生物量为 10～30mg/L 较好。

2. 浮游动物 浮游动物除本身消耗氧气外，有些种类能摄食浮游植物，特别是剑水蚤和犀轮虫。枝角类在冬季很少出现，越冬水体中轮虫数量较多，特别是犀轮虫和臂尾轮虫。越冬池的底质和水源是影响浮游动物组成和生物量的主要因素，条件差的水体有时浮游动物生物量可以高达 100mg/L 以上，犀轮虫数量超过 20～30mg/L 时，常常会滤食掉许多浮游植物，造成浮游植物生物量减少，光合作用减弱，致使池水缺氧。有机物含量多的池塘，原生动物易大量繁殖，对鱼类越冬不利。

任务二　鱼类越冬管理

任务描述

鱼类越冬期间，采取合理的措施，使其安全越冬。

任务实施

（一）鱼类越冬死亡原因

鱼类在越冬期死亡的原因是多方面的，但其中往往有一个因素起主导作用。总的来说，不外是由于越冬池的环境条件不良或鱼类本身对不良环境条件的适应能力低，或感染鱼病，以及在鱼类越冬期间缺乏认真的、正确的管理所造成的。因此，必须全面地、具体地分析死亡的原因，采取有效措施，才能使鱼类安全越冬。

1. 严重缺氧或少水 在一般情况下，越冬水体严重缺氧是鱼类死亡的主要原因。造成缺氧死鱼的原因是多方面的，主要有以下几种：

（1）凡用没经改造的天然小泡、沼进行鱼类越冬，因沼泽化程度大，水草多，水底淤泥厚，水中溶解性有机物较多，冬季耗氧过多，造成水域严重缺氧。此种泡、沼一般在春节前后，水中溶氧量就可降到1mg/L以下，遇到雪封冰或大雪年份，到12月份中旬就可能严重缺氧。因此，凡是不经改造的天然水体，又无补水源的水或缺少有效的补氧措施，是不能用做养殖鱼类越冬的。

（2）越冬池渗水严重，以及在塘鱼、野杂鱼多，鱼类越冬密度过大，而引起缺氧。有些越冬池底质疏松，多为沙石，冬季渗漏水量过大，不但相对增加了池鱼的密度，而且水量少，水中溶解氧也相对减少。因此，凡是渗漏严重，而又无水源补充新水的池塘，都不宜选做鱼类的越冬池。

有些越冬水域对原池在塘的鱼类数量估计不足，或根本没做估计，有些野杂鱼也没有计算在内，以致造成鱼类越冬密度过大，而引起缺氧死鱼。

（3）越冬期间有污水流入越冬池，增加了耗氧因子，使溶氧量明显降低。另外，含有机质及有机酸较多的草地锈水，或含铁离子较多的地下井水，流入越冬水体后都能很快地消耗掉大量的氧，使越冬池缺氧死鱼。

2. 鱼种规格小、体质差及病伤严重

（1）鱼种规格小，体质消瘦，肥满度低。养殖鱼类能量的消耗，主要是靠越冬前体内脂肪的积累。因此，秋季鱼种育肥不好，鱼体消瘦，就不能保证其在漫长冬季对脂肪的消耗，鱼类就会发生死亡。实践证明，如果鱼种消瘦，即使是大规格的鱼种，越冬成活率也不会高。特别是温室或流水越冬，死亡率会更大。

黑龙江省东京城鱼种站试验，当年家鱼种，体重5～10g的越冬成活率为48%；20～30g的成活率为82%；30～50g的成活率为86.5%；50g以上的成活率为94.2%。由此可见，鱼种规格越大，其越冬成活率越高。因此，提倡培养14cm以上的鱼种是科学的。目前，北方地区池塘鱼种多数在17cm以上。

（2）越冬期间鱼类活动量大，消耗能量多，使之体质太差，易造成鱼类死亡，特别是越冬期过长的地区更为严重。应特别注意温室越冬、流水越冬和经常循环水越冬池塘。

（3）鱼类在并池越冬、运输、拉网等操作使鱼类造成机械损伤，特别在出鲤时，由于抽干池水造成"挂浆鱼"，不但影响鱼类体质，而且易使受伤染病。

3. 越冬水体管理不善

（1）越冬前没有进行清野除害，冬季摄食的一些冷水性鱼类，给鱼种带来威胁。

（2）越冬时期发生冻裂闸门或发生溃堤，而使池水减少或发生鱼类外逃。

（3）越冬水体缺乏专人精细管理，不注重对溶氧量和水位等进行检测，发生缺氧，使鱼类窒息死亡；发生渗漏引起水位下降，水量过少，而使鱼类冻死。

（4）管理措施不当，没有发现问题，或者发现问题也不能马上处理，贻误时机，而使鱼类致死。如注重打冰眼而不注重扫雪，循环水增氧时间过长，造成池水温度过低等。

北方地区并池越冬后和春天出池饲养前，水温5～15℃时间可达40d以上，此时鱼类仍可进行摄食，应进行适当投喂或施肥，以免鱼活动量大，鱼体消瘦，出塘效果不佳。

（二）鱼类越冬管理措施

鱼类越冬的安全措施，随各地具体条件以及鱼类越冬致死原因的不同而有区别。因此，

应根据当地历年越冬经验和发生的问题，采取相应的有效越冬措施。总的说来，有如下几个方面：

1. 增强越冬鱼类体质，提高其耐寒力和抗病力

（1）在越冬前精养细喂，增加脂肪积累，提高肥满度。从"立秋"到越冬前应增加投喂含脂肪及糖类较多的饲料，以提高鱼类的肥满度，生产上称这一时期为"育肥期"。

（2）选择和培育耐寒的优良品种。因为北方地区在鱼类越冬时，不但水温很低，而且封冰时间长，所以选择抗寒能力强的优良品种，可适应北方地区的恶劣气候条件，是非常重要的。目前，主要推广的鳞鲤、镜鲤、松蒲鲤等就是优良品种。

（3）严格进行鱼体消毒，尽量减少病、伤鱼。鱼种并池时，应尽量减少鱼体受伤。

2. 改善鱼类越冬环境条件，提高越冬成活率

（1）选择良好的越冬水域。一般来说，鱼类良好的越冬场所应具备如下几项基本要求：

①冰层达到最大厚度时，冰下水深应保持在 2m 左右，冬季无水源补充新水的止水越冬池要求保持在 3m 左右。

②底泥厚度最好不超过 15cm，如果底泥太厚或太稀，最好经晾晒或生石灰处理后再使用。底质平坦，容易捕捞，池底保水性强。对于微渗漏的池塘，应有补水条件，渗漏严重的池塘，不应选做越冬池。

③水的理化性质符合鱼类的要求。

④在越冬期间最好能有较好的新水补入。

⑤交通方便。

⑥能有效地防止逃鱼。

（2）改善与创造良好的越冬环境条件。有许多水体，经过改造后，可以作为鱼类越冬场。

①要除去过多的淤泥、杂草，有些池塘需经晾晒池底或用生石灰清塘，以改良底质和预防鱼病。

②做好除害（小型杂鱼及凶猛鱼类等）防逃工作。

③严防渗漏。

④设置补水设施及补氧设施。

⑤保持冰面有良好的透光性，尽量减少乌冰及雪盖冰，明冰上的积雪应除去。

⑥保持冰下良好的生物状况；轮虫过多时应用 2mg/L 左右的晶体敌百虫杀灭。如果池水太瘦，浮游植物太少，除控制浮游动物外，应向越冬池中施适量的化肥，最好是氮、磷混合肥。还可引入喜低温、低光照的藻类，以保证光合作用顺利进行。

⑦冰眼处出现异味时，应向水体补注含氧较高的水，并补进适量的生石灰。

3. 合理安排越冬池放养密度　鱼类在冰下需要一定的水体环境和溶氧量，如果越冬鱼类密度过大，不但会造成缺氧死亡，而且给鱼病的传播提供了方便。但密度过小又不能充分发挥越冬池应有的生产效能，造成水体浪费。决定单位水体的放养量，主要依据水中溶氧量的多少，鱼体的种类、规格大小、水面大小及管理措施等。同时还应注意越冬池渗水情况、冰冻最大限度时的有效越冬水面、其他耗氧因子多少，以及越冬期长短等因素具体决定。根据越冬实践，一般 1 龄鱼种越冬密度为：

①流水越冬池，密度为 $1\sim2kg/m^3$。

②有补水条件的止水越冬池，密度为 $0.3\sim0.5kg/m^3$。

③无补水条件，但缺氧时能采取有效补氧措施的，密度为 $0.1kg/m^3$ 以下。

④温室越冬掌握在 $3\sim4kg/m^3$。

2 龄鱼种及亲鱼的越冬参考 1 龄鱼种的密度。

4. 其他管理措施

（1）在整个鱼类越冬期间，要有专人测定水中溶氧量及冰下水位的变化，发现问题及时处理，特别是冬至到春节期间更应注意。

（2）防止一切污水进入越冬池。

（3）防止越冬场冰面车、马和人经常走动，在越冬场附近不应放炮，以免惊扰鱼类。

（4）水温较高（7℃以上）时，进行少量投喂。

（5）缩短越冬时间。春天开冰前，在冰面上洒一些煤灰等，促使冰提早开化，便于阳光直射进入水体中，使水温能迅速回升。另外，当温度适宜时，应尽早投喂，或将鱼种捕出分池饲养，便于鱼类早适应环境，早生长。

怎样提高越冬成活率

（1）越冬水体的选择和修整要符合要求。

（2）培养体质健壮的大规格鱼种。

（3）适时放养，密度适当。

（4）肥水越冬。

（5）越冬前把越冬池引进含有一定数量的浮游植物的肥水，或在越冬池中施无机肥培养浮游植物，作为冰下池水氧气的来源。

越冬鱼池的日常管理

1. 专人负责，及时检查越冬情况 越冬池一定要有专人管理，建立适当的越冬管理制度，经常检查越冬池有没有漏水迹象，特别是流水越冬池的注、排水口有无冻结，水流是否畅通，会不会逃鱼。

2. 扫雪 无论明冰或乌冰上的积雪都应及时清除以保证冰下有足够的光照。冰面积尘过厚时也要扫掉。扫雪面积应占全池面积的80%以上。

3. 定期注新水 越冬池水应在封冰前注满，越冬期池水如能保持一定深度（深水池 2 米，浅水池 1 米），可不必添水。水源方便的越冬池，应定期向越冬池注水，一般 $20\sim30d$ 注 1 次。对一些渗漏比较严重的池塘，要定期（如 $7\sim15d$）补注 1 次新水以保持必要的水深，但切忌大量补水，以免抑制浮游植物的繁生。添注新水时要注意水质，对含有大量铁和硫化氢的深井水或大量繁生浮游动物的水要慎用。

4. 防止惊动鱼类 越冬水体应禁止人车通行、滑冰和冰下捞鱼虾，避免鱼类受惊四处乱窜，消耗体力，增加耗氧量。

5. 循环水增氧　在越冬池严重缺氧而又缺少水源时，可采取循环水增氧方法。

6. 控制浮游动物　经过清塘消毒后的越冬池，特别是用过敌百虫或漂白粉的池塘，封冰期浮游动物较少，部分回灌老水的池塘封冰后可能再度出现浮游动物，因此，应在监测溶氧量的同时经常注意浮游动物的种和量。如果发现大量剑水蚤（100 个/L 以上），可全池施用晶体敌百虫（$1g/m^3$）。施用时先用温水化成溶液，再用泵均匀地冲入池中。如发现大量犀轮虫（1 000 个/L 以上），且已严重影响池水溶氧量（小于 5mg/L）时，可将敌百虫按上法施用，用量为 $2g/m^3$。

7. 追肥　越冬池水中因营养盐不足，使浮游植物产氧量减少而引起溶氧量下降时，要追施无机肥，每 $667m^2$ 施磷肥 3～5kg。

8. 常规测定项目

（1）测溶氧量。溶氧量 5mg/L 以下时，每天测 1 次；5～7mg/L 时，每 2d 测 1 次，8 毫克/升时每 4d 测 1 次。

（2）测浮游生物。每 15d 测 1 次浮游生物。

（3）测透明度。每 7d 测 1 次透明度。

（4）测 pH。每 7d 测 1 次。

（5）测氨氮。每 15d 测 1 次氨氮。

9. 建立日记　日记内容包括越冬鱼放养密度、注水、施肥等情况。

练习与思考

1. 鱼类越冬死亡的原因有哪些？
2. 鱼类越冬的管理措施有哪些？
3. 鱼类越冬补氧的方法有哪些？
4. 鱼类越冬池生物增氧的基本方法是什么？

参 考 文 献

蔡仁逵，戈贤平，1999. 淡水养殖技术手册［M］. 上海：上海科学技术出版社.

丁雷，2003. 淡水鱼养殖技术［M］. 北京：中国农业大学出版社.

樊祥国，1996. 稻田养鱼技术［J］. 农村养殖技术，2：15.

戈贤平，2009. 池塘养鱼［M］. 北京：高等教育出版社.

黑龙江水产学校，1993. 池塘养鱼学［M］. 北京：农业出版社.

胡保同，1982. 养鱼与养猪综合经营［J］. 国外水产，4：42-45.

胡石柳，唐建勋，2010. 鱼类增养殖技术［M］. 北京：化学工业出版社.

雷慧僧，薛镇宇，王武，2009. 池塘养鱼新技术［M］. 北京：金盾出版社.

李东，2009. 鱼鸭共养技术［J］. 农村科学实验，6：36.

李家乐，2011. 池塘养鱼学［M］. 北京：中国农业出版社.

凌熙和，2001. 淡水健康养殖技术手册. 北京：中国农业出版社.

刘景香，2010. 稻田养鱼技术［J］. 黑龙江水产，2：15-17.

刘淑新，1997. 鱼畜禽综合经营最佳模式——鱼池养鸭［J］. 中国畜牧杂志，33（6）：46.

刘婉莹，2004. 池塘养鱼实用技术［M］. 北京：金盾出版社.

罗宇良，2008. 淡水鱼苗种培育工培训教材［M］. 北京：金盾出版社.

马徐发，2011. 三种以青鱼为主要养殖对象的池塘养殖模式［J］. 养殖与饲料，9：19-20.

毛洪顺，2002. 池塘养鱼［M］. 北京：中国农业出版社.

牛贵武，张慧忠，刘哲，等，2010. 综合养鱼的优点及常见模式［J］. 黑龙江水产，3：16-17.

申玉春，朱春华，2008. 鱼类增养殖学［M］. 北京：中国农业出版社.

谭玉钧，1994. 淡水养殖［M］. 北京：中央广播电视大学出版社.

王武，2000. 鱼类增养殖学［M］. 北京：中国农业出版社.

吴光红，费志良，2003. 无公害水产品生产手册［M］. 北京：科学技术文献出版社.

熊良伟，朱光来，2012. 池塘养鱼［M］. 北京：中国农业出版社.

杨杰，尹利香，梁方印，等，2011. 鸭鱼混养技术［J］. 兽医导刊，S1期：214.

张根玉，薛镇宇，柯鸿文，等，2012. 淡水养鱼高产新技术（第2次）（修订版）［M］. 北京：金盾出版社.

张伟，胡保同，2007. 高效益池塘养鱼技术［M］. 北京：中国农业出版社.

赵子明，毛洪顺，等，2007. 池塘养鱼［M］. 2版. 北京：中国农业出版社.

读者意见反馈

亲爱的读者：

感谢您选用中国农业出版社出版的职业教育教材。为了提升我们的服务质量，为职业教育提供更加优质的教材，敬请您在百忙之中抽出时间对我们的教材提出宝贵意见。我们将根据您的反馈信息改进工作，以优质的服务和高质量的教材回报您的支持和爱护。

地　　　　址：北京市朝阳区麦子店街 18 号楼（100125）

中国农业出版社职业教育出版分社

联系方式：QQ（1492997993）

教材名称：_____　ISBN：_____

个人资料

姓名：_____　所在院校及所学专业：_____

通信地址：_____

联系电话：_____　电子信箱：_____

您使用本教材是作为：□指定教材□选用教材□辅导教材□自学教材

您对本教材的总体满意度：

从内容质量角度看□很满意□满意□一般□不满意

改进意见：_____

从印装质量角度看□很满意□满意□一般□不满意

改进意见：_____

本教材最令您满意的是：

□指导明确□内容充实□讲解详尽□实例丰富□技术先进实用□其他_____

您认为本教材在哪些方面需要改进？（可另附页）

□封面设计□版式设计□印装质量□内容□其他_____

您认为本教材在内容上哪些地方应进行修改？（可另附页）

_____

_____

本教材存在的错误：（可另附页）

第_____页，第_____行：_____应改为：_____

第_____页，第_____行：_____应改为：_____

第_____页，第_____行：_____应改为：_____

您提供的勘误信息可通过 QQ 发给我们，我们会安排编辑尽快核实改正，所提问题一经采纳，会有精美小礼品赠送。非常感谢您对我社工作的大力支持！

欢迎访问"全国农业教育教材网"http：//www.qgnyjc.com（此表可在网上下载）

欢迎登录"中国农业教育在线"http：//www.ccapedu.com 查看更多网络学习资源

图书在版编目（CIP）数据

池塘养鱼 / 毛洪顺，赵子明主编 . —2 版 . —北京：
中国农业出版社，2019.10（2024.6 重印）
"十二五"职业教育国家规划教材　经全国职业教育
教材审定委员会审定　高等职业教育农业农村部"十三五"
规划教材
ISBN 978-7-109-26114-3

Ⅰ. ①池… Ⅱ. ①毛… ②赵… Ⅲ. ①池塘养鱼—高
等职业教育—教材 Ⅳ. ①S964.3

中国版本图书馆 CIP 数据核字（2019）第 245726 号

中国农业出版社出版

地址：北京市朝阳区麦子店街 18 号楼
邮编：100125
责任编辑：李　萍
责任校对：吴丽婷
印刷：中农印务有限公司
版次：2015 年 6 月第 1 版　　2019 年 10 月第 2 版
印次：2024 年 6 月第 2 版北京第 5 次印刷
发行：新华书店北京发行所
开本：787mm×1092mm　1/16
印张：13
字数：305 千字
定价：35.00 元